U0228255

国防科技大学建校70周年系列著作

脉冲等离子体推力器工作过程数值模拟

吴建军 李 健 张 宇 著

科 学 出 版 社

北 京

内 容 简 介

  本书是对脉冲等离子体推力器工作过程数值模拟研究的系统总结。全书内容分为烧蚀篇、放电篇、羽流篇三部分，详细介绍了脉冲等离子体推力器工质烧蚀、放电加速和羽流膨胀工作全过程涉及的模型和计算方法，并分析了推力器工作过程数值模拟结果，有助于读者理解掌握脉冲等离子体推力器工作机理、评估推力器工作特性与推进性能，为研究脉冲等离子体推力器工作过程提供了理论依据、模型参考和方法支撑。

  本书可作为高等院校热能与动力工程、机械工程等专业高年级本科生、研究生的学习用书，也可作为科研院所从事空间电推进方向研究的工程技术人员的参考用书。

图书在版编目(CIP)数据

脉冲等离子体推力器工作过程数值模拟 / 吴建军，李健，张宇著. —北京：科学出版社，2024.11
ISBN 978-7-03-076436-2

Ⅰ. ①脉⋯ Ⅱ. ①吴⋯ ②李⋯ ③张⋯ Ⅲ. ①脉冲(力学)-等离子体推进-离子发动机-数值模拟 Ⅳ. ①V439

中国国家版本馆CIP数据核字(2023)第176165号

责任编辑：陈　婕 / 责任校对：任苗苗
责任印制：肖　兴 / 封面设计：无极书装

科学出版社 出版
北京东黄城根北街 16 号
邮政编码：100717
http://www.sciencep.com
北京中科印刷有限公司印刷
科学出版社发行　各地新华书店经销
*
2024 年 11 月第 一 版　开本：720 × 1000 1/16
2024 年 11 月第一次印刷　印张：16 3/4
字数：334 000
定价：150.00 元
(如有印装质量问题，我社负责调换)

个 人 简 介

吴建军，男，1967 年 9 月出生，教授，博士生导师。分别于 1988 年、1991 年获天津大学学士学位和硕士学位，1995 年获国防科技大学工学博士学位，2002 年起任国防科技大学教授，是国家自然科学基金创新群体带头人、军科委基础加强重点项目技术首席，兼任中国宇航学会常务理事、军科委航天领域专家委副主任、教育部快速响应空间系统与技术重点实验室主任、教育部航空航天教指委委员等。长期从事空间电推进技术和液体火箭发动机技术研究。主持完成国家自然科学基金等科研项目 30 余项；获军队科技进步一等奖 3 项，军队科技进步二等奖 1 项，国防技术发明二等奖 1 项，国家级教学成果一等奖 1 项，军队级教学成果一等奖和湖南省教学成果一等奖各 1 项，全国优秀科技图书奖 1 项，日内瓦国际展览发明专项奖 1 项，国际和全国发明展览会金奖 5 项；授权专利、软著 100 余项；发表论文 300 余篇，出版专著和译著共 9 部。

总　序

国防科技大学从 1953 年创办著名的"哈军工"一路走来，到今年正好建校 70 周年，也是习主席亲临学校视察 10 周年。

七十载栉风沐雨，学校初心如炬、使命如磐，始终以强军兴国为己任，奋战在国防和军队现代化建设最前沿，引领我国军事高等教育和国防科技创新发展。坚持为党育人、为国育才、为军铸将，形成了"以工为主、理工军管文结合、加强基础、落实到工"的综合性学科专业体系，培养了一大批高素质新型军事人才。坚持勇攀高峰、攻坚克难、自主创新，突破了一系列关键核心技术，取得了以天河、北斗、高超、激光等为代表的一大批自主创新成果。

新时代的十年间，学校更是踔厉奋发、勇毅前行，不负党中央、中央军委和习主席的亲切关怀和殷切期盼，当好新型军事人才培养的领头骨干、高水平科技自立自强的战略力量、国防和军队现代化建设的改革先锋。

值此之年，学校以"为军向战、奋进一流"为主题，策划举办一系列具有时代特征、军校特色的学术活动。为提升学术品位、扩大学术影响，我们面向全校科技人员征集遴选了一批优秀学术著作，拟以"国防科技大学迎接建校 70 周年系列学术著作"名义出版。该系列著作成果来源于国防自主创新一线，是紧跟世界军事科技发展潮流取得的原创性、引领性成果，充分体现了学校应用引导的基础研究与基础支撑的技术创新相结合的科研学术特色，希望能为传播先进文化、推动科技创新、促进合作交流提供支撑和贡献力量。

在此，我代表全校师生衷心感谢社会各界人士对学校建设发展的大力支持！期待在世界一流高等教育院校奋斗路上，有您一如既往的关心和帮助！期待在国防和军队现代化建设征程中，与您携手同行、共赴未来！

国防科技大学校长

2023 年 6 月

序　言

微小卫星具有体积小、质量轻、功能密度高、研发与应用周期短等独特优势，是当前航天领域最活跃的研究方向之一。星间相对位置保持、高精度姿轨控制对推进系统比冲、寿命、推力等性能指标提出了很高要求，传统的冷气推进和化学推进系统无法完全胜任，一定程度上制约了微小卫星技术的发展与应用。脉冲等离子体推力器具有比冲高、寿命长、元冲量精确可控等优点，是微小卫星编队飞行、星座组网和姿态控制的首选推进装置之一。

吴建军教授从 20 世纪 90 年代后期开始从事空间电推进技术的研究，他带领的国防科技大学电推进技术研究团队是国内最早开展脉冲等离子体推力器研究的团队之一。他领导团队在脉冲等离子体推力器基础理论与工程应用方面开展了系统深入的研究，建成了完善配套的电推进技术实验研究体系，开发了多套应用于脉冲等离子体推力器工作过程的数值模拟系统。二十多年来，他们的研究工作涉及推力器工作过程相关的基本理论问题，解决了脉冲等离子体推力器等离子体生成、加速、测量等方面的不少难题，取得了系统性、创新性成果。同时，团队对磁等离子体推力器、微阴极电弧推力器、离子液体推力器、脉冲感应等离子体推力器等多种空间电推进系统进行了探索研究，在电推力器设计、等离子体诊断、微推力/微冲量测量等方面形成了较为完备的研究与评价体系。他们研制的脉冲等离子体推力器实现了国内首次微小卫星在轨任务验证与空间工程应用，推力器的综合性能处于国际先进水平，为我国微小卫星提供了一类先进的电推进系统。

该专著是吴建军教授团队对脉冲等离子体推力器数值模拟研究工作的系统总结。书中给出了脉冲等离子体推力器工质烧蚀、放电加速至羽流膨胀工作全过程涉及的模型、算法及结果分析，详细阐明了脉冲等离子体推力器多物理场耦合建模及数值计算方法。该书分为烧蚀篇、放电篇、羽流篇三部分，聚焦脉冲等离子体推力器工作机理，建立了工质烧蚀、放电加速与等离子体羽流运动等过程的一体化仿真模型，自主研发了仿真设计平台，提出了激光-电磁隔离烧蚀新方法，揭示了固体工质烧蚀机理与相变演化规律，阐明了工质在烧蚀、演化、加速、侵蚀全过程中的输运机制，突破了等离子体生成与增强、放电与加速、约束与控制等关键技术，为解决推力器工质供给控制精度低、电离率低、电磁能量向工质定向动能转化效率低等难题提供了有效方法，为进一步研制高性能脉冲等离子体推力器奠定了理论与技术基础。

　　该书内容有助于读者理解掌握脉冲等离子体推力器工作机理、评估与评价推力器工作特性及推进性能，可为脉冲等离子体推力器的设计、研制及工程应用提供重要的理论依据与参考，相信该书的出版可进一步推动我国空间电推进技术的发展。鉴于此，我向感兴趣的专家学者、院校师生、工程技术人员推荐该书。

中国科学院院士

2023 年 8 月

前　　言

脉冲等离子体推力器是一种利用脉冲放电产生电磁场、工质烧蚀电离产物在洛伦兹力及气动力共同作用下加速喷出而产生推力的电磁推力器。作为人类在空间最早应用的电推力器，脉冲等离子体推力器具有比冲高、功耗低、结构简单、质量轻等优点，非常适合执行任务周期长、控制精度高的空间推进任务。到目前为止，已有包括美国、俄罗斯、日本、法国、意大利、阿根廷以及中国在内的众多国家对脉冲等离子体推力器进行了广泛的研究，并成功将不同型号的推力器应用在各类卫星上。

脉冲等离子体推力器的工作过程涉及多种物理现象，包括真空中的电弧放电、工质烧蚀、等离子体输运及其与壁面间的相互作用等，这些过程相互交织，内部工作机制极为复杂。同时，推力器工作过程为非定常状态，电、磁、力、热、光等多场相互耦合，脉冲放电时间短，等离子体空间尺度小，使得实验测量非常困难。因此，无论从基础理论还是从工程应用的角度而言，目前都存在着一系列亟待解决的问题，包括但不限于推力器工质利用率低，系统能量损失大、效率低，推力器工作产生羽流污染等。相关研究虽然已持续了几十年，但对脉冲等离子体推力器工作过程及其相关工作机理的认识和掌握还不够系统深入。

国家自然科学基金委员会和原总装备部等单位对脉冲等离子体推力器这一先进电推进技术的发展高度重视，前瞻性地安排了"脉冲等离子体推力器工作过程及羽流特性仿真与实验研究""固体烧蚀型脉冲等离子体推力器放电烧蚀过程的理论与实验研究""采用含能工质的新型脉冲等离子体推力器研究"等课题，并对团队的相关研究进行了长期持续支持。本专著是团队针对脉冲等离子体推力器在长期的理论研究、实验测量与工程应用的基础上完成的，是对脉冲等离子体推力器工作过程数值模拟研究的系统总结。基于脉冲等离子体推力器工作特性，本书将推力器工作过程分为工质烧蚀、放电加速与羽流膨胀三个阶段，并建立了不同阶段的物理模型，给出了模型的理论解析、数值模型和计算方法。通过分析推力器工作过程数值模拟结果，最大程度上还原了推力器工作时工质从固体到等离子体的相态转变、能量从电能到等离子体动能的转化、物质从内部到外部的转移等过程特征，可为明晰脉冲等离子体推力器工作过程相关机制机理提供理论依据、模型参考和方法支撑。

本书由吴建军、李健、张宇共同撰写，最后由吴建军统编定稿。本书内容包含了课题组多届研究生在项目研究中的成果，他们是何振博士、李自然博士、杨乐博士、张锐博士、张代贤博士、尹乐博士、谢泽华博士、张华博士、谭胜博士。郑鹏博士、博士生胡泽君和赵元政、硕士生李宇奇和彭建誉在本书的撰写、校对和修改的过程中做了大量工作，在此一并表示感谢。

感谢国家自然科学基金创新研究群体项目(T2221002)的资助，感谢科学出版社的大力支持和帮助。本书完成之际恰逢国防科技大学建校 70 周年之时，能够作为校庆 70 周年系列著作为母校献礼倍感荣幸，也期望本书能够为电推进方向从业者提供有益参考。

本书是课题组研究工作的阶段性总结，由于作者水平有限，书中难免会有疏漏和不足，恳请读者批评指正。

目　　录

第一篇　烧　蚀　篇

第二篇 放 电 篇

第三篇　羽　流　篇

第1章 概　述

作为第一种空间应用的电推进系统，脉冲等离子体推力器(pulsed plasma thruster, PPT)具有功耗小、响应快、结构简单、易于集成、控制方便、推力精确可控等优点，特别适用于微小卫星姿态控制、位置保持、轨道提升和编队飞行等任务。近年来，随着微小卫星应用热潮的兴起，人们对应用于微小卫星的先进在轨推进技术的需求愈加强烈。因此，PPT 的研究与应用受到广泛关注，成为当前微小卫星推进技术研究的热点和重要方向之一[1]。

PPT 经历了半个多世纪的研究，并且已有多次空间飞行的经验，但目前仍然存在一些制约其发展和应用的问题。究其原因，PPT 工作过程涵盖了力、热、光、电、磁等多个物理场，涉及气体放电、电磁学、等离子体物理和流体力学等多个学科的知识，内部工作机制极为复杂，人们对 PPT 工作机理的认识和掌握还不够充分，导致 PPT 存在的推进效率较低(一般小于 10%)、羽流沉积污染等问题并未得到很好的解决。本书综合采用理论分析与数值模拟的方法，力求建立 PPT 工作过程中工质烧蚀、放电加速和羽流膨胀等阶段的分析与数值模型，研究推力器工作过程等离子体输运机制与能量转化规律，分析 PPT 内在工作机理，为高性能 PPT 的科学研究与工程应用奠定理论基础。

1.1　PPT 数值模型研究进展

随着计算机技术的发展，采用数值模拟的方法来研究等离子体流动过程成为一种可行且有效的方法。研究表明，PPT 的数值模型计算结果已能够比较有效地反映实验结果，为推力器的设计、优化和性能评估提供了有力支持，在 PPT 工作机理的研究中具有重要作用。目前，用于 PPT 研究常见的数值模型包括零维模型、机电模型、工质烧蚀模型、磁流体动力学(magnetohydro dynamics, MHD)模型和粒子模型等。

1.1.1　零维模型

零维模型是一种简化的数学模型，通常用于描述 PPT 的工作过程参数特性。基于脉冲电流与等离子体之间的能量平衡关系[2]，零维模型将等离子体作为放电电路的一部分，综合考虑电源能量、工质流量和放电构型等因素，以描述电压、电流等电参数的脉冲放电特性，进而预测脉冲冲量、平均推力、推进效率和能量利用率等推进性能参数。

Michels 等[3]建立了容性放电同轴等离子体枪的零维模型,如图 1.1 所示,并将模型分析预测的效率与实验得出的量热排气效率进行比较。该模型的效率上限约为 40%,等离子体枪正常工作时实验测量效率约为零维简化模型预测效率的50%,这种不同被认为是模型中对工质质量的预测与实际不符所导致的。该模型将放电等离子体视为电流片,随着时间的增加,电流片位置移动。

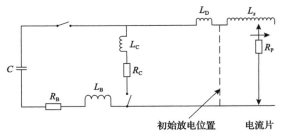

图 1.1 等离子体枪等效电路图

为了研究固体烧蚀型脉冲等离子体推力器(ablative pulsed plasma thruster,APPT)放电参数特性,Brito 等[4]提出了用于预估烧蚀质量的零维模型。该模型考虑了脉冲电流的产生和输运、电弧形成、焦耳效应引起的热损耗与等离子体加速之间的能量平衡关系,如图 1.2 所示。模型平衡方程中,聚四氟乙烯(polytetra-fluoroethylene, PTFE)的烧蚀质量为电参数和几何参数的函数。模型中引入理想电弧厚度,用于推进性能预估和推力器初步设计。该模型能够预测电路中散热造成的能量损失、等离子体温度平均值和放电过程中产生的最大电流等参数。模拟结果表明,该模型可以在一定程度上反映 PPT 的性能随参数的变化情况,并能够对PPT 的推进性能进行定性分析,为 PPT 的初步设计提供参考。利用零维模型计算得到的元冲量与实验结果相比,其平均相对误差为 20%。

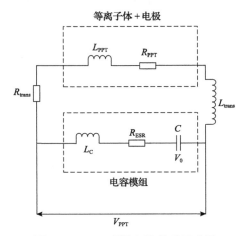

图 1.2 APPT 理想电路关系示意图

朱平等[2,5]建立了包含 PPT 推力、比冲、效率等基本性能参数的基于 LRC 电路的零维模型，通过假设电导的变化来分析动态放电过程，得到了 PPT 效率、工质动能与放电能量、电流、电压等电路参数之间的函数关系，从而提高了零维分析模型的精确性。这种可变参数零维模型的理论研究表明，推力器总效率 η 与平均排气速度 $\bar{u}_e$、单位电导 L'、储能电容 C 与初始电导 $L_{t=0}$ 之比的平方根 $\left(\sqrt{C / L_{t=0}}\right)$ 均为线性关系，总效率与电阻率 ψ 成反比。他们采用该零维模型对电磁加速模式的低功率水工质 PPT 的工作过程进行了理论分析，结合放电参数诊断实验，研究了水工质 PPT 的放电类型、工作能量阈值等工作特性及放电参数对推进性能的影响，验证了低功率水工质 PPT 具有良好的工作特性。

零维模型为研究人员提供了一种简化和快速分析 PPT 性能的方法。虽然基于假设条件的零维模型的应用存在一定限制，但是它仍然是研究 PPT 不可或缺的工具之一。随着对 PPT 工作原理的理解和数值模拟技术的进一步发展，更加精确、可靠的零维模型有待被提出和验证，为 PPT 的设计指导、实验验证与性能优化提供可行有效的重要手段。

1.1.2　机电模型

与零维模型不同的是，PPT 的机电模型不仅建立了电路与等离子体的能量平衡关系，还耦合了等离子体动力学模型，给出了电路脉冲电流与等离子体产生发展的相互作用和能量传递关系。

Jahn[6]提出了用于描述平行板电极 PPT 工作过程的一维数学模型，又称"弹丸"模型，后续研究中多数一维模型均以"弹丸"模型为基础发展而来。该模型中，等离子体加速过程和 PPT 电路元件被模拟为动力学系统与电气系统相互作用的机电系统。Jahn 采用基尔霍夫电压定律描述 PPT 的放电过程，认为全部烧蚀质量以"弹丸"的形式加速，假设每次脉冲放电被烧蚀的工质在放电之初集中于电流片中，在电磁力的作用下加速喷出，在电流片移动过程中电流片质量保持不变。"弹丸"模型可以对 PPT 工作过程进行仿真、预测 PPT 的宏观推进性能，但模型中假设工质烧蚀质量为常量，与 PPT 实际工作过程中工质烧蚀质量为变量的情况不符，因此无法准确反映 PPT 工作过程中等离子体的流动过程和工质烧蚀过程等细节。

Waltz[7]将"弹丸"模型中的基尔霍夫电压方程用能量守恒方程代替，建立了改进的机电模型，并应用于林肯实验卫星 LES-6 所用的 PPT（后文简称 LES-6 PPT）的研究工作中。为了研究电极平板效应对模拟的影响，Leiweke[8]提出了一种"边缘"电感模型，意图改善原机电模型假设极板为半无限大平板对仿真结果带来的不利影响，并利用此模型对林肯实验卫星 LES-8/9 所用的 PTT（后文简称 LES 8/9 PPT）进行了仿真研究，与实验得到的数据对比发现，原模型的仿真结果与实验结果更加吻合，单纯地增加边缘电感效应并没有使原机电模型得到改善。Gatsonis 和 Demetriou[9]对 PPT 的"弹丸"模型进行了改进，研究中利用"弹丸"模型开发了反馈控制器，用于优化 PPT 的等离子体喷射速度，并在动量方程中加入了阻尼和控制项，其中控制项为外加磁场。同样，Laperriere 等[10,11]通过对等离子体电阻模型和放电通道内电感模型进行理论推导，采用新的等离子体电阻模型和放电通道内电感模型建立了一种改进的机电模型，并对 PPT 在外加磁场下的工作性能进行了研究。

针对轴对称气体工质脉冲等离子体推力器(gas fed pulsed plasma thruster, GFPPT)的一维数学模型由 Hart[12]于 1962 年提出，是最早出现的"雪犁"模型。该模型与"弹丸"模型类似，将整个系统看成机电系统，不同之处是在动力学系统中，电流片被假设为在加速通道中具有一定质量分布。Michels 和 Ramins[13]采用变化的电流片质量分布发展了 Hart 的模型。之后，比较有价值的改进模型是 Ziemer 和 Choueiri 的模型[14]，在该模型中，质量分布方程由气体向真空膨胀的一维动力学理论推导得出。

无论是"弹丸"模型还是"雪犁"模型，都不能对工作过程中的工质消耗状况做出准确预测。Keidar 和 Boyd 完善了机电模型[15-21]，经过不断改进，该模型可以对放电过程中的工质烧蚀、等离子体激发过程进行模拟。针对特氟龙(Teflon)表面，粒子速度低且密度很高，当地局部热平衡成立，Keidar 和 Boyd 由此建立了基于微观的融化模型[22]，运用该模型计算 Teflon 表面的融化放电情况。结果显示，低的表面温度导致低的融化速度，不能产生高的等离子体密度。随后，该模型又经历了不断的改进，发展成为一维放电模型，在提供工质温度变化情况的同时，还能提供加速通道中等离子体的组分和运动信息。该模型为 PPT 的羽流研究提供了非定常的入口条件[23-25]。

Vondra 在保持"弹丸"模型不变的基础上，考虑气动力对"弹丸"加速过程的影响，在运动方程中加入气动力项，建立改进的机电模型，并将此用于 LES-6 PPT 的改进设计工作中[26]。考虑到放电通道内等离子体的实际运动情况，魏荣华[27]将放电通道内电流片厚度视为随放电电流改变，在"弹丸"模型的基础上建立了"扩散模型"。Yang 等[28]假设工质烧蚀质量随时间变化，对机电模型进行了改进，该模型的工质烧蚀质量采用经验公式计算，无法体现工质烧蚀的具体过程。Shaw 和 Lappas[29]针对不含工质的 PPT 建立了放电过程的机电分析模型，该模型考虑了放电过程中等离子体电阻随时间的变化，同时将经由阴极斑点喷射的电极腐蚀质量与放电电流相联系，预测的电流波形与实验测量结果较为吻合。Schönherr 等[30]也对机电模型进行了改进，建立了适用于外张舌形电极构型的计算模型，并对 PPT 的工质利用率进行了研究。

综上，与零维模型相比，机电模型充分考虑了 PPT 的等离子体动力学过程，能够对推力器放电过程电路与等离子体的相互作用进行建模和仿真，更加客观地反映 PPT 工作过程的多物理场耦合特性，为 PPT 的设计优化与性能评估提供精确可靠的数值模拟分析工具。然而，机电模型目前少有建立 PPT 工质具体烧蚀过程和放电过程的直接联系，这是值得进一步研究的重要方向之一。

1.1.3　工质烧蚀模型

相比于气体或液体，采用固体作为 PPT 工质具有诸多优点。例如，推力器不需要配备阀门、储箱、加热器等工质供给系统部件，大大简化了推力器的结构，进而提高了推力器工作的可靠性。目前，应用于空间飞行任务的 PPT 大多选择 PTFE 作为工质。固体 PTFE 的烧蚀过程难以控制，工质烧蚀质量与放电能量相关，无法在保持烧蚀质量不变的情况下增加放电能量，且存在滞后烧蚀的现象，使得 PPT 的工质利用率很低，这成为制约推力器性能提升的关键因素。固体工质烧蚀模型不仅能够为 PPT 等离子体全流场的数值模拟提供边界条件，还可以用于研究 PPT 工质烧蚀特性、分析工质利用率特性以及评估工质对推力器推进性能的影响等。

在 PTFE 烧蚀模型的研究之初，通过对实验数据的分析，简单地将 PTFE 的烧蚀过程简化为升华过程并建立了蒸气压烧蚀模型，将烧蚀质量流率描述成烧蚀表面饱和蒸气压与等离子体压力差和烧蚀表面温度的函数[31]。

采用该模型可以根据有限的实验数据对工质烧蚀质量流率进行估算，但是由于模型过于简单，其计算结果误差较大。Turchi 和 Mikellides[32]将该烧蚀模型应用于 PPT 的工作过程仿真，为 PPT 工作过程的计算模型提供了边界条件。

上述模型没有体现 PTFE 烧蚀过程的机理，严重制约了 PPT 工作过程的高精度数值仿真研究，随着对 PTFE 烧蚀过程认识的逐渐深入，对 PTFE 烧蚀过程的建模和仿真也在不断改进[33,34]。为了能够反映 PTFE 的解离过程，在蒸气压烧蚀模型的基础上，Bespalov 和 Zalogin[35]考虑烧蚀过程中的化学反应和热量传递过程，提出了一种新的改进模型。

Kemp[36]考虑到在工质烧蚀过程中工质烧蚀端面会随着烧蚀过程逐渐退缩，假设工质烧蚀质量和工质温度呈指数关系、和工质表面温度呈线性变化，在上述模型的基础上也提出了改进模型。Kemp 的模型考虑了烧蚀表面的退缩率，为建立更精细的烧蚀模型提供了参考。但是，该模型并未考虑工质解离前所发生的工质物质状态转化，且将工质内部温度梯度视为恒定的，这些假设都是很粗略的。

Clark[37]提出了一种较为完善且能够通过数值计算进行求解的数学模型。与传统模型不同的是，该模型考虑了在 600K 前后 PTFE 状态的变化，并考虑了物质属性随着温度呈线性变化的关系。Clark 将 PTFE 划分为两个不同的温度区，在这两个温度区中工质分别呈晶体态和熔融态。根据能量守恒定律，Clark 建立了烧蚀面边界条件，并首次编制 Fortran 计算程序进行了烧蚀过程仿真研究。在 Clark 模型的基础上，后续的研究者不断对 PTFE 的烧蚀模型进行完善。Stechmann[33]采用 Clark 工质烧蚀模型为 PPT 工作过程仿真提供边界条件并完成了对 PPT 工作过程的数值模拟，其仿真结果与实验数据吻合。Clark 的模型虽然能比较全面地描述 PPT 工质烧蚀特性，但是仍然存在以下问题：①模型未将 PPT 的放电特性与烧蚀特性相联系，不能反映 PPT 放电特性对工质烧蚀特性的影响；②模型未考虑等离子体辐射源在工质内部的热渗透分布以及表面反射率、吸收率等工质表面特性对工质烧蚀特性的影响，不能反映碳化及金属溅射等对工质表面烧蚀形貌的影响。

综上，通过建立工质烧蚀模型，可以对 PPT 的寿命和性能进行评估，并为其工质选择和设计优化提供指导。此外，烧蚀模型还可用于预测热烧蚀和离子轰击烧蚀对工质成分和结构的影响。综合利用这些信息，可以制定更有效的保护措施，延长 PPT 的使用寿命。

1.1.4　磁流体动力学模型

烧蚀模型揭示了 PPT 工质供给质量流率、分布等特性，是推力器放电通道内加速过程的重要条件，而工质烧蚀的复杂性增加了 PPT 工作过程建模的复杂性。零维模型和机电模型计算量小，能预测元冲量、比冲、推力效率等性能参数，但零维模型依赖于经验参数，机电模型需要做出大量假设，均不能对 PPT 的工作过程进行细致描述与分析。随着理论研究的不断深入和计算机技术的快速发展，建立能够准确描述等离子体流动过程的磁流体动力学(MHD)模型，开展基于 MHD 的工作过程数值模拟成为 PPT 研究的重要方向。

为了研究毫牛(mN)级 PPT 工作过程中的等离子体特性，Palumbo 和 Guman[38]提出了 MHD 方程。MHD 基本方程由电磁场基本方程、流体力学方程和等离子体状态方程组成，其中电磁场由麦克斯韦(Maxwell)方程组和欧姆定律描述，流场由纳维-斯托克斯(Navier-Stokes)(简称 N-S)方程组描述。

利用 MHD 方程求解场量的解析解一般来说是困难的，因此需要对方程进行进一步的简化处理。例如，常见的等离子体准中性假设，认为流体是导电介质且满足电中性条件，中性等离子体中单位体积等离子体的正负电荷数相等。实际上，"准中性"是指基本上可当作电中性，严格来讲并不是所有粒子间的电磁力都消失，而是在考察的等离子体系统特征尺度的范围内，近似看成消失。对于具体研究的问题，应用于磁流体力学的典型参数范围内满足一些近似条件，可以进行一些相应的简化。Spanjers 等[39-41]的研究显示，简化的一维 MHD 模型能够提供推力器工作过程的简单信息，但要获得更为精确的等离子体与工质和电极之间的能量传递信息，以及等离子体在加速通道中的发展变化情况，深入地了解 PPT 工作的物理过程，需要对其进行更高维度的数值仿真研究。随着理论建模和数值仿真研究的逐步发展，PPT 高维度数值模拟成为可能，以此为代表的是基于 MHD 方程的数值模拟程序 MACH2。

MACH2（multi-block arbitrary coordinate hydromagnetic）是一套 2.5 维非稳态磁流体动力学程序，是进行 PPT 工作过程分析的主要理论工具[42,43]，最早由美国空军研究实验室（Air Force Research Laboratory，AFRL）等离子体理论和计算中心开发。俄亥俄大学的 Turchi 和 Mikellides[32]将 MACH2 应用于 PPT 工作过程的理论分析。以 MHD 方程为基础，MACH2 程序能够解决等离子体的低温热传导、三温和热辐射等问题，它通过任意拉格朗日-欧拉方法进行变网格处理，在拉格朗日步进行流场计算，在欧拉步进行网格修正，能够计算等离子体放电状态的分布情况，获得比实验更为详尽的结果。

MACH2 程序假设重粒子与电子具有相同的温度，从而获得等离子体的状态方程，但与实际工作过程相差较大。Thomas[42]采用 CEA（chemical equilibrium with applications）程序与沙哈（Saha）方程相结合的方法对 PPT 的等离子体团的状态进行求解，对 MACH2 程序进行了改进。MACH2 程序在等离子体热导率的计算模型中只考虑了电子的输运特性，未考虑推进剂表面附近通过化学作用和重粒子的能量输运特性。Schmahl[44]提出了基于局部热力学平衡假设的双温模型，对多组分的 PTFE 等离子体运动状态进行了研究，研究表明，在温度超过 5000K 以后，双温模型的计算结果要明显优于 MACH2 程序的计算结果[45]。

对于固体烧蚀型 PPT，固体推进剂的烧蚀过程异常复杂，烧蚀模型为通道内等离子体模拟提供边界条件，烧蚀模型作为边界条件对 MACH2 程序仿真计算结果有重要影响。Mikellides 等对 APPT 固体工质的烧蚀模型进行了研究，假设 PTFE 烧蚀表面附近存在饱和蒸气层，该蒸气层与固体工质烧蚀表面的温度相同，该蒸气层的压力由 PTFE 的饱和蒸气压力曲线计算得到，通过给定净热流量来计算 PTFE 的温度分布，工质烧蚀边界的速度则通过压力梯度进行计算，进而得出工质的烧蚀质量[46-49]。

在对 PPT 工作过程的建模中，MACH2 程序没有考虑非中性区的影响，不能反映等离子体羽流中的非局部热力学平衡效应。另外，MACH2 程序的二维计算无法对平行板推力器的电极边缘效应进行仿真。此外，Lin 和 Karniadakis[50,51]提出了一种高阶模拟方法，运用计算软件 AFOSR 对 PPT 的等离子体流、外部电路及 Teflon 烧蚀进行研究；采用基于连续的方法处理黏性效应，在壁面处采用修改的 N-S 方程及适当的速度滑移和温度跳跃边界条件，确保在密度跳跃时压力始终为正；对结构和非结构网格采用谱元素空间离散方法，对一维、二维和三维完全耦合 PPT 流动进行了模拟。

采用 MHD 模型模拟 PPT 的羽流发展过程，能够明确等离子体羽流的成分和运动状态，更加深入地理解 PPT 的工作机理。Gatsonis 和 Hastings[52]建立了描述等离子体羽流的流体力学模型，并对等离子体羽流开展了数值仿真研究，对大尺度的等离子体羽流的运动状态进行了预测，用于分析 PPT 的等离子体羽流与航天器的相互影响。Brukhty 等[53]基于实验数据和 Robinson 等[54]的电荷交换离子轨道PLASIM 模型，提出了描述电势和电子密度的表达式，被广泛应用于电推力器羽流数值模拟。

Surzhikov 和 Gatsonis[55]建立了用于 PPT 羽流仿真的三维 MHD 模型，并采用时间分裂法对数值模型进行求解，计算得到了等离子体羽流压力、等离子体密度和磁压随时间的变化规律。模型假设羽流为单一流体，因此无法计算羽流中不同组分的运动过程，不能反映不同粒子运动状态对 PPT 性能的影响。杨乐[56]以局部热力学平衡和等离子体宏观电中性为基本假设，建立了用于 PPT 工作过程仿真的一维非定常 MHD 数学模型，并对 PPT 的工作过程进行了仿真研究。该模型可以反映 PPT 工作的宏观特性，但不能反映等离子体羽流的具体运动过程和烧蚀过程。

1.1.5　粒子模型

为了研究稀薄气体的运动特征，Bird[57]于 1963 年提出了直接模拟蒙特卡罗(direct simulation Monte-Carlo, DSMC)方法，此方法能够用于模拟真空羽流场。真空环境中的等离子体羽流呈自由膨胀趋势，密度梯度大，描述其运动状态的控制方程是完全玻尔兹曼(Boltzmann)方程，DSMC 方法可以与玻尔兹曼方程相容，在真空等离子体羽流场的数值研究领域得到了广泛应用。

对于电磁场驱动下的等离子体模拟，质点网格(particle in cell, PIC)方法是使用最为广泛的方法之一。Birdsall 和 Langdon[58]将 PIC 方法应用于无碰撞的等离子体运动的数值模拟中，但由于 PIC 方法捕捉电子运动轨迹要求的计算时间步长非常小，以及等离子体羽流的德拜(Debye)长度会影响泊松方程的求解过程，严重制约了 PIC 方法的应用[59]。

Roy 等[60-62]对 PIC 模型进行了改进，假设等离子体羽流由带电粒子、中性粒子组成且整体呈电中性，电子服从玻尔兹曼分布，电场由泊松方程获得，中性粒子由近似分析模型获得，并结合 DSMC 方法得到了 DSMC-PIC 混合算法，将其应用于粒子发动机羽流的仿真研究。

Oh[63]运用准中性 DSMC-PIC 方法模拟羽流时，为避免由 PIC 方法引起的时间和空间步长的限制，电磁场运用玻尔兹曼关系式进行求解，其中中性粒子的碰撞采用 DSMC 方法运用时间计数器进行模拟，包含电荷交换碰撞，其他碰撞形式采用硬球模型。该方法能够模拟稳态等离子体羽流，因此被不断使用和改进。密歇根大学的 Keidar 和 Boyd[64]将放电模型与 DSMC-PIC 混合算法相结合发展了可以用于 PPT 工作过程全流场仿真的数值模型，采用该模型能够对 PPT 的放电过程及等离子体羽流的产生与发展全过程进行模拟仿真，其中放电模型的计算结果为等离子体羽流仿真提供边界条件。

PIC 方法应用过程中受德拜长度对泊松方程的求解限制及电子运动速度的时间步长限制,而 DSMC 方法不能有效解决等离子体电磁场的自洽问题。针对 DSMC 方法和 PIC 方法的不足,同时结合两者的优点,Yin 和 Gatsonis[65-67]提出了一种 PIC-DSMC 流体混合算法,运用 DSMC 方法计算等离子体羽流中粒子的碰撞过程,并采用 PIC 方法计算带电粒子在电磁场中的运动过程,其中电场分布采用玻尔兹曼方程进行求解。该模型综合考虑了等离子体羽流中粒子之间的碰撞和库仑力,可以计算羽流中各组分的速度和密度以及电场分布等。Gatsonis 和 Gagne[68]在此模型的基础上加入了电子能量方程,使之能够对等离子体羽流的温度进行求解。

综上所述,针对 PPT 放电过程已发展出了很多理论模型,能够针对性地解决一些问题,但仍有待进一步发展。零维模型只能满足性能估计和推力器初步设计的要求,无论是“弹丸”模型还是“雪犁”模型都不能对工质消耗状况做出预测。机电模型结构简单、计算周期短,利用结合简单的实验数据就能够对 PPT 难以测量的宏观性能参数进行预测,但是模型无法反映工质的烧蚀过程、等离子体羽流的形成和发展过程等微观过程。MACH2 程序基于磁流体力学,考虑了等离子体三温、低温热传导和热辐射等问题,可以模拟等离子体羽流的分布情况,能够得到比实验数据更加详细的信息,但其依然不能反映工质的烧蚀、等离子体羽流的形成和发展的具体过程。三维 MHD 方程可以对能够应用连续流体假设的等离子体区域进行模拟,但无法模拟过渡区和分子自由流区域的真实运动过程,且计算周期长。DSMC 方法和 PIC 方法同时结合放电模型可以对 PPT 的整个工作过程及等离子体羽流形成和发展过程进行模拟,但其计算过程复杂且计算周期长。鉴于此,为深入探索脉冲等离子体推力器的内在机理,针对推力器工作全过程不同阶段的特性,亟须采用不同的方法开展更为贴切的模型与算法研究。

1.2 本书内容安排

基于 PPT 工作特性,本书建立了推力器工质烧蚀、放电加速与羽流膨胀阶段物理模型,提出了模型的假设条件与求解方法,验证了模型的有效性,并开展了推力器工作过程数值模拟研究与理论分析。全书分为烧蚀篇、放电篇、羽流篇三部分,主要内容如下。

(1)第 1 章介绍国内外 PPT 数值模型研究进展,并对本书的主要内容进行介绍。

(2)烧蚀篇包括第 2~4 章。第 2 章针对推力器 PTFE 工质物理特性开展分析,建立 PPT 电弧烧蚀物理模型,并对 PTFE 烧蚀过程中温度分布演化规律及工质滞后烧蚀、粒子发射现象进行数值模拟研究。第 3 章针对激光支持的 PPT 点火过程中 PTFE 的激光烧蚀过程进行数值模拟,建立了考虑非傅里叶效应的工质烧蚀模型，该模型考虑了工质的液相、固相双层动态结构，将 PTFE 的烧蚀过程划分为两个阶段，采用非均匀网格并利用全隐格式的有限体积法进行求解，通过解析解和数值解的对比验证模型的可靠性，为深入理解高聚物的激光烧蚀机理提供理论和模型支持。第 4 章在第 3 章研究的基础上对铝工质 PPT 的烧蚀过程进行建模和仿真，研究在纳秒脉宽强激光辐照下，铝的非傅里叶热传导和相变烧蚀过程，同时考虑了激光烧蚀中的热蒸发和相爆炸机制，建立了基于焓方法的非傅里叶热传导方程，研究了铝等离子体的屏蔽效应、激光参数、非傅里叶效应以及激光能量密度、激光波长、背景气体压力等因素对烧蚀过程的影响规律。

（3）放电篇包括第 5 章和第 6 章。第 5 章首先分别建立了用于 PPT 放电过程性能分析的传统机电模型、考虑电流片质量累积的机电模型及考虑外加磁场的改进机电模型，并详细介绍了三种模型的特点及适用条件。随后对不同情况下 PPT 的工作过程进行了数值模拟研究，探究了 PPT 工作参数对工作过程及其综合性能的影响。第 6 章基于磁流体动力学模型开展了 PPT 放电过程的理论与数值研究，建立了 PPT 放电过程的磁流体动力学模型，包括放电电路模型、两相烧蚀模型、磁流体控制方程组、热化学模型和输运系数等，提出了模型的数值计算方法，并对 PPT 的放电过程开展了数值模拟与理论分析，研究了放电通道内等离子体的流动加速特性，并对不同电流波形下的放电特性及推力器性能进行了评估。

（4）羽流篇包括第 7 章和第 8 章。第 7 章采用粒子模拟方法建立了 PPT 羽流膨胀过程的 DSMC-PIC 流体混合算法，对脉冲等离子体推力器不同初始电压下的羽流场进行模拟，获得了羽流场随时间变化的分布情况以及粒子运动速度、轴向和返流质量流率的信息，同时分析了 CEX 碰撞对流场的影响情况。第 8 章采用 DSMC-PIC 流体混合算法开展了基于 MHD 模型入口条件的脉冲等离子体推力器羽流场的数值模拟，针对 PPT 一维双温 MHD 放电模型、三维双温 MHD 模型分别作为入口模型结合混合粒子羽流模型，对脉冲等离子体推力器进行一体化计算研究，获得了不同初始电压及不同电容条件下羽流场轴向和返流质量流率的信息，为 PPT 羽流膨胀、回流等现象的研究提供理论与方法依据。

参 考 文 献

[1] 杨乐, 李自然, 尹乐, 等. 脉冲等离子体推力器研究综述[J]. 火箭推进, 2006, 32(2): 32-36.

[2] 朱平. 水工质脉冲等离子体低功率推进器的设计与研究[D]. 南京: 南京理工大学, 2011.

[3] Michels C J, Heighway J E, Johanse A E. Analytical and experimental performance of capacitor powered coaxialplasma guns[J]. AIAA Journal, 1966, 4(5): 823-830.

[4] Brito C M, Elaskar S A, Brito H H, et al. Zero-dimensional model for preliminary design of ablative pulsed plasma Teflon thrusters[J]. Journal of Propulsion and Power, 2004, 20(6): 970-977.

[5] 朱平, 侯丽雅, 章维一. 水工质脉冲等离子体推进器的能量平衡和效率[J]. 推进技术, 2011, 32(2): 292-295.

[6] Jahn R G. Physics of Electric Propulsion[M]. New York: McGraw-Hill, 1968.

[7] Waltz P M. Analysis of a pulsed electromagnetic plasma thruster[D]. Cambridge: Massachusetts Institute of Technology, 1969.

[8] Leiweke R J. An advanced pulsed plasma thruster design study using one-dimensional slug modeling[R]. New Mexico: Phillips Laboratory Kirkland Air Force Base, 1996.

[9] Gatsonis N, Demetriou M. Prospects of plasma flow modeling and control for micro pulsed plasma thrusters[C]. The 40th AIAA/ASME/SAE/ASEE Joint Propulsion Conference and Exhibit, Fort Lauderdale, 2004: 3464.

[10] Laperriere D D. Electromechanical modeling and open-loop control of parallel-plate pulsed plasma microthrusters with applied magnetic fields[D]. Worcester: Worcester Polytechnic Institute(Master), 2005.

[11] Laperriere D D, Gatsonis N A, Demetriou M A. Electromechanical modeling of applied field micro pulsed plasma thrusters[C]. The 41st AIAA/ASME/SAE/ASEE Joint Propulsion Conference & Exhibit, Tucson, 2005: 4077.

[12] Hart P J. Plasma acceleration with coaxial electrodes[J]. The Physics of Fluids, 1962, 5(1): 38-47.

[13] Michels C J, Ramins P. Performance of coaxial plasma gun with various propellants[J]. The Physics of Fluids, 1964, 7(11): S71-S74.

[14] Ziemer J, Choueiri E. Dimensionless performance model for gas-fed pulsed plasma thrusters[C]. The 34th AIAA/ASME/SAE/ASEE Joint Propulsion Conference and Exhibit, Cleveland, 1998: 3661.

[15] Keidar M, Boyd I D, Beilis I I. Electrical discharge in the Teflon cavity of a coaxial pulsed plasma thruster[J]. IEEE Transactions on Plasma Science, 2000, 28(2): 376-385.

[16] Keidar M, Boyd I D, Gulczinski F S, et al. Analyses of Teflon surface charring and near field plume of a micro-pulsed plasma thruster[C]. International Electric Propulsion Conference, Pasadena, 2001:1-5.

[17] Keidar M, Boyd I D. Ionization non-equilibrium and ablation phenomena in a micro-pulsed plasma thruster[C]. The 38th AIAA/ASME/SAE/ASEE Joint Propulsion Conference & Exhibit, Indianapolis, 2002: 4275.

[18] Keidar M, Boyd I D. Ablation study in the capillary discharge of an electrothermal gun[J]. Journal of Applied Physics, 2006, 99(5): 1-8.

[19] Keidar M, Boyd I D, Beilis I I. Model of an electrothermal pulsed plasma thruster[J]. Journal of Propulsion and Power, 2003, 19(3): 424-430.

[20] Keidar M, Boyd I D, Lepsetz N. Performance study of the ablative z-pinch pulsed plasma thuster[C]. The 37th AIAA/ASME/SAE/ASEE Joint Propulsion Conference & Exhibit, Salt Lake City, 2001: 3898.

[21] Keidar M, Boyd I D, Beilis I I. On the model of Teflon ablation in an ablation-controlled discharge[J]. Journal of Physics D: Applied Physics, 2001, 34(11): 1675-1677.

[22] Keidar M, Fan J, Boyd I D, et al. Vaporization of heated materials into discharge plasmas[J]. Journal of Applied Physics, 2001, 89(6): 3095-3098.

[23] Keidar M, Boyd I D, Antonsen E, et al. Electromagnetic effects in the near field plume exhaust of a micro-pulsed-plasma thruster[J]. Journal of Propulsion and Power, 2004, 20(6): 961-969.

[24] Keidar M, Boyd I D. Device and plume model of an electrothermal pulsed plasma thruster[C]. The 36th AIAA/ASME/SAE/ASEE Joint Propulsion Conference and Exhibit, Las Vegas, 2000: 3430.

[25] Keidar M, Boyd I D. Electronagnetic effects in the near field plume exhaust of a pulsed plasma thruster[C]. The 37th AIAA/ASME/SAE/ASEE Joint Propulsion Conference and Exhibit, Salt Lake City, 2001: 3638.

[26] Solbes A, Thomassen K, Vondra R. Analysis of solid Teflon pulsed plasma thruster[J]. Journal of Spacecraft and Rockets, 1970, 7(12): 1402-1406.

[27] 魏荣华. 用于 PPT 的扩散模型及其简化 MHD 方程组的解[J]. 空间科学学报, 1982, 2(4): 319-326.

[28] Yang L, Liu X Y, Wu Z W, et al. Analysis of Teflon pulsed plasma thrusters using a modified slug parallel plate model[C]. The 47th AIAA/ASME/SAE/ASEE Joint Propulsion Conference & Exhibit, San Diego, 2011: 6077.

[29] Shaw P, Lappas V. Modeling of a pulsed plasma thruster; simple design, complex matter[C]. Space Propulsion Conference, San Sebastian, 2010: 3.

[30] Schönherr T, Komurasaki K, Herdrich G. Propellant utilization efficiency in a pulsed plasma thruster[J]. Journal of Propulsion and Power, 2013, 29(6): 1478-1487.

[31] Antonsen E L, Burton R L, Reed G A, et al. Effects of postpulse surface temperature on micropulsed plasma thruster operation[J]. Journal of Propulsion and Power, 2005, 21(5): 877-883 .

[32] Turchi P, Mikellides P. Modeling of ablation-fed pulsed plasma thrusters[C]. The 31st Joint Propulsion Conference and Exhibit, San Diego, 1995: 2915.

[33] Stechmann D P. Numerical analysis of transient Teflon ablation in pulsed plasma thrusters[D]. Worcester: Worcester Polytechnic Insitute, 2007.

[34] Gatsonis N, Juric D, Stechmann D, et al. Numerical analysis of Teflon ablation in pulsed plasma thrusters[C]. The 43rd AIAA/ASME/SAE/ASEE Joint Propulsion Conference & Exhibit,

Cincinnati, 2007: 5227.

[35] Bespalov V L, Zalogin G N. Ablation of Teflon in a stream of dissociated air[J]. Fluid Dynamics, 1984, 19(3): 430-436.

[36] Kemp N H. Surface recession rate of an ablating polymer[J]. AIAA Journal, 1968, 6(9): 1790-1791.

[37] Clark B L. An experimental and analytical investigation of Teflon ablation heat transfer parameters by the method of non-linerar estimation[D]. Ithaca: Cornell University, 1971.

[38] Palumbo D, Guman W. Continuing development of the short-pulsed ablative space propulsionsystem[C]. The 8th Joint Propulsion Specialist Conference, New Orleans, 1972: 1154.

[39] Spanjers G G, Malak J B, Leiweke R J, et al. Effect of propellant temperature on efficiency in the pulsed plasma thruster[J]. Journal of Propulsion and Power, 1998, 14(4): 545-553.

[40] Spanjers G G, Antonsen E L, Burton R L, et al. Advanced diagnostics for millimeter-scale micro pulsed plasma thrusters[C]. The 33rd AIAA Plasmadynamics and Lasers Conference, Lahaina, 2002: 1-6.

[41] Spanjers G G. Investigation of propellant in efficiency in a pulsed plasma thruster[C]. The 32nd AIAA/ASME/SAE/ASEE Joint Propulsion Conference, Lake Buena Vista, 1996: 2723.

[42] Thomas H D. Numerical simulation of pulsed plasma thrusters[D]. Knoxville: The University of Tennessee, 2000.

[43] Mikellides Y G. Theoretical modeling and optimization of ablation-fed pulsed plasma thrusters[D]. Columbus: The Ohio State University, 1999.

[44] Schmahl C S. Thermochemical and transport processes in pulsed plasma microthrusters: A two-temperature analysis[D]. Columbus: The Ohio State University, 2002.

[45] Schmahl C S, Turchi P J, Mikellides P G, et al. Development of equation-of-state and transport properties for molecular plasmas in pulsed plasma thrusters. II—A two-temperature equation of state for Teflon[C]. The 34th AIAA/ASME/SAE/ASEE Joint Propulsion Conference and Exhibit, Cleveland, 1998: 3662.

[46] Mikellides P G, Turchi P J. Optimizaiton of pulsed plasma thrusters in rectangular and coaxial geometries[C]. The 26th International Electric Propulsion Conference, Kitakyushu, 1999: 3.

[47] Mikellides P G, Neilly C. Pulsed inductive thruster, part 1: Modeling, validation and performance analysis[C]. The 38th AIAA/ASME/SAE/ASEE Joint Propulsion Conference & Exhibit, Indianapolis, 2002: 4091.

[48] Mikellides P G, Turchi P J. Modeling of late-time ablation in Teflon pulsed plasma thrusers[C]. The 32nd AIAA/ASME/SAE/ASEE Joint Propulsion Conference and Exihibit, Lake Buena Vista, 1996: 2733.

[49] Mikellides P G, Turchi P J. Theoretical investigation of pulsed plasma thrusters[C]. The 34th

AIAA/ASME/SAE/ASEE Joint Propulsion Conference & Exhibit, Cleveland, 1998: 3807.

[50] Lin G, Karniadakis G E. High-order modeling of micro-pulsed plasma thrusters[C]. The 3th Theoretical Fluid Mechanics Meeting, Missouri, 2002: 2872.

[51] Lin G, Karniadakis G E. A discontinuous Galerkin method for two-temperature plasmas[J]. Computer Methods in Applied Mechanics and Engineering, 2006, 195 (25-28): 3504-3527.

[52] Gatsonis N A, Hastings D E. Evolution of the plasma environment induced around spacecraft by gas releases: Three-dimensional modeling[J]. Journal of Geophysical Research: Space Physics, 1992, 97 (A10): 14989-15005.

[53] Brukhty V I, Kirdyashev K P, Svetlitskaya O E. Electromagnetic interference measurements within the T-100 endurance test[C]. International Electric Propulsion Conference, Moscow, 1996: 492-500.

[54] Robinson R S, Kaufman H, Winder D R. Plasma propagation simulation near an electrically propelled spacecraft[J]. Journal of Spacecraft and Rockets, 1982, 19 (5): 445-450.

[55] Surzhikov S, Gatsonis N. Plasma flow through a localized heat release region[C]. The 30th Plasmadynamic and Lasers Conference, Norfolk, 1999: 3738.

[56] 杨乐. 脉冲等离子体推力器工作过程理论和实验研究[D]. 长沙: 国防科技大学, 2007.

[57] Bird G A. Molecular Gas Dynamics and the Direct Simulation of Gas Flows[M]. Oxford: Clarendon Press, 1994.

[58] Birdsall C K, Langdon A B. Plasma Physics via Computer Simulation[M]. New York: McGraw-Hill, 1985.

[59] Hockney R W, Eastwood J W. Computer Simulation Using Particles[M]. New York: Adam Hilger, 1988.

[60] Roy R I S. Numerical simulation of ion thruster plume backflow for spacecraft contamination assessment[D]. Cambridge: Massachusetts Institute of Technology, 1995.

[61] Roy R I S, Hastings D E, Gastonis N A. Ion-thruster plume modeling for backflow contamination[J]. Journal of Spacecraft and Rockets, 1996, 33 (4): 525-534.

[62] Roy R I S, Hastings D E, Gatsonis N A. Numerical study of spacecraft contamination and interactions by ion-thruster effluents[J]. Journal of Spacecraft and Rockets, 1996, 33 (4): 535-542.

[63] Oh D Y. Computational modeling of expanding plasma plumes in space using a PIC-DSMC algorithm[D]. Cambridge: Massachusetts Institute of Technology, 1997.

[64] Keidar M, Boyd I D. Plasma generation and plume expansion for a transmission-mode micro-laser ablation thruster[C]. The 39th AIAA/ASME/SAE/ASEE Joint Propulsion Conference and Exhibit, Huntsville, 2003: 4567.

[65] Yin X M. Axisymmetric hybrid numerical modeling of pulsed plasma thruster plumes[D].

Worcester: Worcester Polytechnic Institute, 1999.

[66] Gatsonis N A, Yin X M. Hybrid（particle-fluid）modeling of pulsed plasma thruster plumes[J]. Journal of Propulsion and Power, 2001, 17（5）: 945-958.

[67] Gatsonis N A, Yin X M. Axisymmetric DSMC-PIC simulation of quasineutral partially ionized jets[C]. The 32nd Thermophysics Conference, Atlanta, 1997: 2535.

[68] Gatsonis N A, Gagne M. Electron temperature effects on pulsed plasma thruster plume expansion[C]. The 36th AIAA/ASME/SAE/ASEE Joint Propulsion Conference and Exhibit, Huntsville, 2000: 3428.

第一篇 烧蚀篇

第2章 PTFE工质电弧烧蚀过程的数值模拟

聚四氟乙烯(PTFE)具有低温不黏结、不脆化、真空中放气率低、自润滑等良好的真空物理特性，被广泛用作PPT的工质。PTFE在放电电弧作用下烧蚀电离，产物在洛伦兹力和气动力的共同作用下加速喷出推力器，从而产生推力。受到工质滞后烧蚀等因素的影响，PTFE的利用率很低，导致推进效率一直处于较低水平(约10%)，这是目前PPT尚未在微小卫星上得到广泛应用的重要限制因素之一。为此，建立能够准确反映PPT工质烧蚀过程的仿真模型，开展工质烧蚀过程理论分析，是掌握推力器工质烧蚀内在机理、提高PPT推进性能的必要途径。

围绕PPT工作过程固体工质的电弧烧蚀现象，本章首先开展PTFE工质物理特征分析，并针对其随温度的相变过程特性，将PPT烧蚀过程分为放电开始但工质未熔融、放电持续且工质熔融、放电结束后三个阶段，建立PPT工质烧蚀模型。基于该模型，对PPT放电过程中PTFE烧蚀温度分布演化规律及工质滞后烧蚀、粒子发射现象进行数值仿真和分析研究，为深入理解工质的电弧烧蚀物理规律提供理论依据。

2.1 PTFE工质烧蚀模型

PTFE是一种全对称、无极性高分子聚合材料[1]，PTFE分子由C、F元素以共价键结合，PTFE的化学表达式为$(C_2F_4)_n$，分子结构如图2.1所示。PTFE的C—C链骨架外紧密围绕着F原子保护层，PTFE独特的结构特征及C—F键高达466kJ/mol的键能使得PTFE具有其他材料无法比拟的化学稳定性和热稳定性。PTFE可在−190~260℃温度范围内使用，适用于外太空低温环境[2]。PTFE极小的吸水率、优良的介电特性和高体电阻特性，使得它十分适合作为PPT的工质。

PTFE导热性差，热导率很低。在PPT放电工作过程中，PTFE的低热传导性使得它在微米量级的厚度上形成比较大的温度梯度，进而造成熔融工质产生大颗粒的喷溅，这些未被有效电离的中性大颗粒工质造成工质利用率低，影响了推力器的性能。另外，PTFE成型和二次加工困难，线膨胀系数大，与其他材料复合易发生变形、开裂，这些特性给PTFE的掺杂改性也带来一定的困难[3]。

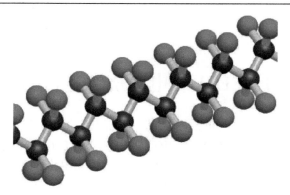

图 2.1　PTFE 分子结构

　　PTFE 的熔点为 600K 左右, 远高于其他热塑材料。当 PTFE 受热温度升高时, 在 600K 温度以下, PTFE 保持晶体长链聚合物形态, 当温度高于 600K 时, PTFE 由晶体态转化为熔融态, 这种熔融态的 PTFE 黏性高, 可达 $10^{11} \sim 10^{12}$Pa·s, 远高于通常塑料在成型温度下的黏度 ($10^3 \sim 10^4$Pa·s) [3]。该状态下的 PTFE 没有足够的流动性, 仍能保持原来的形状, 但具有对外应力敏感的特点。PTFE 发生相变后, 由于聚合物中 C—C 键能相对较小, C—C 键会在温度 720K 时发生解离, 生成小分子碳氟化合物气体, 其解离产物中大部分为 C_2F_4 单体。C_2F_4 单体具有极高的蒸气压, 一旦 C_2F_4 从聚合物碳链上分离出来, 就会立刻从 PTFE 表面脱离, 在 PTFE 表面附近区域形成一层高密度的气体层。这一过程没有特定的温度发生点及能量阈值, 因此该现象在 PTFE 发生相变后一直存在[4,5], 该气体层的存在为 PPT 放电提供了良好的气体环境。

2.1.1　吸热升温阶段

　　图 2.2 为 PTFE 未熔融阶段工质烧蚀受热示意图。PPT 放电形成的等离子体电弧与工质表面作用, 假设 PTFE 工质烧蚀端面与等离子体电弧之间的热流密度为 I_0。PTFE 被加热升温, 但是由于温度 T 未达到熔点 T_m, 其仍处于晶体态, 并未发生物态变化。

　　设 R_r 为工质的表面反射系数, 工质烧蚀端面 s 处热流密度为 $(1-R_r)I_0$, 晶体态工质对辐照能量的吸收系数为 α_c, 等离子体电弧渗透到工质内部 x 处的热流密度为 $I(x)$, 则

$$\mathrm{d}I(x)/\mathrm{d}x = -\alpha_c I(x) \tag{2.1}$$

当 $x=s$ 时, $I(s)=(1-R_r)I_0$, 可得

$$I(x)=(1-R_r)I_0 \mathrm{e}^{-\alpha_c(s-x)} \tag{2.2}$$

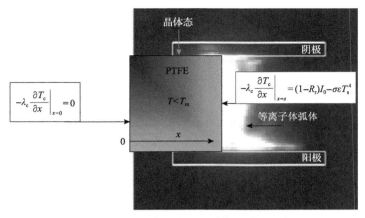

图 2.2　PTFE 未熔融阶段工质烧蚀受热示意图

工质内部任意一点某一时刻的温度为 $T_c(x,t)$，可由导热方程（2.3）确定：

$$\rho_c(T)c_c(T)\frac{\partial T_c(x,t)}{\partial t}=\frac{\partial}{\partial x}\left(\lambda_c(T)\frac{\partial T_c(x,t)}{\partial x}\right)+(1-R_r)\alpha_c I_0 \mathrm{e}^{-\alpha_c(s-x)} \qquad (2.3)$$

式中，$\rho_c(T)$ 为晶体态 PTFE 的密度；$c_c(T)$ 为晶体态 PTFE 的比热容；$\lambda_c(T)$ 为晶体态 PTFE 的热导率。

工质烧蚀端面及尾部边界条件为

$$-\lambda_c\frac{\partial T_c}{\partial x}\bigg|_{x=s}=(1-R_r)I_0-\sigma\varepsilon T_s^4 \qquad (2.4)$$

$$-\lambda_c\frac{\partial T_c}{\partial x}\bigg|_{x=0}=0 \qquad (2.5)$$

式中，σ 为斯特藩-玻尔兹曼（Stefan-Boltzmann）常数（$\sigma=5.67\times10^{-8}\mathrm{W}/(\mathrm{m}^2\cdot\mathrm{K}^4)$）；$\varepsilon$ 为 PTFE 表面发射率；T_s 为烧蚀端面温度；s 为工质长度。

2.1.2　相变阶段

随着放电能量的增强，PTFE 烧蚀端面温度迅速上升至熔点 T_m（T_m=600K）之上，该阶段晶体态与熔融态 PTFE 共同存在，如图 2.3 所示。对于晶体态 PTFE 工质，式（2.3）仍适用于工质内部温度的描述。

晶体态-熔融态工质交界面 s_m 处有

$$T_c\left(x=s_m\right)=T_a\left(x=s_m\right)T_m \qquad (2.6)$$

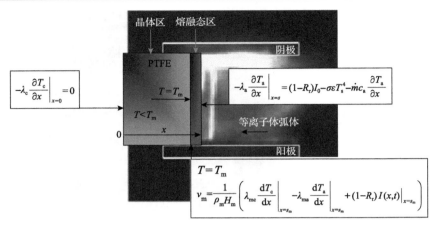

图 2.3 熔融阶段工质烧蚀示意图

对于熔融态工质任意一点某一时刻的温度 $T_a(x,t)$，可由导热方程(2.7)确定，即

$$\rho_a(T)c_a(T)\frac{\partial T_a}{\partial t} = \frac{\partial}{\partial x}\left(\lambda_a(T)\frac{\partial T_a}{\partial x}\right) + Q_p + (1-R_r)\alpha_a I_0 e^{-\alpha_a(s-x)} \tag{2.7}$$

式中，$\rho_a(T)$ 为熔融态 PTFE 的密度；$c_a(T)$ 为熔融态 PTFE 的比热容；T_a 为熔融态 PTFE 的温度；$\lambda_a(T)$ 为熔融态 PTFE 的热导率；α_a 为熔融态 PTFE 对辐照能量的吸收系数。

Q_p 利用阿伦尼乌斯(Arrhenius)方程描述[6]，即

$$Q_p = -A_p\rho_a E_p e^{-B_p/T_a} \tag{2.8}$$

式中，A_p 为频率因子；E_p 为单位质量 PTFE 的解聚能；B_p 为活化温度且

$$B_p = \frac{E_A}{R} \tag{2.9}$$

E_A 为活化能；R 为气体常数(R=83.14J/(kg·K))。

熔融态 PTFE 工质前端面边界条件为

$$-\lambda_a\frac{\partial T_a}{\partial x}\Big|_{x=s} = (1-R_r)I_0 - \sigma\varepsilon T_s^4 - \dot{m}c_a\frac{\partial T_a}{\partial x} \tag{2.10}$$

在此阶段，工质各处温度的初始值是第一阶段的末态温度分布。

晶体态-熔融态工质交界面 s_m 由式(2.11)确定，即

$$\rho_m H_m v_m = \lambda_{mc}\frac{dT_c}{dx}\Big|_{s_m} - \lambda_{ma}\frac{dT_a}{dx}\Big|_{s_m} + (1-R_r)I(x,t)\Big|_{x=s_m} \tag{2.11}$$

式中，H_m 为相变潜热；ρ_m 为在 T_m 温度时晶体态和熔融态 PTFE 的平均密度；v_m 为交界面移动速度且

$$v_\mathrm{m} = \frac{1}{\rho_\mathrm{m} H_\mathrm{m}}\left[\lambda_\mathrm{mc}\frac{\mathrm{d}T_\mathrm{c}}{\mathrm{d}x}\bigg|_{x=s_\mathrm{m}} - \lambda_\mathrm{ma}\frac{\mathrm{d}T_\mathrm{a}}{\mathrm{d}x}\bigg|_{x=s_\mathrm{m}} + \left(1-R_\mathrm{r}\right)I(x,t)\big|_{x=s_\mathrm{m}} \right] \tag{2.12}$$

其中，

$$s_\mathrm{m} = s - \int v_\mathrm{m}\mathrm{d}t \tag{2.13}$$

烧蚀端面退缩速度 v 为

$$v = -\frac{\dot{m}}{\rho_\mathrm{ref}} \tag{2.14}$$

式中，ρ_ref 为 PTFE 的参考密度（T_c=298K）。

烧蚀工质质量流率 $\dot{m}$ 为

$$\dot{m} = A_\mathrm{p}\int_{s_\mathrm{m}}^{s} \rho_\mathrm{a}\, \mathrm{e}^{-B_\mathrm{p}/T_\mathrm{a}}\, \mathrm{d}x \tag{2.15}$$

烧蚀端面退缩量 Δs 为

$$\Delta s = \int v\mathrm{d}t$$

2.1.3　自然冷却阶段

PPT 放电结束后，不再有能量向工质表面传输，热流密度 I_0 为零。当工质温度大于 600K 时，熔融态工质仍保持着较高的温度，工质处于滞后烧蚀阶段，工质烧蚀过程如图 2.4 所示。此时，第二阶段导热方程及各边界条件忽略外加热量源及内热源项则为描述该阶段的导热方程。当工质温度小于 600K 时，忽略外加热量源及内热源项的第一阶段导热方程开始适用。

当工质温度大于熔融温度时，其内部温度可以由式(2.16)来描述：

$$\rho_\mathrm{m}(T)c_\mathrm{m}(T)\frac{\partial T_\mathrm{m}(x,t)}{\partial t} = \frac{\partial}{\partial x}\left(\lambda_\mathrm{m}(T)\frac{\partial T_\mathrm{m}(x,t)}{\partial x}\right) + Q_\mathrm{m}(x,t) \tag{2.16}$$

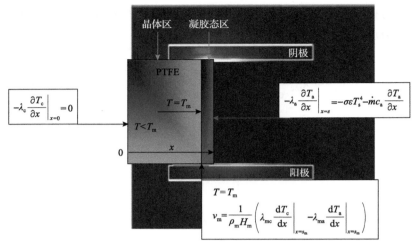

图 2.4　放电结束后熔融态工质烧蚀示意图

当工质温度小于熔融温度时，其内部温度可以由式 (2.17) 来描述：

$$\rho_c(T)c_c(T)\frac{\partial T_c(x,t)}{\partial t}=\frac{\partial}{\partial x}\left(\lambda_c(T)\frac{\partial T_c(x,t)}{\partial x}\right)\tag{2.17}$$

相应烧蚀表面的边界条件分别为

$$-\lambda_c(T)\frac{\partial T_c(x,t)}{\partial x}\bigg|_{x=s}=-\sigma\varepsilon\left(T^4-T_\infty^4\right)-\dot{m}c_c(T)T\tag{2.18}$$

$$-\lambda_c(T)\frac{\partial T_c(x,t)}{\partial x}\bigg|_{x=s}=-\sigma\varepsilon\left(T^4-T_\infty^4\right)\tag{2.19}$$

而工质尾部的边界条件不变，依然采用绝热边界条件：

$$-\lambda_c(T)\frac{\partial T_c(x,t)}{\partial x}\bigg|_{x=0}=0\tag{2.20}$$

2.2　数值计算方法

2.2.1　坐标变换

在 PPT 工作过程中，随着固体工质的烧蚀，烧蚀界面与相变界面不断变化，为了适应这种运动界面的情况，在求解 PTFE 烧蚀的过程中需要进行坐标变换。对于晶体态和熔融态的 PTFE，分别将坐标系 (x,t) 变换为坐标系 (ξ,τ) 和 (η,τ)，其变换过程如下：

$$\begin{cases} \tau = t \\ \xi = x / \theta(t) \\ \eta = [x - \theta(t)]/[s(t) - \theta(t)] \end{cases} \quad (2.21)$$

$\xi=0$ 或 $x=0$ 为 Teflon 的非烧蚀表面；$x=\theta$ 为熔融态和晶体态 PTFE 的交界面，此处 $\xi=1$、$\eta=0$；$x=s$ 处为 PTFE 的烧蚀表面，也是熔融态端面，此处 $\eta=1$。在烧蚀过程中，工质块的温度分布极不均匀，在靠近工质烧蚀表面处的温度梯度较大，随着离烧蚀表面的距离逐渐增大，温度梯度逐渐减小。因此，在划分网格时需要在温度梯度较大的区域加密网格，以保证计算精度，而在温度梯度较小的区域减少网格数量，以减少计算量。网格划分示意图如图 2.5 所示。

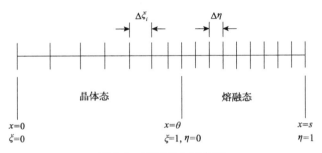

图 2.5 网格划分示意图

本节在晶体态 PTFE 区域采用等比数列进行网格划分，在靠近烧蚀表面温度梯度较大的熔融态区域采用等步长网格。对于熔融态区域和晶体态区域，网格数量分别设定为 n_1 和 n_2，晶体态区域的等比系数设为 $q=1.05$，对于无量纲网格则有

$$\begin{cases} n_1 \Delta \eta = 1 \\ \Delta \xi_\mathrm{m} + q\Delta \xi_\mathrm{m} + q^2 \Delta \xi_\mathrm{m} + \cdots + q^{n_2-1}\Delta \xi_\mathrm{m} = 1 \end{cases} \quad (2.22)$$

式中，$\Delta \eta$ 为熔融态区域的网格步长；$\Delta \xi_\mathrm{m} = (1-q)/(1-q^{n_2})$ 为晶体态区域网格的最小步长，n_2 为晶体态区域网格数量。

对于晶体态区域和熔融态区域，根据链式法则可得

$$\begin{cases} \dfrac{\partial}{\partial x} = \dfrac{1}{\theta}\dfrac{\partial}{\partial \xi} \\ \dfrac{\partial}{\partial t} = \dfrac{\partial}{\partial \tau} - \dfrac{\xi\dot{\theta}}{\theta}\dfrac{\partial}{\partial \xi} \end{cases} \quad (2.23)$$

及

$$\begin{cases} \dfrac{\partial}{\partial x} = \dfrac{1}{s-\theta}\dfrac{\partial}{\partial \eta} \\[3mm] \dfrac{\partial}{\partial t} = \dfrac{\partial}{\partial \tau} - \dfrac{(1-\eta)\dot{\theta}+\eta\dot{s}}{s-\theta}\dfrac{\partial}{\partial \eta} \end{cases} \tag{2.24}$$

则在晶体态区域和熔融区域的导热方程分别可以转化为

$$\rho_{\mathrm{c}}(T)c_{\mathrm{c}}(T)\frac{\partial T_{\mathrm{c}}(\xi,\tau)}{\partial \tau} = \frac{1}{\theta^2}\frac{\partial}{\partial \xi}\left(\lambda_{\mathrm{c}}\frac{\partial T_{\mathrm{c}}(\xi,\tau)}{\partial \xi}\right) + \rho_{\mathrm{c}}(T)c_{\mathrm{c}}(T)\frac{\xi\dot{\theta}}{\theta}\frac{\partial T_{\mathrm{c}}(\xi,\tau)}{\partial \xi} \tag{2.25}$$

和

$$\rho_{\mathrm{a}}(T)c_{\mathrm{a}}(T)\frac{\partial T_{\mathrm{a}}(\eta,\tau)}{\partial \tau} = \left(\frac{1}{s-\theta}\right)\frac{\partial}{\partial \eta}\left(\lambda_{\mathrm{m}}\frac{\partial T_{\mathrm{a}}(\eta,\tau)}{\partial \eta}\right)$$
$$+ \rho_{\mathrm{a}}(T)c_{\mathrm{a}}(T)\frac{(1-\eta)\dot{\theta}+\eta\dot{s}}{s-\theta}\frac{\partial T_{\mathrm{a}}(\eta,\tau)}{\partial \eta} + Q(\eta,\tau) \tag{2.26}$$

2.2.2 模型验证

假定功率密度为 $I_0=1.0\times10^5\mathrm{W/m^2}$、脉宽 $t_{\mathrm{p}}=1\mathrm{s}$ 的矩形热源均匀作用于工质端面。PTFE 物性参数取为常数，密度 ρ_{c} 为 1914.0kg/m³，比热容 c_{c} 为 707.9J/(kg·K)，热导率 λ_{c} 为 0.2477W/(m·K)，初始温度为 300K。在外加脉冲热源作用下，工质温度分布的解析解[7]为

$$T(x,t) = T_0 + \frac{2I_0}{\lambda_{\mathrm{c}}}\sqrt{\frac{at}{\pi}}\left[\exp\left(-\frac{x^2}{4at}\right) - \frac{x}{2}\sqrt{\frac{\pi}{at}}\mathrm{erfc}\left(\frac{x}{2\sqrt{at}}\right)\right]$$
$$- \left[t-t_{\mathrm{p}}\right]\frac{2I_0}{\lambda_{\mathrm{c}}}\sqrt{\frac{a\left[t-t_{\mathrm{p}}\right]}{\pi}}\left[\exp\left(-\frac{x^2}{4a\left[t-t_{\mathrm{p}}\right]}\right) - \frac{x}{2}\sqrt{\frac{\pi}{a\left[t-t_{\mathrm{p}}\right]}}\mathrm{erfc}\left(\frac{x}{2\sqrt{a\left[t-t_{\mathrm{p}}\right]}}\right)\right] \tag{2.27}$$

式中，热扩散率 $a=\lambda_{\mathrm{c}}/(\rho_{\mathrm{c}}c_{\mathrm{c}})$，$t>t_{\mathrm{p}}$ 时$[t-t_{\mathrm{p}}]=1$，$t\leqslant t_{\mathrm{p}}$ 时$[t-t_{\mathrm{p}}]=0$。erfc( )表示余误差函数。

工质不同位置的温度变化如图 2.6 所示。由图 2.6 可见，工质内部不同深度处的温度变化数值解与解析解高度吻合。在外加稳态热流条件下，Kemp[8]推导得出的 PTFE 烧蚀质量流率及烧蚀界面退缩速度计算公式分别为

$$\dot{m} = \sqrt{\frac{A_{\mathrm{p}}\rho_{\mathrm{c}}\lambda T_{\mathrm{s}}^2}{B_{\mathrm{p}}(h_{\mathrm{s}}-h_{-\infty})}\exp\left(-\frac{B_{\mathrm{p}}}{T_{\mathrm{s}}}\right)} \tag{2.28}$$

$$v = \sqrt{\frac{A_{\mathrm{p}}\lambda T_{\mathrm{s}}^{2}}{B_{\mathrm{p}}\rho_{\mathrm{s}}\left(h_{\mathrm{s}}-h_{-\infty}\right)}\exp\left(-\frac{B_{\mathrm{p}}}{T_{\mathrm{s}}}\right)} \tag{2.29}$$

式中，$h_{\mathrm{s}}-h_{-\infty}$ 为工质烧蚀前后的焓差。

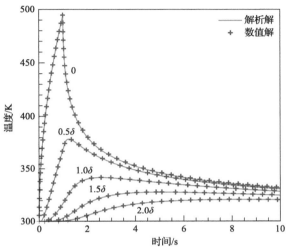

图 2.6　工质不同位置的温度变化

δ 为热扩散长度

利用所编写的程序计算得到 PTFE 在恒定热流密度作用下达到稳定烧蚀时工质烧蚀质量流率及烧蚀界面退缩速度，如图 2.7 所示。由图 2.7 可见，数值解与解析

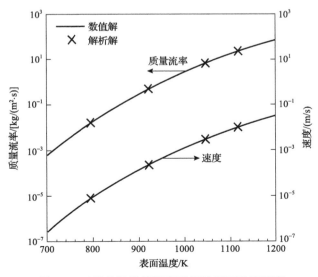

图 2.7　工质烧蚀质量流率及烧蚀界面退缩速度

解吻合较好，表明计算程序能够准确地得出 PTFE 的烧蚀特性。

　　PPT 的放电过程可等效为 RLC 电路的放电过程。根据 Alexeev 等[9]的研究结果，取输入 PPT 放电通道能量 E_{tr} 的 5%为 PPT 放电电弧与工质表面相互作用能量，工质烧蚀端面面积 $A_g=hw$，则 $I_0=0.05V(t)I(t)/A_g$。以实验室设计的 PPT 实验样机典型工况为例，计算中所采用的 PPT 的结构参数、电参数及 PTFE 物性参数如表 2.1 所示[10,11]。

表 2.1　计算所用参数

参数	数值
电极宽度 w/mm	15
电极间距 h/mm	45
电容 C/μF	12
充电电压 V_0/V	1500
回路等效电阻 R_{eq}/mΩ	25.28
回路等效电感 L_{eq}/nH	51.33
晶体态 PTFE 热导率 λ_c/[W/(m·K)]	$(5.023+6.11\times10^{-2}T)\times10^{-2}$
熔融态 PTFE 热导率 λ_a/[W/(m·K)]	$(87.53-0.14T+5.82\times10^{-5}T^2)\times10^{-2}$
晶体态 PTFE 密度 ρ_c/(kg/m³)	$(2.119+7.92\times10^{-4}T-2.105\times10^{-6}T^2)\times10^3$
熔融态 PTFE 密度 ρ_a/(kg/m³)	$(2.07-7\times10^{-4}T)\times10^3$
PTFE 参考密度 ρ_{ref}/(kg/m³)	1933
晶体态 PTFE 比热容 c_c/[J/(kg·K)]	$514.9+1.563T$
熔融态 PTFE 比热容 c_a/[J/(kg·K)]	$904.2+0.653T$
晶体态 PTFE 吸收系数 α_c/cm⁻¹	0.056
熔融态 PTFE 吸收系数 α_a/cm⁻¹	0.22
PTFE 表面吸收系数 ε	约 0.92
PTFE 相变潜热 H_m/(J/kg)	5.86×10^4
PTFE 解聚能 E_p/(J/kg)	$1.774\times10^6-279.2T$
活化能 E_A/(MJ/kg)	3.473
频率因子 A_p/s⁻¹	3.1×10^{19}
活化温度 B_p/K	41769

2.3　数值模拟结果与分析

2.3.1　PPT 工质烧蚀基本物理过程

图 2.8 和图 2.9 分别给出了热流密度、工质烧蚀质量流率及工质烧蚀端面温度随时间的变化关系。

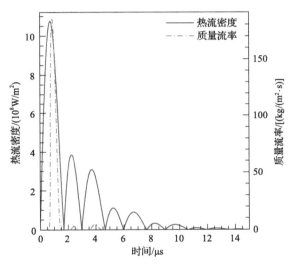

图 2.8　热流密度与工质烧蚀质量流率随时间变化

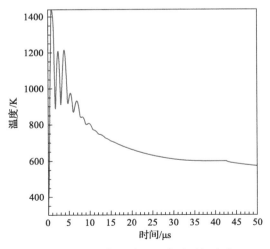

图 2.9　工质烧蚀端面温度随时间变化

　　由图 2.8 和图 2.9 可见，PPT 主放电开始后，随着主放电电流幅值的增大，热流密度增大，工质烧蚀端面温度迅速上升。由于此时工质温度处于 600K 以下，工质烧蚀质量流率为零。随着热流密度的继续增大，在经过大约 0.5μs 的弛豫时间后，工质烧蚀端面温度达到 600K。工质烧蚀质量流率随着热流密度的增大而迅速上升，在 0.73μs 时热流密度达到最大值，在 0.84μs 时工质烧蚀端面达到最高温度 1439K，工质烧蚀最大质量流率稍滞后于热流密度最大值的到达时间，在 0.86μs 时达到最大值。在第一个热流振荡周期内，工质烧蚀质量快速增加，其间烧蚀工质质量占总烧蚀质量的比例超过 95%。

　　随着热流密度的振荡减小，工质表面温度振荡下降。虽然有热量不断地传递到 PTFE 表面，但是热流量对工质烧蚀质量流率的影响较小，烧蚀速率迅速减小，烧蚀端面位置基本不变。由图 2.10 可见，更多的热量不断向 PTFE 内部传递，熔融态 PTFE 的厚度不断增大，后继增加能量并未被有效用于工质的烧蚀。在 4μs 左右，随着热流密度的减小，熔融态 PTFE 的厚度逐渐减小。在 15μs 时热流密度基本减小为零，PPT 放电基本结束。但此时工质烧蚀端面温度仍保持在 700K 的高温，1.6μm 左右深度的 PTFE 工质仍处于熔融态。

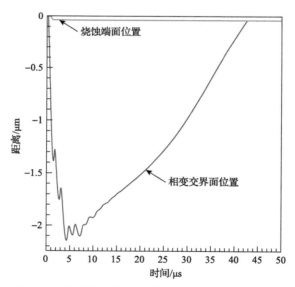

图 2.10　烧蚀端面及相变交界面位置随时间的变化

　　熔融态 PTFE 会在热应力等外应力的作用下以大颗粒的形式喷溅，从而造成工质粒子发射现象。工质粒子发射虽损耗了大量工质，但其产生的推力可以忽略，这显然是造成 PPT 工质利用率及系统效率低的不利因素。可见，放电电流的衰减振荡既浪费了系统能量，造成工质表面剩余能量的增加，又使得工质的滞后烧蚀及工质消耗量的增大。

　　另外，PPT 放电电流的反向放电不仅会使得洛伦兹力加速作用降低，造成前期工质烧蚀电离产物在工质端面滞留，也会造成 PPT 能量利用率低下。因此，减小电流振荡，改变热流供给方式，减小放电结束后熔融态工质厚度，是减小工质损耗、提高推力器系统效率的一种可能的有效途径。

2.3.2　不同放电特性对工质烧蚀特性的影响

　　保持其他计算参数不变，外电路等效电感 (L_{eq}) 分别取 4nH、24nH 和 44nH。放电回路等效电感的改变，使得 PPT 放电具有不同的阻尼特性。如图 2.11 所示，在相同的初始能量条件下，随着回路电感的减小，放电回路阻尼增大，热流密度峰值增大，振荡减小，能量迅速释放。

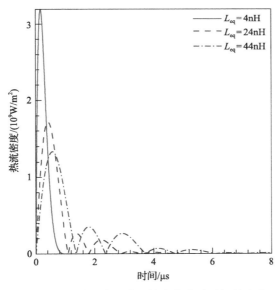

图 2.11　不同回路电感下热流密度随时间的变化

　　由图 2.12 和图 2.13 可见，PTFE 烧蚀端面温度在热流密度作用下迅速上升，随着回路电感的减小，PTFE 烧蚀弛豫时间逐渐缩短，烧蚀端面温度峰值逐渐增大，低电感条件下具有更大的工质烧蚀质量流率。由于低电感条件下具有较大的放电电流峰值，大的放电电流意味着高电流密度和强感应磁场，这是促进烧蚀工质电离及加速的有利因素。

　　由图 2.12 可见，随着回路电感的减小，工质表面温度随着时间的推移迅速降低，工质端面处于 600K 以上温度的时间极大缩短。相比于低回路电感，在高回路电感下热流密度振荡加剧，放电能量不能迅速释放，更多的能量并未用于工质的烧蚀,而是不断向工质内部传热,造成工质内部温度不断升高。而低电感条件下减少了放电波形振荡,促使放电能量集中释放。由图 2.14 可见,烧蚀工质较多而熔融态工质厚度较小,这有助于减小因粒子发射带来的工质损失,达到提高 PPT 系统效率的目的。

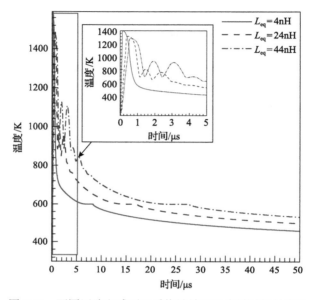

图 2.12　不同回路电感下工质烧蚀端面温度随时间的变化

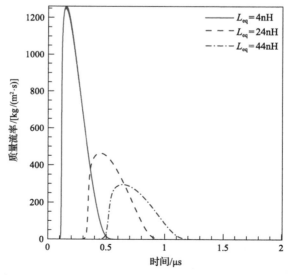

图 2.13　不同回路电感下工质烧蚀质量流率随时间的变化

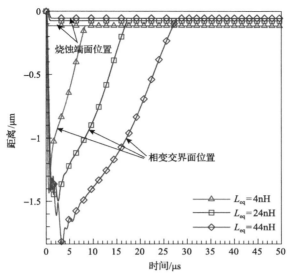

图 2.14　不同回路电感下工质烧蚀端面及相变交界面位置随时间的变化

参 考 文 献

[1] 宋伟. 芳纶纤维填充改性增强聚四氟乙烯复合材料性能研究[D]. 镇江: 江苏大学, 2009.

[2] 张永明, 李虹, 张恒. 含氟功能材料[M]. 北京: 化学工业出版社, 2008.

[3] 徐松林. PTFE/Al 含能反应材料力学性能研究[D]. 长沙: 国防科技大学, 2010.

[4] Wentink T J. High temperature behavior of Teflon[R]. New York: Avco Everett Research Laboratory, 1959.

[5] Pope R B. Simplified computer model for predicting the ablation of Teflon[J]. Journal of Spacecraft and Rockets, 1975, 12(2): 83-88.

[6] Stechmann D P. Numerical analysis of transient Teflon ablation in pulsed plasma thrusters[D]. Worcester: Worcester Polytechnic Insitute, 2007.

[7] Zhang D X, Zhang R, He Z, et al. Numerical investigation on laser ablation characteristics of PTFE in advanced propulsion systems[J]. Applied Mechanics and Materials, 2012, 229-231: 727-731.

[8] Kemp N H. Surface recession rate of an ablating polymer[J]. AIAA Journal, 1968, 6(9): 1790-1791.

[9] Alexeev Y A, Kazeev M N, Kozlov V F. Propellant energy flux measurements in pulsed plasma thruster[C]. International Electric Propulsion Conference, Toulouse, 2003: 1-8.

[10] Arai N. Transient ablation of Teflon in intense radiative and convective environments[J]. AIAA Journal, 1979, 17(6): 634-640.

[11] Arai N. An analytical investigation of the transient ablation of Teflon in convective and radiative environments[R]. Tokyo: ISAS, 1979.

第3章　PTFE工质激光烧蚀过程的数值模拟

为了避免PPT的滞后烧蚀问题，研究人员采用激光烧蚀代替火花塞点火的方式，提出了一种新型激光支持的脉冲等离子推力器(laser-sustained pulsed plasma thruster, LS-PPT)[1,2]。针对PTFE工质的激光烧蚀过程，Arai等[3-5]研究了再入钝体飞行器PTFE烧蚀隔热层在强辐射和对流环境下的瞬态烧蚀问题，阐明了PTFE层表面退缩、内部温度和熔融层的时间演化规律，建立了一维双层结构PTFE的相变烧蚀模型[6]，考虑了晶体层和熔融层的透射率及双层结构对辐射能量的体吸收。Stechmann[7]在此基础上对烧蚀模型稍加修改，采用体积分数法来捕捉晶体层和熔融层之间的相变界面，计算得到了PPT中PTFE工质的沿面烧蚀规律。Galfetti[8]采用微型热电偶测量了PTFE样品在连续激光辐射下的温度变化规律，并与热传导模型计算结果进行了对比。在以上研究中，对PTFE靶材施加的能量为准连续的，时间尺度较长，而空间尺度为厘米或米的量级，热通量一般为$10^2 \sim 10^5 \mathrm{W/cm^2}$。然而，在LAT[9]及激光烧蚀PPT的研究中一般采用强脉冲激光烧蚀工质，其激光光强更高，时间尺度为数纳秒或更短。在极高的温度梯度、较大的热流通量、极短的时间尺度等极端烧蚀条件下，热波动[10]的传播速度是有限值，热传导的机制不能采用经典热传导方程来描述[11,12]，热传导和相变过程中的非傅里叶效应将会变得显著。

非傅里叶热传导方程仅在少数几种几何和边界条件下[13-17]可求解得到相应的解析解。另外，强激光烧蚀过程十分复杂，难以通过实验方法精确测定靶材内部温度的快速演化过程和规律。因此，本章采用数值模拟方法，首先建立工质的激光烧蚀模型，开展工质的热传导和相变特性研究，分析靶材的温度场、熔融层厚度、相变界面退缩速度等的变化规律，揭示非傅里叶效应、激光参数、靶材吸收性质等因素对热传导和相变的影响规律。

3.1　考虑非傅里叶效应的工质烧蚀模型

考虑一束激光辐照在PTFE靶材表面，激光强度为I_0，如图3.1所示。PTFE靶材在激光作用下温度开始上升。根据靶材的温度将热传导和相变烧蚀过程划分为两个不同的阶段，即第一烧蚀阶段和第二烧蚀阶段。在第一烧蚀阶段，表面温度低于T_m=600K，尚未发生相变。为了得到单晶体层结构PTFE工质的温度场，建立单层烧蚀模型进行数值模拟。当靶材表面温度达到T_m时，表明靶材开始发生相变。由此，靶材烧蚀进入第二烧蚀阶段。在第二烧蚀阶段，靶材分为深处的晶体层和表面附近的熔融层，可以采用类似于 Arai 等[3-5]的双层烧蚀模型进行仿真。PTFE 靶材的初始长度为 δ，相变界面和烧蚀界面的位置分别为 θ 和 s。另外，相变界面和烧蚀界面的退缩速度分别为 v_m 和 v。两层的温度分布可由热传导方程和对应的边界条件分别求解得到。在单层模型和双层模型的计算中，均考虑热传导的非傅里叶效应。另外，靶材对激光的反射和靶材对激光能量的体吸收均需在模型中加以考虑。

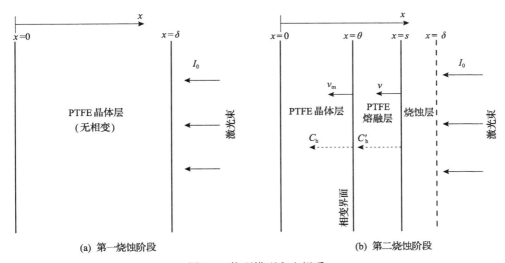

图 3.1　物理模型和坐标系

1867 年，Maxwell[10]首次建立了热波模型。20 世纪 50 年代，Cattaneo[11]和 Vernotte[12]引入了热弛豫时间 τ_0，并建立了非傅里叶热传导定律，即广义傅里叶定律，可表示为

$$\tau_0 \frac{\partial \boldsymbol{q}}{\partial t} + \boldsymbol{q} = -\lambda \nabla T \tag{3.1}$$

式中，$\boldsymbol{q}$ 为热流通量矢量；λ 为靶材热导率。

由非傅里叶导热定律可知，

$$\boldsymbol{q} + \tau_0 \frac{\partial \boldsymbol{q}}{\partial t} = -\lambda \nabla T \tag{3.2}$$

式中，τ_0 为热弛豫时间；T 为温度。

考虑热传导过程中的能量守恒，热传导方程可表示为

$$\frac{\partial(\rho c T)}{\partial t} = -\nabla \cdot \boldsymbol{q} + S \tag{3.3}$$

式中，S 为能量源项。

方程(3.3)可转变为

$$\frac{\partial^2(\rho cT)}{\partial t^2} = -\frac{\partial}{\partial t}(\nabla \cdot \boldsymbol{q}) + \frac{\partial S}{\partial t} \tag{3.4}$$

方程(3.2)可转变为

$$\nabla \cdot \boldsymbol{q} + \tau_0 \nabla \cdot \left(\frac{\partial \boldsymbol{q}}{\partial t}\right) = -\nabla \cdot (\lambda \nabla T) \tag{3.5}$$

方程(3.5)可转变为

$$\nabla \cdot \boldsymbol{q} = -\nabla \cdot (\lambda \nabla T) + \tau_0 \frac{\partial^2(\rho cT)}{\partial t^2} - \tau_0 \frac{\partial S}{\partial t} \tag{3.6}$$

将方程(3.6)代入方程(3.3)，可以得到双曲型热传导方程：

$$\frac{\partial(\rho cT)}{\partial t} + \tau_0 \frac{\partial^2(\rho cT)}{\partial t^2} - \tau_0 \frac{\partial S}{\partial t} = \nabla \cdot (\lambda \nabla T) + S \tag{3.7}$$

对于一维热传导问题，方程(3.7)可以简化为

$$\frac{\partial(\rho cT)}{\partial t} + \tau_0 \frac{\partial^2(\rho cT)}{\partial t^2} - \tau_0 \frac{\partial S}{\partial t} = \frac{\partial}{\partial x}\left(\lambda \frac{\partial T}{\partial x}\right) + S \tag{3.8}$$

可以看到，当热弛豫时间取为 0，即 $\tau_0=0$ 时，方程(3.8)化为经典热传导方程：

$$\frac{\partial(\rho cT)}{\partial t} = \frac{\partial}{\partial x}\left(\lambda \frac{\partial T}{\partial x}\right) + S \tag{3.9}$$

热扩散率为

$$a = \frac{\lambda}{\rho c} \tag{3.10}$$

热波传播速度可定义为

$$C_{\mathrm{h}} = \sqrt{\frac{a}{\tau_0}} \tag{3.11}$$

热弛豫时间 τ_0 可用于表征微观松弛过程(如电子-电子、电子-光子、光子-光子散射)的平均时间效应，是一系列微观过程的宏观参量。如何将宏观松弛时间与微观

物理过程相联系，仍然是热传导过程中需要深入研究的问题[17]。Chester[18]的研究表明，热波传播速度 C_h 约为声速 C_s 的 55.7%，即

$$C_h = 55.7\% C_s \tag{3.12}$$

结合方程(3.11)，热弛豫时间 τ_0 可估算为

$$\tau_0 = \frac{3a}{C_s^2} \tag{3.13}$$

假设靶材的特征长度为 δ_0，热波传播和扩散的特征时间分别定义为

$$\begin{cases} t_W = \dfrac{\delta_0}{C_h} \\ t_D = \dfrac{\delta_0^2}{a} \end{cases} \tag{3.14}$$

为了表征非傅里叶效应，可以定义无量纲数为

$$N_{DW} = \frac{t_D}{t_W} = \frac{\delta_0}{\sqrt{a\tau_0}} \tag{3.15}$$

显然，对于傅里叶热传导问题，无量纲数 N_{DW} 为无穷大。然而，对于一个有限的热波传播速度，无量纲数 N_{DW} 为正的有限值。当 $N_{DW} \to 1$ 时，特征时间 t_W 和 t_D 可相比拟，非傅里叶效应开始变显著。对于聚合物工质，热扩散率 a 约为 $10^{-7} \mathrm{m^2/s}$，C_s 约为 $10^3 \mathrm{m/s}$，$C_h = 10^2 \sim 10^3 \mathrm{m/s}$，因此 $\tau_0 = 10^{-11} \sim 10^{-13} \mathrm{s}$。若特征长度 δ_0 为纳米量级，特征时间 t_W 为皮秒量级，则非傅里叶效应显著而应予考虑。

3.1.1　第一烧蚀阶段(不考虑相变的非傅里叶热传导)

在第一烧蚀阶段，靶材温度低于相变温度 T_m，即靶材为晶体态单层结构，如图 3.1(a)所示。靶材温度可由热传导方程(3.8)描述。热源项可表示为

$$S = Q_\tau = (1 - R)\alpha I_0 \exp[-\alpha(\delta - x)] \tag{3.16}$$

式中，Q_τ 为激光沉积功率密度；I_0 为靶材表面的初始激光光强；R、α 分别为反射系数和吸收系数。

靶材表面采用热通量边界条件，即

$$-\lambda \frac{\partial T}{\partial x}\bigg|_{x=\delta} = -(1 - R)I_0 \tag{3.17}$$

靶材后表面采用绝热边界条件，即

$$-\lambda \frac{\partial T}{\partial x}\bigg|_{x=0} = 0 \tag{3.18}$$

第一烧蚀阶段的初始条件为

$$\begin{cases} T(0 \leqslant x \leqslant \delta)\big|_{t=0} = T_0 \\ \dfrac{\partial T}{\partial t}\bigg|_{t=0} = 0 \end{cases} \tag{3.19}$$

3.1.2 第二烧蚀阶段(考虑相变的非傅里叶热传导)

当表面温度高于相变温度 T_m 时,靶材由晶体态变为熔融态。相变界面开始从表面向靶材内部退缩,并在靶材表面开始形成烧蚀面,从而在靶材表面附近形成熔融态和晶体态的双层结构,如图 3.1(b)所示。晶体层和熔融层的温度分布均可由热传导方程(3.8)描述,但是边界条件不同。

热源项为

$$S = \begin{cases} Q_\tau, & 0 \leqslant x \leqslant \theta^- \\ Q_\tau - Q_p, & \theta^+ \leqslant x \leqslant s \end{cases} \tag{3.20}$$

其中,激光透射靶材产生的热源为

$$Q_\tau = (1-R)\alpha I_0 \exp[-\alpha(s-x)] \tag{3.21}$$

另外,单位体积的聚合物在解聚过程中释放的能量为

$$Q_p = A_p H_p \rho \exp\left(-B_p / T\right) \tag{3.22}$$

式中,A_p 为频率因子;B_p 为解聚反应的活化温度,$B_p = E_A / \hat{R}$,E_A 为活化能,$\hat{R}$ 为通用气体常数。

在计算过程中,靶材烧蚀面的初始位置为 $s=\delta$。

靶材表面采用热通量边界条件,即

$$-\lambda \frac{\partial T}{\partial x}\bigg|_{x=s} = -\beta I_0 \tag{3.23}$$

靶材后表面采用绝热边界条件,即

$$-\lambda \frac{\partial T}{\partial x}\bigg|_{x=0} = 0$$

根据相变界面的能量守恒，得到

$$q_{\theta^-} = q_{\theta^+} + \beta I(\theta) + \rho_m H_m \frac{\mathrm{d}\theta}{\mathrm{d}t} \tag{3.24}$$

即

$$\lambda_s \frac{\partial T}{\partial x}\bigg|_{\theta^-} - \lambda_g \frac{\partial T}{\partial x}\bigg|_{\theta^+} = \Phi - \tau_0 \frac{\partial \Phi}{\partial t} \tag{3.25}$$

其中，

$$\Phi = q_{\theta^-} - q_{\theta^+} = \beta I(\theta) + \rho_m H_m \frac{\mathrm{d}\theta}{\mathrm{d}t} \tag{3.26}$$

相变界面运动速度可表示为

$$v_m(t > t_m) = \frac{\mathrm{d}\theta}{\mathrm{d}t} = \frac{1}{\rho_m H_m}\big[\Phi - \beta I(\theta)\big] \tag{3.27}$$

式中，t_m 为靶材表面温度从初始温度 T_0 升高到相变温度 T_m 所需时间。在方程 (3.26) 和 (3.27) 中，激光光强可表示为 $I(\theta) = I_0 \exp[-\alpha(s-\theta)]$。

对于傅里叶热传导，在相变界面上运用能量守恒定律，得到

$$\lambda_s \frac{\partial T}{\partial x}\bigg|_{\theta^-} = \lambda_g \frac{\partial T}{\partial x}\bigg|_{\theta^+} + \beta I(\theta) + \rho_m H_m \frac{\mathrm{d}\theta}{\mathrm{d}t} \tag{3.28}$$

其相变界面的运动速度为

$$v_m(t > t_m) = \frac{\mathrm{d}\theta}{\mathrm{d}t} = \frac{1}{\rho_m H_m}\left[\lambda_s \frac{\partial T}{\partial x}\bigg|_{\theta^-} - \lambda_g \frac{\partial T}{\partial x}\bigg|_{\theta^+} - \beta I(\theta)\right] \tag{3.29}$$

相变界面温度满足

$$T\left(x = \theta^+, t > t_m\right) = T\left(x = \theta^-, t > t_m\right) = T_m \tag{3.30}$$

考虑到第一烧蚀阶段结束和第二烧蚀阶段开始时的温度是连续的，因此第二烧蚀阶段温度的初始条件为

$$\begin{cases} T\left(0 \leqslant x \leqslant s, t = t_m^+\right) = T\left(0 \leqslant x \leqslant s, t = t_m^-\right) \\ \dfrac{\partial T}{\partial t}\left(t = t_m^+\right) = \dfrac{\partial T}{\partial t}\left(t = t_m^-\right) \end{cases} \tag{3.31}$$

相变界面和烧蚀界面的初始速度分别为

$$v_{\mathrm{m}}\left(t=t_{\mathrm{m}}\right)=\frac{\mathrm{d}\theta}{\mathrm{d}t}=-\frac{1}{\rho_{\mathrm{m}}H_{\mathrm{m}}}\left(\lambda_{\mathrm{s}}\frac{\partial T}{\partial x}\bigg|_{x=s}+\beta I_{0}\right) \tag{3.32}$$

$$v\left(t=t_{\mathrm{m}}\right)=\frac{\mathrm{d}s}{\mathrm{d}t}=0$$

相变界面的瞬时位置为

$$\theta\left(t\geqslant t_{\mathrm{m}}\right)=\delta+\int_{t_{\mathrm{m}}}^{t}v_{\mathrm{m}}\mathrm{d}t \tag{3.33}$$

在靶材温度继续上升时，靶材表面的烧蚀质量流率为

$$\dot{m}\left(t\geqslant t_{\mathrm{m}}\right)=-\rho_{0}\frac{\mathrm{d}s}{\mathrm{d}t}=\int_{\theta}^{s}A_{\mathrm{p}}\rho\exp\left(-\frac{B_{\mathrm{p}}}{T}\right)\mathrm{d}x \tag{3.34}$$

式中，ρ_{0} 为靶材的参考温度。

靶材烧蚀面的退缩速度和位置分别为

$$v\left(t\geqslant t_{\mathrm{m}}\right)=\frac{\mathrm{d}s}{\mathrm{d}t}=-\frac{\dot{m}}{\rho_{0}} \tag{3.35}$$

$$s\left(t\geqslant t_{\mathrm{m}}\right)=\delta+\int_{t_{\mathrm{m}}}^{t}v\mathrm{d}t \tag{3.36}$$

3.2　数值计算方法

3.2.1　坐标变换

烧蚀界面和相变界面的位置随时间均发生变化，因此为了更方便地解决这类运动界面问题，需要将坐标系进行变换。对于晶体层和熔融层，分别将原始坐标系 (x,t) 变换为 (ξ,τ) 和 (η,τ)。$\xi=0$ 或 $x=0$ 代表晶体层后表面；$\xi=1$、$\eta=0$ 或 $x=\theta$ 代表晶体层和熔融层之间的相变界面；$\eta=1$ 或 $x=s$ 代表熔融层外表面或称为烧蚀面。对晶体层和熔融层分别采用等比数列划分网格，等比系数分别为 q_1 和 q_2。计算中 q_1 和 q_2 分别设定为 1.005 和 1.0。

对于靶材各层，采用链式法则可以得到

$$\begin{cases}\dfrac{\partial}{\partial x}=\dfrac{1}{\theta}\dfrac{\partial}{\partial\xi}\\[3mm]\dfrac{\partial}{\partial t}=\dfrac{\partial}{\partial\tau}-\dfrac{\xi\dot{\theta}}{\theta}\dfrac{\partial}{\partial\xi}\end{cases} \tag{3.37}$$

和

$$\begin{cases} \dfrac{\partial}{\partial x} = \dfrac{1}{s-\theta}\dfrac{\partial}{\partial \eta} \\ \dfrac{\partial}{\partial t} = \dfrac{\partial}{\partial \tau} - \dfrac{(1-\eta)\dot{\theta}+\eta\dot{s}}{s-\theta}\dfrac{\partial}{\partial \eta} \end{cases} \tag{3.38}$$

晶体层和熔融层对应的热传导方程(3.7)可分别转化为如下形式:

$$\frac{\partial(\rho cT)}{\partial \tau} + \tau_0 \frac{\partial^2(\rho cT)}{\partial \tau^2} - \tau_0 \frac{\partial S}{\partial \tau} = \frac{1}{\theta^2}\frac{\partial}{\partial \xi}\left(\lambda\frac{\partial T}{\partial \xi}\right) - \tau_0\left(\frac{\xi\dot{\theta}}{\theta}\right)^2\frac{\partial^2(\rho cT)}{\partial \xi^2} + 2\tau_0\frac{\xi\dot{\theta}}{\theta}\frac{\partial^2(\rho cT)}{\partial \tau\partial \xi}$$

$$+ \left[\frac{\xi\dot{\theta}}{\theta} - \tau_0\xi\left(\frac{\dot{\theta}}{\theta}\right)^2\right]\frac{\partial(\rho cT)}{\partial \xi} - \tau_0\frac{\xi\dot{\theta}}{\theta}\frac{\partial S}{\partial \xi} + S \tag{3.39}$$

$$\frac{\partial(\rho cT)}{\partial \tau} + \tau_0 \frac{\partial^2(\rho cT)}{\partial \tau^2} - \tau_0 \frac{\partial S}{\partial \tau} = \left(\frac{1}{s-\theta}\right)^2\frac{\partial}{\partial \eta}\left(\lambda\frac{\partial T}{\partial \eta}\right) - \tau_0\left[\frac{(1-\eta)\dot{\theta}+\eta\dot{s}}{s-\theta}\right]^2\frac{\partial^2(\rho cT)}{\partial \eta^2}$$

$$+ 2\tau_0\frac{(1-\eta)\dot{\theta}+\eta\dot{s}}{s-\theta}\frac{\partial^2(\rho cT)}{\partial \tau\partial \eta} + \frac{(1-\eta)\dot{\theta}+\eta\dot{s}}{s-\theta}\left(1-\tau_0\frac{\dot{s}-\dot{\theta}}{s-\theta}\right)\frac{\partial(\rho cT)}{\partial \eta}$$

$$- \tau_0\frac{(1-\eta)\dot{\theta}+\eta\dot{s}}{s-\theta}\frac{\partial S}{\partial \eta} + S \tag{3.40}$$

令热弛豫时间 $\tau_0=0$，则方程(3.39)和方程(3.40)可分别表示为

$$\frac{\partial(\rho cT)}{\partial \tau} = \frac{1}{\theta^2}\frac{\partial}{\partial \xi}\left(\lambda\frac{\partial T}{\partial \xi}\right) + \frac{\xi\dot{\theta}}{\theta}\frac{\partial(\rho cT)}{\partial \xi} + S \tag{3.41}$$

$$\frac{\partial(\rho cT)}{\partial \tau} = \left(\frac{1}{s-\theta}\right)^2\frac{\partial}{\partial \eta}\left(\lambda\frac{\partial T}{\partial \eta}\right) + \frac{(1-\eta)\dot{\theta}+\eta\dot{s}}{s-\theta}\frac{\partial(\rho cT)}{\partial \eta} + S \tag{3.42}$$

3.2.2　方程离散化

采用有限体积法对控制方程和对应的边界条件进行离散化，则全隐式离散方程可表示为

$$a_\mathrm{P}T_\mathrm{P}^{n+1} - a_\mathrm{E}T_\mathrm{E}^{n+1} - a_\mathrm{W}T_\mathrm{W}^{n+1} = a_\mathrm{P}^0 T_\mathrm{P}^n + S_\mathrm{u} \tag{3.43}$$

式中，$a_\mathrm{P}=a_\mathrm{P}^0+a_\mathrm{E}+a_\mathrm{W}-S_\mathrm{P}$。方程中 a_W、a_E 等其他系数可类似分别得到。

以第二阶段晶体层的内点$(0<\xi<1$ 或 $i=2,3,\cdots,n_1-1)$对应的离散方程中的各个系数分别为

$$a_{\mathrm{E}} = \rho c \tau_0 \frac{C_{\mathrm{h}}^2 - (\xi\dot{\theta})^2}{\theta^2 \delta\xi_{\mathrm{PE}}} + \rho c \omega \left[\left(1 + \frac{2\tau_0}{\Delta\tau}\right) \frac{\xi\dot{\theta}}{\theta} - \tau_0\xi \left(\frac{\dot{\theta}}{\theta}\right)^2 \right]$$

$$a_{\mathrm{W}} = \rho c \tau_0 \frac{C_{\mathrm{h}}^2 - (\xi\dot{\theta})^2}{\theta^2 \delta\xi_{\mathrm{WP}}} - \rho c (1-\omega) \left[\left(1 + \frac{2\tau_0}{\Delta\tau}\right) \frac{\xi\dot{\theta}}{\theta} - \tau_0\xi \left(\frac{\dot{\theta}}{\theta}\right)^2 \right]$$

$$a_{\mathrm{P}}^0 = \rho c \left(1 + \frac{\tau_0}{\Delta\tau}\right) \frac{\Delta\xi_{\mathrm{P}}}{\Delta\tau}$$

$$S_{\mathrm{P}} = 0$$

$$\begin{aligned} S_{\mathrm{u}} &= \rho c \frac{\tau_0}{\Delta\tau} \Delta\xi_{\mathrm{P}} \left(\frac{\partial T}{\partial\tau}\right)^n - 2\rho c \frac{\tau_0}{\Delta\tau} \frac{\xi\dot{\theta}}{\theta} \left[\omega T_{\mathrm{E}}^n + (1-2\omega) T_{\mathrm{P}}^n - (1-\omega) T_{\mathrm{W}}^n \right] \\ &\quad + \left[\left(1 + \frac{\tau_0}{\Delta\tau}\right) \Delta\xi_{\mathrm{P}}\Delta\tau - (1-2\omega)\tau_0\Delta\tau \frac{\xi\dot{\theta}}{\theta} \right] \left(\frac{\partial S_{\mathrm{P}}}{\partial\tau}\right)^n \\ &\quad + (1-\omega)\tau_0\Delta\tau \frac{\xi\dot{\theta}}{\theta} \left(\frac{\partial S_{\mathrm{W}}}{\partial\tau}\right)^n - \omega\tau_0\Delta\tau \frac{\xi\dot{\theta}}{\theta} \left(\frac{\partial S_{\mathrm{E}}}{\partial\tau}\right)^n + (1-\omega)\tau_0 \frac{\xi\dot{\theta}}{\theta} S_{\mathrm{W}}^n \\ &\quad + \left[\Delta\xi_{\mathrm{P}} - (1-2\omega)\tau_0 \frac{\xi\dot{\theta}}{\theta} \right] S_{\mathrm{P}}^n - \omega\tau_0 \frac{\xi\dot{\theta}}{\theta} S_{\mathrm{E}}^n \end{aligned} \tag{3.44}$$

式中，$\Delta\tau$ 为时间步长；$\delta\xi_{\mathrm{WP}}$、$\delta\xi_{\mathrm{PE}}$、$\Delta\xi_{\mathrm{P}}$ 为空间步长；S_{E}、S_{W}、S_{P} 分别为右侧、当地、左侧网格内的平均源项；ω 为几何参数，$\omega = 1/(1+1/q_1)$。

3.2.3　稳定性分析

第一阶段的全隐式离散方程(3.43)为无条件稳定。但是，由于相变和非线性边界条件的存在，第二阶段的离散方程并不是无条件稳定的。可以证明，为了保证烧蚀第二阶段对应方程(3.43)的稳定性，应满足的条件为

$$a_{\mathrm{P}} > 0, \ a_{\mathrm{E}} > 0, \ a_{\mathrm{W}} > 0 \tag{3.45}$$

对于第一烧蚀阶段，晶体层对应的离散方程应当有

$$\frac{\Delta\tau \, | C_{\mathrm{h}}^2 - \dot{\theta}^2 |}{\min(\Delta\xi_i)} < | \dot{\theta}\theta | \tag{3.46}$$

对于第二烧蚀阶段，熔融层对应的离散方程应当有

$$\frac{\Delta\tau\,|\,C_h^2-\dot\theta^2\,|}{\min(\Delta\eta_j)}<|\,(s-\theta)\dot\theta\,| \tag{3.47}$$

结合两个烧蚀阶段、晶体层和熔融层的边界条件，可以采用三对角矩阵算法（tridiagonal matrix algorithm, TDMA）求解离散方程(3.43)。

3.2.4 算例验证

为了验证计算方法的可靠性，对非傅里叶热传导的两个经典算例进行数值计算，并与已知的解析解进行对比。计算采用自制 PTFE 靶材，其热物性参数大部分由实验测得，部分来自 Arai 等[3-5]的研究，如表 3.1 所示。表 3.1 中，下标 1 代表晶体相的工质，下标 2 代表熔融相的工质。

表 3.1 自制 PTFE 靶材的热化学和光学参数

参数	数值
相变温度 T_m/K	600
热导率 λ_1/[W/(m·K)]	1.0
热导率 λ_2/[W/(m·K)]	0.8
相变温度下晶体层热导率 λ_s/[W/(m·K)]	0.36
相变温度下熔融层热导率 λ_g/[W/(m·K)]	0.24
密度 ρ_1/(kg/m³)	1700
密度 ρ_2/(kg/m³)	500
参考密度 ρ_{ref}/(kg/m³)	1933
相变温度下的平均密度 ρ_0/(kg/m³)	1957
比热容 c_1/[J/(kg·K)]	500
比热容 c_2/[J/(kg·K)]	800
晶体态到熔融态的相变潜热 H_m/(J/kg)	5.86×10^4
解聚能 E_p/(J/kg)	$1.77\times10^6-279T$
频率因子 A_p/s⁻¹	3.1×10^{19}
解聚活化温度 B_p/K	3.7×10^4
暴露表面的反射率 R/%	0.1
热弛豫时间 τ_0/ps	10~100
吸收系数 α/cm⁻¹	0.22

1. 恒温边界条件下非傅里叶热传导

考虑半无限大平板靶材的非傅里叶热传导，表面温度由初始温度 T_0 瞬间上升

到 T_m，然后保持该温度，即

$$T(x,t)\big|_{x=\delta} = \begin{cases} T_m, & t > 0 \\ T_0, & t \leqslant 0 \end{cases} \tag{3.48}$$

在靶材表面施加一个温度梯度之后，热流在靶材内部的建立存在一定的延迟，使得热传导存在非傅里叶效应或热松弛行为。在靶材热物性参数为常数且不考虑内热源条件下，靶材温度场的解析解[19]可表示为

$$T(x,t) = \begin{cases} T_0, & t \leqslant (\delta - x)/C_h \\ T_0 + T_m e^{-C_h(\delta-x)/(2a)} + \Delta T, & t > (\delta - x)/C_h \end{cases} \tag{3.49}$$

其中，

$$\Delta T = \frac{C_h(\delta-x)T_m}{2a} \int_{x/C_h}^{t} \frac{J_1\left(\dfrac{C_h^2}{2a}\sqrt{\tau^2 - (\delta-x)^2/C_h^2}\right)}{\sqrt{\tau^2 - (\delta-x)^2/C_h^2}} e^{-\frac{C_h^2\tau}{2a}} d\tau \tag{3.50}$$

这里，第一类一阶贝塞尔(Bessel)函数为 $J_1(z) = \dfrac{1}{\pi}\int_0^{\pi} \exp(z\cos\theta)\cos\theta d\theta$。

图 3.2(a)给出了恒温边界条件下数值解和对应的解析解，可见两者吻合得较好。

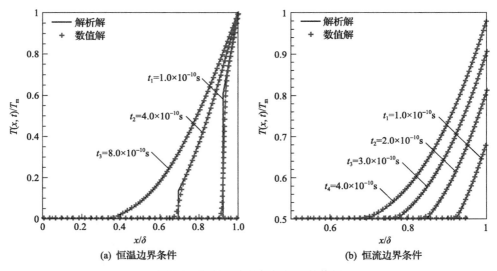

图 3.2　靶材温度的解析解和数值解

2. 恒流边界条件下非傅里叶热传导

假设不考虑相变，并在靶材表面采用热通量边界条件，即

$$-\lambda \frac{\partial T}{\partial x}\bigg|_{x=\delta} = q\big|_{x=\delta} + \tau_0 \frac{\partial q}{\partial \tau}\bigg|_{x=\delta} = -\beta I_0 \qquad (3.51)$$

当靶材表面施加热流时，靶材内部的热流并不立即出现，而是在一定的热弛豫时间内逐渐建立起来。此时，可得到靶材温度的解析解[16]为

$$
\begin{aligned}
T(x,t) = &\frac{\beta I_0 C_{\mathrm h}}{\lambda} \int_{x/C_{\mathrm h}}^{t} \mathrm{J}_0 \left(\frac{C_{\mathrm h}^2}{2a} \sqrt{\tau^2 - (\delta-x)^2 / C_{\mathrm h}^2} \right) \exp\left(-\frac{\tau}{2\tau_0} \right) \mathrm d\tau \\
&+ \frac{2\beta I_0 \alpha a}{\lambda \sqrt{1 + 4a\alpha^2}} \exp[-\alpha(\delta-x)] \int_{x/C_{\mathrm h}}^{t} \exp\left(-\frac{t}{2\tau_0} \right) \sinh\left(\sqrt{1 + 4a\alpha^2 \tau_0} \frac{t-\tau}{2\tau_0} \right) \\
&\times \mathrm{J}_0 \left(\frac{C_{\mathrm h}^2}{2a} \sqrt{\tau^2 - (\delta-x)^2 / C_{\mathrm h}^2} \right) \mathrm d\tau + \frac{2\beta I_0 \alpha a}{\lambda \sqrt{1 + 4a\alpha^2}} \exp[-\alpha(\delta-x)] \\
&\times \int_{0}^{t} \exp\left(-\frac{\tau}{2\tau_0} \right) \sinh\left(\sqrt{1 + 4a\alpha^2 \tau_0} \frac{\tau}{2\tau_0} \right) \mathrm d\tau
\end{aligned}
$$

$$(3.52)$$

式中，$\mathrm{J}_0(z)$ 为第一类零阶贝塞尔函数，即 $\mathrm{J}_0(z) = \dfrac{1}{\pi} \displaystyle\int_0^{\pi} \cosh(z\cos\theta) \mathrm d\theta$。

图 3.2(b)给出了恒流边界条件下数值解和对应的解析解，可见两者吻合得较好。图 3.2 给出的两个算例表明，强激光烧蚀 PTFE 的非傅里叶热传导模型是可靠的，相关理论和计算结果是可信的。

3.3　数值模拟结果与分析

3.3.1　非傅里叶和傅里叶热传导条件下的靶材温度演化

图 3.3 给出了靶材不同深度处（δ_1=0nm，δ_2=20nm，δ_3=40nm）的温度演化。计算中，时间步长为 2.5ns，入射激光强度为 I_0=1.0×10^{10}W/m^2，计算所需的热物性参数如表 3.1 所示。靶材表面温度（δ_1=0nm）随时间快速上升，约在 0.7ns 时发生相变。靶材内部的温度呈现出不同规律。由图 3.3(b)可见，热弛豫时间对内部温度演化的影响较大，热弛豫时间越长，内部温度开始上升的时刻延迟越长，这是因为 τ_0 越大热波到达的时刻越晚。对于傅里叶热传导（τ_0=0ns）的情形，内部温度和表面温度均在 0 时刻开始上升，没有延迟，这是因为 τ_0=0ns 时热波速度为无穷大。另外，采用非傅里叶热传导模型计算得到的相变开始时间要略晚于傅里叶热传导模型计算的结果。图 3.3 表明，热弛豫时间取值越大，非傅里叶效应对温度演化的影响越显著。

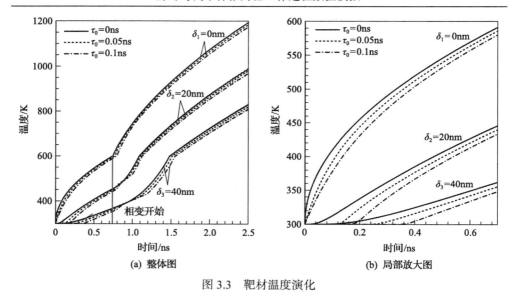

(a) 整体图   (b) 局部放大图

图 3.3 靶材温度演化

图 3.4 给出了靶材在 $t_1=1.5$ns 和 $t_2=2.5$ns 两时刻的温度分布。与采用恒流边界条件的第二个算例相比，计算中考虑了内热源，因此可认为靶材内部温度和表面温度同时上升。由图 3.4 可以看出，不同热弛豫时间条件下，靶材温度分布略有不同。随着热弛豫时间的增加，表面温度和内部温度均下降。

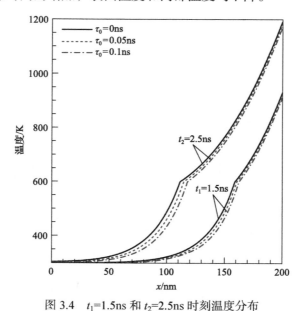

图 3.4 $t_1=1.5$ns 和 $t_2=2.5$ns 时刻温度分布

图 3.5 给出了相变界面和烧蚀界面退缩速度随时间的变化。由图可见，在靶

材表面开始发生相变时，相变界面退缩速度 v_m 快速升高，其最大值范围为 60～80m/s，τ_0 越大，v_m 最大值越大。随后，相变界面退缩速度逐渐下降而趋于稳定。在约 1.8ns 时，随着烧蚀面温度上升到 1000K 以上，烧蚀界面退缩速度开始升高。可以看到，τ_0 越大，相变开始时间和烧蚀界面退缩时间延迟越长。

图 3.6 给出了工质烧蚀质量流率随时间的变化情况。可以看出，当表面温度

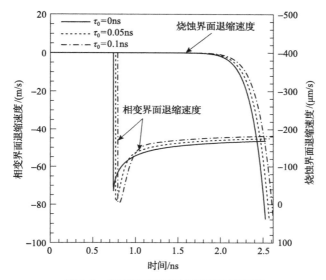

图 3.5　相变界面和烧蚀界面退缩速度

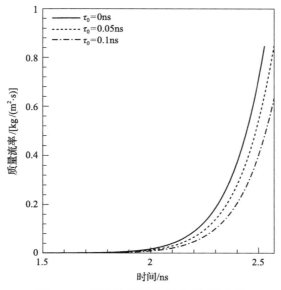

图 3.6　工质烧蚀质量流率随时间的变化

不是太高时，靶材烧蚀不明显；烧蚀质量流率约在 1.8ns 时开始上升。另外，在相同时刻，τ_0 越大，烧蚀质量流率越小。

3.3.2　激光强度对温度演化的影响

激光强度 I_0 分别为 $1.0 \times 10^{10} \text{W/m}^2$、$8.0 \times 10^9 \text{W/m}^2$、$6.0 \times 10^9 \text{W/m}^2$ 时的温度演化如图 3.7 所示。可见激光强度对靶材温度的影响很大，表现为激光强度越大，靶材表面和内部温度上升越快。在相同的时间和深度条件下，激光强度越高，靶材温度越高。如图 3.7(b) 所示，在不同激光强度下深度为 $\delta_2 = 20\text{nm}$ 处的靶材温度均在 0.18ns 时刻开始上升，这是因为靶材的热波传播速度是由热扩散率和热弛豫时间决定的，所示激光强度并不影响靶材的热波传播速度。

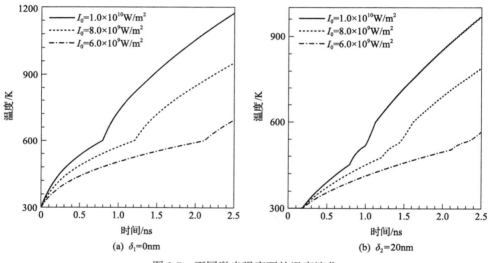

图 3.7　不同激光强度下的温度演化

3.3.3　吸收系数对温度演化的影响

图 3.8 给出了不同吸收系数下表面温度随时间的变化。吸收系数 α 表征靶材对激光的吸收能力，因此吸收系数越大，靶材对激光的能量越强。当吸收系数很大时，靶材对激光的吸收可认为是表面吸收；反之，当吸收系数很小时，靶材对激光的吸收可认为是体吸收。靶材某深度处的激光能量沉积量既取决于当地的吸收系数，也取决于靶材表面方向传递来的能量。

若吸收系数足够大，吸收更多发生在靶材表面，则随着吸收系数的增加，靶材深处沉积的能量减少；当吸收系数不是很大时，吸收更多发生在靶材内部，则随着吸收系数的增加，靶材深处沉积的能量增多。如图 3.8 所示，在相变发生前，吸收系数越大，靶材表面温度上升越快；在吸收系数较大或较小两种情况下，靶材表面温度上升速度均变化不大。如图 3.9 所示，靶材达到相变所需时间随着吸收系数的增加而减少。在吸收系数很小和吸收系数很大两种情况下，靶材达到相变所需时间均变化不大。而在吸收系数为 $1.0 \times 10^4 \sim 1.0 \times 10^6 \mathrm{cm}^{-1}$ 的情况下，靶材达到相变所需时间变化较快。在相变发生后，吸收系数对靶材的温度影响很复杂。在表面吸收情况下，吸收系数越大，到达靶材深处的能量越少。在体吸收情况下，吸收系数越大，沉积在当地的能量越多，使得当地的温度更高。因此，$\alpha = 1.0 \times 10^5 \mathrm{cm}^{-1}$ 比 $\alpha = 0.22 \mathrm{cm}^{-1}$ 情况下靶材温度上升更快。

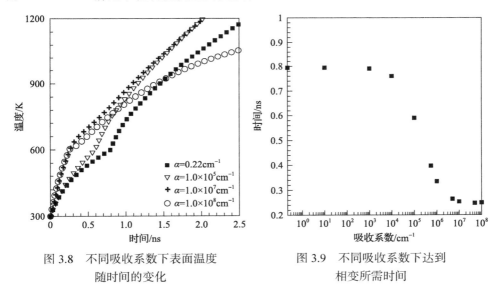

图 3.8　不同吸收系数下表面温度　　　图 3.9　不同吸收系数下达到
　　　　　　随时间的变化　　　　　　　　　　　　相变所需时间

3.3.4　空间和时间步长对计算结果的影响

图 3.10 给出了网格划分和时间步长对计算结果的影响。令 n_1 和 n_2 分别代表固相层和液相层的网格数。计算中，三种情况下的网格数分别取为：① $n_1 = 50$，$n_2 = 10$；② $n_1 = 200$，$n_2 = 50$；③ $n_1 = 1000$，$n_2 = 200$。

图 3.10(a) 给出了不同深度处温度随时间的变化。由图可见，在三种网格划分情况下，温度分布略有不同，且计算结果随网格数的增多而收敛到稳定值。

图 3.10(b) 给出了不同时间步长（$\Delta t = 0.1 \mathrm{ns}$，$0.001 \mathrm{ns}$，$0.0001 \mathrm{ns}$）对温度的影响。由图可见，表面温度计算结果与时间步长的取值基本无关。

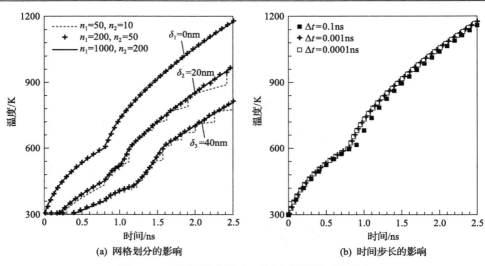

图 3.10 不同网格划分和时间步长设置下的温度

参 考 文 献

[1] Arai N. Transient ablation of Teflon in intense radiative and convective environments[J]. AIAA Journal, 1979, 17(6): 634-640.

[2] 张代贤. 激光支持的脉冲等离子体推力器理论、实验与仿真研究[D]. 长沙: 国防科技大学, 2014.

[3] Arai N. A study of transient thermal response of ablation materials[R]. Tokyo: ISAS, 1976.

[4] Arai N, Karashima K I, Sato K. Transient ablation of Teflon hemispheres[J]. AIAA Journal, 1977, 15(11): 1655-1656.

[5] Arai N, Karashima K I. Transient thermal response of ablating bodies[J]. AIAA Journal, 1979, 17(2): 191-195.

[6] Clark B L. A parametric study of the transient ablation of Teflon[J]. Journal of Heat Transfer, 1972, 94(4): 347-354.

[7] Stechmann D P. Numerical analysis of transient Teflon ablation in pulsed plasma thrusters[D]. Worcester: Worcester Polytechnic Institute, 2007.

[8] Galfetti L. Experimental measurements and numerical modelling of conductive and radiative heat transfer in polytetrafluoroethylene[C]. RTO Applied Vehicle Technology Panel Symposium on Advanced Flow Management: Part B—Heat Transfer and Cooling in Propulsion and Power Systems, Evora, 2001: 20-24.

[9] Phipps C, Birkan M, Bohn W, et al. Review: Laser-ablation propulsion[J]. Journal of Propulsion and Power, 2010, 26(4): 609-637.

[10] Maxwell J C. On the dynamical theory of gases[J]. Philosophical Transactions of the Royal Society of London, 1867, 157: 49-88.

[11] Cattaneo C. Sur une forme de l'équation de la chaleuréliminant le paradoxe d'une propagation instantanée[J]. Comptes Rendues de l'Acadmie des Sciences, 1958, 247(4): 431-433.

[12] Vernotte P. Les paradoxes de la théorie continue de l'équation de la chaleur[J]. Comptes Rendues de l'Acadmie des Sciences, 1958, 246(22): 3154-3155.

[13] Kundu B, Lee K S. Fourier and non-Fourier heat conduction analysis in the absorber plates of a flat-plate solar collector[J]. Solar Energy, 2012, 86(10): 3030-3039.

[14] Abdel-Hamid B. Modelling non-Fourier heat conduction with periodic thermal oscillation using the finite integral transform[J]. Applied Mathematical Modelling, 1999, 23(12): 899-914.

[15] Gembarovic J, Gembarovic J. Non-Fourier heat conduction modeling in a finite medium[J]. International Journal of Thermophysics, 2004, 25(4): 1261-1268.

[16] Zhang D M, Li L, Li Z H, et al. Non-Fourier heat conduction studying on high-power short-pulse laser ablation considering heat source effect[J]. The European Physical Journal Applied Physics, 2006, 33(2): 91-96.

[17] Tang D W, Araki N. On non-Fourier temperature wave and thermal relaxation time[J]. International Journal of Thermophysics, 1997, 18(2): 493-504.

[18] Chester M. Second sound in solids[J]. Physical Review, 1963, 131(5): 2013-2015.

[19] 姜任秋. 热传导、质扩散与动量传递中的瞬态冲击效应[M]. 北京: 科学出版社, 1997.

第4章 铝工质纳秒激光烧蚀过程的数值模拟

一般采用气态工质 PPT[1-4]，其推进效率等性能参数优于固体工质 PPT[5]。因此，在固体工质 PPT 工作过程中，首先将工质由固态转化为气态或等离子体态，使得推力器放电通道或放电腔内实际被电离的不是固体工质，而是气态或等离子体态的工质。一般情况下，固体工质在激光烧蚀过程中不能完全转化为气态或等离子体态。为了提高放电通道内气体和等离子体成分，采用纳秒脉宽的强激光作为工质烧蚀的能量源，从而提高 PPT 推进性能。

强激光辐照下工质的烧蚀机理研究，在机械加工、激光手术、激光镀膜、激光纳米材料制备及激光推进等众多领域具有重要学术和工程价值。靶材的激光烧蚀示意图如图 4.1 所示。激光烧蚀是指工质在激光的作用下，其表面物质剥离或粒子发射的过程。根据激光的能量密度、脉宽、波长，以及靶材的吸收系数、表面反射率等参数的不同取值范围，激光烧蚀过程涉及热蒸发、相爆炸、光物理烧蚀、热解聚、热冲击导致的液相中的气穴破坏，以及固相中的力学破碎、等离子体的生成和等离子体的动态屏蔽吸收等物理化学过程。随着靶材温度由常温逐渐上升，首先考虑蒸发和气化。蒸发，是工质表面粒子由于浓度、温度等梯度的存在所发生的扩散，是工质在任意温度下都可能发生的粒子发射物理过程。如图 4.1 所示，当温度上升到熔点时，除了蒸发一般还应当考虑固-液相变，即熔融。熔融，是工质温度升高到熔融温度时发生的固-液相变并伴随相变界面移动的现象。当温度上升到常压沸点时，靶材液相可能不会发生沸腾而处于超热状态，这可能由多种原因导致：①受到表面附近蒸发压力的作用，工质液相区沸点升高；②工质内部比较纯净，以至于缺少气化核心。然而，超热状态是亚稳态的。在受到微扰时，工质液相区内可能出现均匀气泡成核现象，气泡快速生成并向靶材外表面扩散，形成沸腾。在液相温度达到 $0.8T_{cr}$ 时(铝的临界温度 $T_{cr}=6063K$)，超热的液相发生介电转变，对激光的吸收系数急剧下降，使得介电转变区的靶材变为半透明状态。随着介电转变区向液相内部扩展，在液相表面附近形成介电转变层(简称 D-T 层)，如图 4.2(b) 所示。当温度上升至临界温度附近($0.9T_{cr}$)时，超热状态可能转化为更加剧烈的沸腾状态，出现包含气泡、液相、固相粒子等的爆炸性粒子溅射喷发，即相爆炸。此时，工质的烧蚀速率包括气化和相爆炸的共同贡献。相关研究表明，在较低能量密度的激光作用下，烧蚀速率主要由普通的蒸发气化所决定；而在较高能量密度下，烧蚀速率主要由相爆炸引起的粒子溅射喷发所决定。相关实验研究表明，存在一定的激光能量密度阈值 F_{th} 使得激光能量密度 $F > F_{th}$ 时烧蚀速率陡然上升。对于铝靶材，实验[6,7]测得 $F_{th} = 5.2J/cm^2$。另外，在激光烧蚀过程中，伴随着靶材的等离子体化和等离子体的屏蔽吸收现象，使得到达靶材烧蚀表面的激光强度发生动态变化。

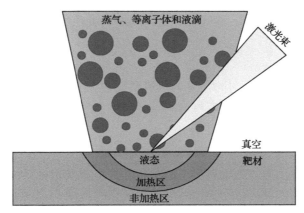

图 4.1　靶材的激光烧蚀示意图

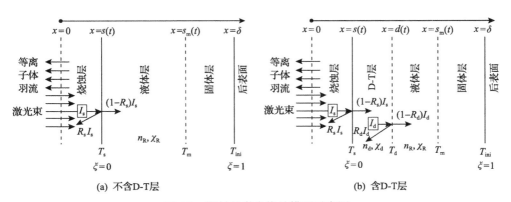

图 4.2　靶材的激光烧蚀模型示意图

（图中物理量含义见 4.1 节内容）

本章主要通过建立铝的纳秒激光烧蚀模型，研究在纳秒脉宽强激光辐照下铝的非傅里叶热传导和相变烧蚀过程。对于超强的激光烧蚀问题，非傅里叶效应通常不可忽略。因此，研究中需要考虑非傅里叶效应对激光烧蚀的影响。为了求解相变、烧蚀这类问题，建立基于熔方法的非傅里叶热传导方程，研究铝等离子体的屏蔽效应、激光参数、非傅里叶效应等因素对烧蚀过程的影响规律。

4.1　基于焓方法的非傅里叶热传导和相爆炸模型

4.1.1　普通蒸发和相爆炸

1. 基于焓方法的非傅里叶热传导

如图 4.1 和图 4.2 所示，激光在靶材内的能量沉积过程满足能量守恒，即

$$\frac{\partial H}{\partial t} = -\nabla \cdot q + S \tag{4.1}$$

式中，H 为单位体积的焓，J/m^3；q 为热流密度，W/m^2。

一维非傅里叶热传导微分方程为

$$\frac{\partial H}{\partial t} + \tau_0 \frac{\partial^2 H}{\partial t^2} - \tau_0 \frac{\partial S}{\partial t} = \frac{\partial}{\partial x}\left(\lambda \frac{\partial T}{\partial x}\right) + S \tag{4.2}$$

本节采用焓方法以方便物理问题的分析和计算，其坐标系为 (x,t)。考虑靶材烧蚀面位置的退缩，可将运动坐标系 (ξ,τ) 固定在靶材液-气相界面上。如图 4.2 所示，靶材在 x 方向初始厚度为 δ，在垂直于 x 方向尺度为无限大。考虑靶材气-液相界面（烧蚀面）位置的退缩，并假设烧蚀面在 x 方向的位置为 $x=s(t)$，初始位置为 $x=0$，烧蚀面移动速度为 $v_s(t)$，则有 $v_s(t) = \mathrm{d}s(t)/\mathrm{d}t$。

将运动坐标系 (ξ,τ) 固定在烧蚀面上 $(x=s(t))$，进行如下坐标变换：

$$\begin{cases} \tau = t \\ \xi = \dfrac{x - s(t)}{\delta - s(t)} \end{cases} \tag{4.3}$$

由式 (4.3) 有

$$\begin{cases} \dfrac{\partial}{\partial x} = \dfrac{1}{\delta - s(t)} \dfrac{\partial}{\partial \xi} \\ \dfrac{\partial}{\partial t} = \dfrac{\partial}{\partial \tau} - \dfrac{v_s(t)(1-\xi)}{\delta - s(t)} \dfrac{\partial}{\partial \xi} \end{cases} \tag{4.4}$$

将方程 (4.2) 变换为式 (4.4) 的形式，可得运动坐标系下由焓表征的一维双曲型热传导方程：

$$\begin{aligned} \frac{\partial H}{\partial \tau} + \tau_0 \frac{\partial^2 H}{\partial \tau^2} - \tau_0 \frac{\partial S}{\partial \tau} = {} & \frac{1}{(\delta - s)^2} \frac{\partial}{\partial \xi}\left(\lambda \frac{\partial T}{\partial \xi}\right) + \frac{v_s(1-\xi)}{\delta - s}\left[2\tau_0 \frac{\partial^2 H}{\partial \xi \partial \tau}\right. \\ & \left. - \frac{\tau_0 v_s(1-\xi)}{\delta - s} \frac{\partial^2 H}{\partial \xi^2} + \left(\frac{\tau_0 v_s}{\delta - s} + 1\right)\frac{\partial H}{\partial \xi} - \tau_0 \frac{\partial S}{\partial \xi}\right] + S \end{aligned} \tag{4.5}$$

方程(4.5)的初始条件为

$$\begin{cases} T(\xi,\tau)|_{\tau=0}=T_{ini} \\ \dfrac{\partial T}{\partial \tau}\bigg|_{\tau=0}=0 \end{cases} \tag{4.6}$$

式中，T_{ini} 为靶材表面初始温度。在后端面处 $(x=\delta$ 或 $\xi=1)$ 的边界条件为

$$\begin{cases} -\lambda \dfrac{\partial T}{\partial x}\bigg|_{x=\delta}=0 \\ \dfrac{\lambda}{s(t)}\dfrac{\partial T}{\partial \xi}\bigg|_{\xi=1}=0 \end{cases} \tag{4.7}$$

靶材在激光的辐照下温度快速上升。对于铝靶材，仅考虑等温相变过程。当温度低于熔点或凝固点 $(T_m=933.47K)$，即 $T<T_m$ 时，单位体积的焓为

$$H=\int_{T_{ref}}^{T}\rho C_p dT+\Delta H_0 \tag{4.8}$$

式中，ΔH_0 为零点焓；$T_{ref}=298.15K$ 为参考温度。

当温度上升到熔点或凝固点时，等温相变过程开始。设 f 为液相的体积分数，当固-液相变开始时，$f=0$，且单位体积的焓为

$$H_{m,0}=\int_{T_{ref}}^{T_m}\rho C_p dT+\Delta H_0 \tag{4.9}$$

固-液相变过程中控制体积内单位体积的焓为

$$H=H_{m,0}+f\rho_m L_m \tag{4.10}$$

其中，熔化潜热 $L_m=399.9kJ/kg$，相变密度 $\rho_m=f\rho(T_m^+)+(1-f)\rho(T_m^-)$。

当固-液相变结束时，$f=1$，且单位体积的焓为

$$H_{m,1}=H_{m,0}+\rho_m L_m \tag{4.11}$$

固-液相变过程结束后，靶材温度继续上升，单位体积的焓为

$$H=H_{m,1}+\int_{T_m}^{T}\rho C_p dT \tag{4.12}$$

由数值计算过程可知，需要由已知的焓值反向求解温度与液相的体积分数。在求解过程中，需要通过积分、迭代等计算步骤，结合式(4.8)~式(4.12)，由焓值

H 得到温度 T，进而判断靶材的相态。

液相的体积分数 f 也可由焓值表示为

$$f = \begin{cases} 0, & H < H_{\mathrm{m},0} \\ \dfrac{H - H_{\mathrm{m},0}}{\rho_{\mathrm{m}} L_{\mathrm{m}}}, & H_{\mathrm{m},0} \leqslant H \leqslant H_{\mathrm{m},1} \\ 1, & H > H_{\mathrm{m},1} \end{cases} \tag{4.13}$$

2. 普通蒸发机制

随着温度升高，靶材表面蒸发不断加剧。蒸发气化引起的表面烧蚀质量流率可由赫兹-克努森(Hertz-Knudsen)方程和克劳修斯-克拉珀龙(Clausius-Clapeyron)方程得到，即

$$\dot{m}_{\mathrm{vap}}(\tau) = \beta \left(\frac{m_{\mathrm{a}}}{2\pi k_{\mathrm{B}} T_{\mathrm{s}}(\tau)} \right)^{1/2} p_{\mathrm{b}} \exp \left[\frac{m_{\mathrm{a}} L_{\mathrm{v}}}{k_{\mathrm{B}}} \left(\frac{1}{T_{\mathrm{b}}} - \frac{1}{T_{\mathrm{s}}(\tau)} \right) \right] \tag{4.14}$$

式中，T_s 为烧蚀面温度；β 为蒸发黏滞系数，表征回流的影响，本书取值为 0.82。参考压力（p_{b}=1.01325×10^5Pa）下的沸点 T_{b}=2792.15K，蒸发焓 L_{v}=10.897MJ/kg，气相粒子的质量 m_{a}=4.48×10^{-26}kg。

3. 相爆炸机制

当靶材温度上升到临界温度 T_{cr} 附近($0.9T_{\mathrm{cr}}$)时，超热状态可能转化为更加剧烈的沸腾状态，出现包含气泡、液相、固相粒子等的爆炸性粒子溅射喷发，即相爆炸。此时，认为靶材中温度大于 $0.9T_{\mathrm{cr}}$ 的部分由于相爆炸而剥离，工质的烧蚀速率应包括气化和相爆炸的共同贡献，并计入烧蚀深度。相关研究表明，形成相爆炸的物理条件主要有两点：①气化核心的尺度生长到临界半径 R_{c} 以上，使得气泡尺度稳定性增大；②气化核心数足够多。

在成核初始阶段，可以想象成为数不多的气化核心就像孤岛一样处于液相的汪洋大海中。在满足一定条件时，这些气化核心将发生生长、破碎、减小、消亡等过程。假设某个成核处形成的气泡温度为 T，气泡内压力为 p_{g}，气泡内温度 T 应大致等于周围液相的温度 T_{l}，否则将会发生剧烈的热传导和对流。气泡半径随着时间动态生长，可表示为

$$R(\tau) = \left[\frac{2 L_{\mathrm{v}} \rho_{\mathrm{v}}}{3 \rho_{\mathrm{l}}} \frac{T_{\mathrm{l}} - T_{\mathrm{sat}}(p_{\mathrm{l}})}{T_{\mathrm{sat}}(p_{\mathrm{l}})} \right]^{0.5} \tau \tag{4.15}$$

式中，ρ_l 和 T_l 分别为超热液体密度和温度；p_l 为超热液体的压力，$p_l \approx 0.54 p_{sat}(T_l)$，

饱和压力为 $p_{sat}(T_l) = p_b \exp\left(\dfrac{\beta_s m_a L_v}{k_B T_l}\right)$；$T_{sat}(p_l)$ 为超热液体压力下的饱和温度；

ρ_v 为气泡内气相密度，$\rho_v = \dfrac{m_a}{k_B T} p_b \exp\left(\dfrac{\beta_s m_a L_v}{k_B T}\right)$，$\beta_s$ 为气泡处过热度，$\beta_s = T/T_b - 1$。

气泡稳定存在所对应的半径称为临界半径，可表示为

$$R_c = \frac{2\sigma_s}{p_g - p_l} \tag{4.16}$$

式中，p_g 为气泡内的压力；σ_s 为表面张力，N/m。气泡临界半径还可以表示为

$$R_c = \frac{2\sigma_s}{p_{sat}(T_l)\exp\left\{[p_l - p_{sat}(T_l)]m_a / (\rho_l k_B T_l)\right\} - p_l} \tag{4.17}$$

当成核气泡当前半径小于临界半径 R_c 时，气泡内外压差将不足以克服表面张力的束缚而导致气泡内气相发生凝结，气泡尺度减小直至消失。只有当前气泡半径大于临界半径时，气泡才能生长。因此，成核气泡生长的判据为

$$R > R_c \tag{4.18}$$

当成核气泡内外压差升高时，气泡的临界半径不断减小，使得气泡更易生长而引起气化核心增多，因此气化核心将随着气泡内外压差或过热度 ΔT 的提高而增多。

相关研究表明，气化核心生成速率[8]可表示为

$$\frac{dN_n(\tau)}{d\tau} = 1.5\times 10^{38} \exp\left[-\frac{\Delta G(T)}{k_B T}\right]\exp\left(-\frac{\tau_{hn}}{\tau}\right) \tag{4.19}$$

式中，T 为气化核心处的靶材温度；ΔG 表征生成一个稳定的气化核心所需能量，可表示为 $\Delta G = \dfrac{16\pi}{3}\sigma_s^3 / (\rho_v L_v \beta_s)^2$，J，其中 σ_s 为表面张力，对于液态铝，表面张力可表示为 $\sigma_s = a_s - b_s T$，a_s=1.135N/m，b_s=1.34×10^{-4}N/(m·K)。时间常数 τ_{hn} 表征形成相爆炸所需的大量气泡核的弛豫时间，可估算为 τ_{hn} =1~100ns。

由式(4.19)可见，温度越高，液相区生成的气泡数越多，发生相爆炸的可能性越大。温度受激光的功率密度、脉宽、波长的影响很大，因此这些参数是影响相爆炸的重要因素。

结合上述对相爆炸机理的分析，相爆炸引起的烧蚀质量流率可估算为

$$\dot{m}_{\exp}(\tau) = 2 \times 10^{38} \pi \left[\delta - s(\tau)\right] \int_0^1 R_c^3 \rho_v \exp\left(-\frac{\Delta G}{k_B T}\right) d\xi \tag{4.20}$$

靶材的烧蚀速率包括普通气化蒸发和相爆炸的共同贡献，即

$$\dot{m}_t(\tau) = \dot{m}_{\text{vap}}(\tau) + \dot{m}_{\exp}(\tau) \tag{4.21}$$

烧蚀面的退缩速度及位置分别为

$$\begin{cases} v_s(\tau) = \dfrac{\dot{m}_t(\tau)}{\rho_c} \\ s(\tau) = \displaystyle\int_0^\tau v_s(\tau) d\tau \end{cases} \tag{4.22}$$

在烧蚀面边界 $(x = s(t))$ 处，网格的中心点布置在边界线上，对这半个网格采用能量守恒定律得到

$$\frac{\partial H}{\partial t} \frac{\Delta x}{2} = S \frac{\Delta x}{2} - q_e - (H + \rho L_v) v_s \tag{4.23}$$

式 (4.23) 左端代表单位时间内的能量变化，右端第一项为单位时间激光沉积能量，第二项为半个网格右侧边界上的热流，第三项为单位时间内被烧蚀靶材带走的能量，包括靶材本身能量和液-气相变潜热。

对于纳秒脉宽的激光烧蚀，可能形成相爆炸使得烧蚀速率大大增加。当烧蚀面附近温度达到约 $0.9T_{\text{cr}}$ 时，可认为发生相爆炸，使得烧蚀面附近的粒子被剥离出去。

结合初始条件 (4.6) 及边界条件 (4.23)，可对方程 (4.5) 进行求解，但在此之前需要先确定靶材的热物性参数及激光热源。

4.1.2 铝的热物性参数

铝靶材的热物性参数可由下列方法求得。

1. 密度

靶材密度可由文献[9]和[10]以及 Guggenheim 公式得到，即

$$\begin{cases} \rho(T) = 2852.5 - 0.5116T, & T \leqslant T_m \\ \rho(T) = \rho_{\text{cr}} \left[1 + 0.75(1 - T/T_{\text{cr}}) + 6.5(1 - T/T_{\text{cr}})^{1/3}\right], & T > T_m \end{cases} \tag{4.24}$$

其中，临界密度为 $\rho_{cr}=430\text{kg/m}^3$，取自文献[11]。

2. 电导率与热导率

当温度低于 $0.8T_{cr}$ 时，电导率为

$$\sigma(T) = \frac{1}{\eta(T)} \tag{4.25}$$

式中，$\eta(T)$ 为电阻率，$\Omega\cdot\text{m}$。

通过对文献[10]和[11]中的实验数据进行拟合，得到

$$\eta(T) = \begin{cases} \left(-0.3937 + 1.1035\times 10^{-2}T\right)\times 10^{-8}, & T < T_m \\ \left(12.4729 + 1.3605\times 10^{-2}T\right)\times 10^{-8}, & T_m \leqslant T < 0.8T_{cr} \end{cases} \tag{4.26}$$

当温度高于 $0.8T_{cr}$ 时，电导率为

$$\sigma(T) = 2.5\times 10^7\,\text{S/m} \tag{4.27}$$

由文献[11]与维德曼-弗兰兹（Wiedemann-Franz）定律可知，金属靶材的热导率为

$$\lambda(T) = \begin{cases} 226.67 + 0.033T, & T \leqslant 400\text{K} \\ 226.6 - 0.055T, & 400\text{K} < T < T_m \\ 2.45\times 10^{-8}\sigma(T)T, & T \geqslant T_m \end{cases} \tag{4.28}$$

3. 比热容

靶材的比热容为

$$c_p(T) = \begin{cases} 762 + 0.467T, & T < T_m \\ 921, & T \geqslant T_m \end{cases} \tag{4.29}$$

4. 折射率和消光系数

当温度低于 T_m 时，靶材为固相。对于波长为 $\lambda_l=808\text{nm}$ 的入射激光，靶材折射率 $n_R=2.685$，消光系数 $\chi_R=8.45$，可得液/固相反射率为 $R=0.87$，液/固相吸收系数为 $\alpha_R=1.33\times 10^6\text{cm}^{-1}$；对于波长为 $\lambda_l=1064\text{nm}$ 的入射激光，靶材折射率 $n_R= 1.24$，

消光系数 χ_R=10.42，可得液/固相反射率为 R=0.956，液/固相吸收系数为 α_R= $1.23\times10^6\mathrm{cm}^{-1}$。

当温度满足 $T_m \leqslant T \leqslant 0.8T_{cr}$ 时，液相金属层的折射率和消光系数分别为

$$n_R = \sqrt{0.5\left(A_R + \sqrt{A_R^2 + B_R^2}\right)}, \quad \chi_R = \sqrt{0.5\left(-A_R + \sqrt{A_R^2 + B_R^2}\right)} \tag{4.30}$$

其中，A_R、B_R 分别为

$$A_R = 1 - c^2\mu_0\gamma\sigma\big/\left(\gamma^2 + \omega_l^2\right), \quad B_R = (1 - A_R)\gamma\big/\omega_l \tag{4.31}$$

当温度 $T>0.8T_{cr}$ 时，D-T 层的折射率和消光系数分别为

$$n_d = \sqrt{0.5\left(A_d + \sqrt{A_d^2 + B_d^2}\right)}, \quad \chi_d = \sqrt{0.5\left(-A_d + \sqrt{A_d^2 + B_d^2}\right)} \tag{4.32}$$

其中，A_d、B_d 分别为

$$A_d = 1 - \sigma\gamma\big/\left[\varepsilon_0\left(\gamma^2 + \omega_l^2\right)\right], \quad B_d = (1 - A_d)\gamma\big/\omega_l \tag{4.33}$$

式中，c、μ_0、ε_0 分别为光速、真空磁导率、真空介电常数；ω_l 为激光频率，ω_l = $2\pi c/\lambda_l$。靶材对红外激光吸收过程的碰撞频率由 Drude 模型确定为 $\gamma(T)$=$n_e e^2/$ $[m_e\delta(T)]$，其中电子数密度 n_e=$3\rho(T)/m_a$。

5. 反射率和吸收系数

靶材表面反射率由复折射率 $n_c = n_R + \mathrm{i}\chi$ 确定为

$$R = \frac{(n_R - 1)^2 + \chi^2}{(n_R + 1)^2 + \chi^2} \tag{4.34}$$

其中，复折射率实部 n_R 一般称为折射率，虚部 χ 为消光系数。

如图 4.2(a)所示，未发生介电转变时，靶材烧蚀面上的反射率为

$$R(T_s) = \frac{(n_R - 1)^2 + \chi_R^2}{(n_R + 1)^2 + \chi_R^2} \tag{4.35}$$

如图 4.2(b)所示，在 D-T 层外表面即靶材烧蚀面上的反射率为

$$R_s(T_s) = \frac{(n_d - 1)^2 + \chi_d^2}{(n_d + 1)^2 + \chi_d^2} \tag{4.36}$$

在 D-T 层与液相层界面上的反射率为

$$R_d(0.8T_{cr}) = \frac{(n_d - n_R)^2 + \chi_R^2}{(n_d + n_R)^2 + \chi_R^2} \tag{4.37}$$

对于波长为 1064nm 和 808nm 的激光，在 D-T 层与液相层交界面上的反射率分别为 76.3% 和 76.7%。

靶材吸收系数表示为

$$\alpha_R = \frac{4\pi\chi_R}{\lambda_l} \tag{4.38}$$

结合式(4.24)~式(4.38)，可得到激光波长为 808nm 和 1064nm 时对应的靶材密度、比热容、热导率和吸收系数等，如图 4.3 和图 4.4 所示。

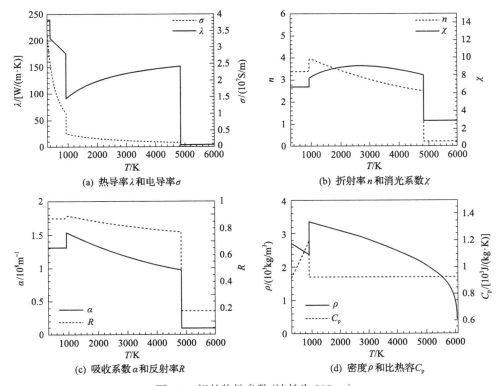

(a) 热导率 λ 和电导率 σ

(b) 折射率 n 和消光系数 χ

(c) 吸收系数 α 和反射率 R

(d) 密度 ρ 和比热容 C_p

图 4.3　铝的物性参数(波长为 808nm)

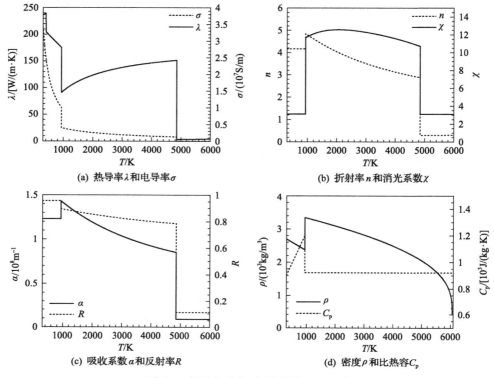

(a) 热导率 λ 和电导率 σ 　　(b) 折射率 n 和消光系数 χ

(c) 吸收系数 α 和反射率 R 　　(d) 密度 ρ 和比热容 C_p

图 4.4　铝的物性参数(波长为 1064nm)

4.1.3　激光参数和热源

1. 激光参数

假设激光强度服从高斯分布,即 $I_0(r,t) = I_p(t)\exp(-r^2/r_p^2)$,其中,$I_p(t)$ 为光斑中心的激光光强。另外,定义无量纲激光功率为 $h(t) = P_0(t)/P_{peak}$,其中,$P_0(t)$ 为瞬时激光功率,P_{peak} 为峰值功率。显然,瞬时激光功率为

$$P_0(t) = \int_0^{r_p} I_0(r,t)2\pi r\mathrm{d}r = \pi\left(1-\mathrm{e}^{-1}\right)r_p^2 I_p(t) \approx 2r_p^2 I_p(t) \tag{4.39}$$

因此,有

$$I_0(r,t) = I_{peak}h(t)\exp\left(-\frac{r^2}{r_p^2}\right) \tag{4.40}$$

光斑中心激光光强为

$$I_p(t) = I_{peak} h(t) \tag{4.41}$$

其中, 峰值激光光强为

$$I_{peak} \approx 0.5 \frac{P_{peak}}{r_p^2} \tag{4.42}$$

激光能量可由激光功率对时间积分得到, 即

$$E_p = \int_0^{\tau_p} P_0(t)\mathrm{d}t = P_{peak} \int_0^{\tau_p} h(t)\mathrm{d}t \tag{4.43}$$

因此, 峰值激光功率为

$$P_{peak} = \frac{E_p}{\displaystyle\int_0^{\tau_p} h(t)\mathrm{d}t} \tag{4.44}$$

显然, 当激光功率在脉冲时间内不随时间变化, 即函数 $h(t)$ 可表示为单位阶跃函数时, 激光光强的峰值为 $I_{peak} = E_p/(2\tau_p r_p^2)$。然而, 一般情况下, 激光功率在脉冲时间内不断变化。

以德国 InnoLas 公司生产的一款 Nd:YAG 激光器(型号: SpitLight 600)为例, 其激光参数为: 激光波长为 λ_l=1064nm, 激光束直径为 6mm, 激光脉冲宽度 τ_p 约为 8ns, 重复频率 0~20Hz, 激光单脉冲能量为 E_p=600mJ。为了更准确地计算激光烧蚀情况, 本书实验测量了该型号激光器的激光功率输出时变特性, 如图 4.5 所示。其无量纲功率可拟合为

$$h(t) = \begin{cases} 0.168t, & 0 \leqslant t \leqslant \tau_{peak} \\ 2.991 - 0.796t + 0.108t^2 - 5.127 \times 10^{-3} t^3, & \tau_{peak} < t \leqslant \tau_1 \\ 9.656 - 1.844t + 0.123t^2 - 2.831 \times 10^{-3} t^3, & \tau_1 < t \leqslant \tau_p \\ 0, & t > \tau_p \end{cases} \tag{4.45}$$

其中, 时间 t 的单位为 ns, 时间参数 τ_{peak}=5.95ns, $\tau_1 = 9.8$ns, τ_p=16.3ns。

根据拟合公式(4.45), 可以计算得到 P_{peak}=7.2×10^{7}W, 进而由式(4.42)并假设聚焦光斑半径为 r_p=1.5mm, 得到 I_{peak}=1.6GW/cm^2。另外, 能量密度为 $F=E_p/(\pi r_p^2)$ = 8.5J/cm^2。

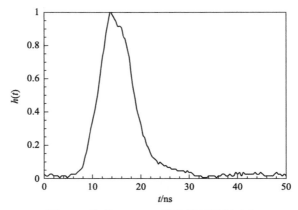

图 4.5　某型 Nd:YAG 激光器无量纲功率

2. 等离子体对激光的吸收和屏蔽

由图 4.1 可知，等离子体在烧蚀面附近生成后，逆激光入射方向，即向 x 轴负方向运动。将等离子体膨胀计算区域长度设定为 δ_p。由于等离子体的吸收，激光强度遵循比尔(Beer)定律衰减。在等离子体膨胀区内某位置 x 处($-\delta_p \leqslant x \leqslant s(t)$)，瞬时激光光强为

$$I(x,r,t) = I\left(-\delta_p,r,t\right)\exp\left(-\int_{-\delta_p}^{x}\beta \mathrm{d}x\right) \tag{4.46}$$

式中，$I(-\delta_p,r,t)$ 可认为是在等离子体屏蔽吸收前的初始激光强度，即 $I_0(r,t) = I(-\delta_p,r,t)$，可由式(4.40)确定。经过等离子体的部分吸收后，到达靶材烧蚀面的激光强度为 $I_s(r,t) = I(s(t),r,t)$。

在等离子体吸收区内，由脉冲激光沉积产生的当地内热源可表示为

$$S_{\mathrm{laser}}(x,r,t) = \beta I(x,r,t) \tag{4.47}$$

激光在等离子体中的吸收机制有很多，主要分为经典碰撞吸收和反常吸收两大类。经典碰撞吸收是指由电子与离子或中性粒子的相互作用引起的吸收，也称为逆韧致吸收过程。反常吸收是通过多种非碰撞机制将激光能量部分地转化为等离子体波的能量，再通过朗道(Landau)阻尼、波破或其他耗散机制把波能转化为等离子体无规则运动的能量。反常吸收包括共振吸收、多种非线性参量稳定吸收和反常碰撞吸收等。当激光光束照射电离气体时，光子能量比原子电离能小得多，因此光子电离一般可以忽略。

研究中考虑铝的一次电离、二次电离和三次电离，铝等离子体包含五种组分，即 Al、Al$^+$、Al^{2+}、Al^{3+}、e$^-$。假设等离子体对激光的吸收仅考虑逆韧致吸收机制，

吸收系数可表示为

$$\beta = \beta_{\text{e-Al}}^{\text{IB}} + \beta_{\text{e-I}}^{\text{IB}} \tag{4.48}$$

其中，$\beta_{\text{e-Al}}^{\text{IB}}$ 为电子-中性粒子逆韧致吸收系数，表达式为

$$\beta_{\text{e-Al}}^{\text{IB}} = \left[1 - \exp\left(-\frac{h\nu_1}{k_B T} \right) \right] n_e n_{\text{Al}} Q_{\text{e-Al}} \tag{4.49}$$

$\beta_{\text{e-I}}^{\text{IB}}$ 为电子-离子逆韧致吸收系数，表达式为

$$\beta_{\text{e-I}}^{\text{IB}} = \left(1 - e^{-\frac{h\nu_1}{k_B T_e}} \right) \frac{4e^6 \lambda_1^3}{3hc^4 m_e} \sqrt{\frac{2\pi}{3m_e k_B T_e}} n_e \left(n_{\text{Al}^+} + 4n_{\text{Al}^{2+}} + 9n_{\text{Al}^{3+}} \right) \tag{4.50}$$

式中，吸收系数计算所需的各个参数采用高斯单位制，$h=6.6262 \times 10^{-27}\text{erg·s}$，$e=4.8032 \times 10^{-10}\text{statcoulomb}$，$m_e=9.1094 \times 10^{-28}\text{g}$，$c=2.9979 \times 10^{10}\text{cm/s}$，$\lambda_1=1064 \times 10^{-7}\text{cm}$，$k_B=1.3807 \times 10^{-16}\text{erg/K}$。$T$ 为平动温度；T_e 为电子温度；n_{Al^+}、$n_{\text{Al}^{2+}}$ 和 n_e 为离子和电子的粒子数密度，cm^{-3}；$Q_{\text{e-Al}} \approx 10^{-36}\text{cm}^5$ 表征电子-中性粒子平均碰撞截面。

显然，等离子体吸收系数 β 和等离子体吸收区尺度 δ_p 随着等离子体的运动过程发生变化。因此，为了计算等离子体对激光的吸收和屏蔽，必须对等离子体的膨胀过程进行耦合计算。

假设铝等离子体满足电中性，包含电子、离子和原子共 5 种组分，即 Al、Al^+、Al^{2+}、Al^{3+}、e^-。为了简化等离子体流场的求解，假设等离子体吸收区内的温度 $T \approx T_e$。另外，等离子体各个组分化学平衡，进而可由温度和总密度或压力得到各个组分的质量分数 c_s。铝等离子体流场满足流体动力学控制方程组，即

$$\frac{\partial}{\partial t}\begin{bmatrix} \rho \\ \rho u \\ E \end{bmatrix} + \frac{\partial}{\partial x}\begin{bmatrix} \rho u \\ \rho u^2 + p \\ (E+p)u \end{bmatrix} = \begin{bmatrix} 0 \\ 0 \\ S_{\text{laser}} \end{bmatrix} \tag{4.51}$$

单位体积铝等离子体的总能 E 由内能和动能组成，即

$$E = \frac{3}{2}\rho \bar{R} T + \sum_{s \neq e} \frac{\rho_s R_s g_1^{(s)} \Theta_{\text{el},1}^{(s)} \exp\left(-\Theta_{\text{el},1}^{(s)} / T_e\right)}{\sum_{i=0}^{j^s} g_i^{(s)} \exp\left(-\Theta_{\text{el},i}^{(s)} / T_e\right)} + \frac{1}{2}\rho u^2 \tag{4.52}$$

式中，$\bar{R} = R_0 / \bar{M}$，$\bar{M} = [\sum c_s / M_s]^{-1}$，$R_0 = 8.3145\text{J}/(\text{mol·K})$；$\Theta_{\text{el},i}^{(s)}$ 为组分 s 第 i 个电子

能级对应的电子激发特征温度，$\Theta_{el,i}^{(s)} = \varepsilon_{el,i}^{(s)} / k_B$；$g_i^{(s)}$ 为组分 s 第 i 个电子能级的简并度。

状态方程为

$$p = \sum_{s=1}^{4} \rho_s R_s T + \rho_e R_e T_e \tag{4.53}$$

3. 工质内的激光能量沉积

对于一维问题，靶材烧蚀面的激光强度取光斑中心的值 $I_s(0,t)$，如图 4.2 所示。未发生介电转变时，工质吸收激光能量对应的内热源可表示为

$$S(x,t) = (1 - R_s) I_s(0,t)\alpha \exp\left(-\int_{s(t)}^{x} \alpha dx\right) \tag{4.54}$$

式中，R_s 为烧蚀面上的反射率；α 为工质对激光的吸收系数。

如图 4.2(b) 所示，在发生介电转变后，液相金属层外存在一个 D-T 层。在 D-T 层和液相金属层交界面上，激光被反射。介电转变区 $(s(t) \leqslant x \leqslant d)$ 的激光内热源仍可由式 (4.54) 表示。

固/液相区 $(d(t) \leqslant x \leqslant \delta)$ 的激光内热源为

$$S(x,t) = (1 - R_d) I_d \alpha \exp\left(-\int_{d(t)}^{x} \alpha dx\right) \tag{4.55}$$

式中，$d(t)$ 为 D-T 层与液相金属层交界面的位置；R_d 为介电转变层与液相金属层交界面上的反射率；I_d 为介电转变层与液相金属层交界面上的激光强度，且

$$I_d = (1 - R_s) I_s(0,t) \exp\left(-\int_{s(t)}^{d(t)} \alpha dx\right) \tag{4.56}$$

4.2 数值计算方法

4.2.1 靶材温度场的求解

在对采用焓方法建立的非傅里叶微分方程 (4.5) 进行温度求解的过程中，可以不必区分靶材不同的烧蚀阶段，也不必将计算域分成多个区。因此，计算更加简便易行。

偏微分方程 (4.5) 的初始条件为

$$\begin{cases} T(x,t)\big|_{t=0} = T_0 \\ \dfrac{\partial T}{\partial t}\bigg|_{t=0} = 0 \end{cases} \tag{4.57}$$

在固相后端面处($x=\delta$，$i=ni$，或 $\xi=1$)，边界条件为

$$\begin{cases} -\lambda\dfrac{\partial T}{\partial x}\bigg|_{x=\delta} = 0 \\ \dfrac{\lambda}{s(t)}\dfrac{\partial T}{\partial \xi}\bigg|_{\xi=1} = 0 \end{cases} \tag{4.58}$$

在气-液相界面边界处($x=s(t)$，$i=1$，或 $\xi=0$)，由能量守恒定律，有

$$\frac{1}{2}\frac{\partial H}{\partial t}\delta x_{1/2} = \frac{1}{2}S\delta x_{1/2} - q\big|_{1/2} - (L_m + L_v)\rho v_s \tag{4.59}$$

由导热微分方程可得到如下形式的离散方程组：

$$\boldsymbol{AH} + \boldsymbol{BT} = \boldsymbol{RHS} \tag{4.60}$$

其中，列向量 $\boldsymbol{H}$ 和 $\boldsymbol{T}$ 分别表征各个离散点的焓和温度，求解过程见文献[12]。

通过求解上述方程组，可由当前温度计算下一时间层的温度，步骤如下：

(1)将第 n 时间层的温度值 T^n 作为初始值，假设第 $n+1$ 时间层温度猜测值为 $T_{\text{guess}}=T^n$。

(2)将温度猜测值 T_{guess} 代入线性方程组(4.60)，并采用三对角矩阵算法求解得到第 $n+1$ 时间层焓值的估计值 H_{guess}。

(3)由焓值 H_{guess} 通过迭代求解得到新的温度猜测值 T_{guess}。

(4)重复步骤(2)和(3)，直至相邻两次计算得到的温度猜测值的相对误差小于规定的误差，则 $n+1$ 时刻的温度为 $T^{n+1}=T_{\text{guess}}$。

4.2.2　等离子体羽流流场的求解

在烧蚀边界处，速度、温度、粒子数密度由烧蚀质量流率确定。下游出口边界处采用线性插值得到。计算中等离子体区域长度为 200μm 并采用 1000 个网格，靶材区域长度为 5μm 并采用 400 个网格。在控制方程组的求解过程中，对无黏通量采用 AUSM$^+$-up 格式进行差分离散，时间方向采用四阶龙格-库塔法进行计算。求解过程理论上可以达到空间和时间方向二阶以上精度。

得到下一时间层的通量 Q^{n+1} 后，可以得到各物理量，步骤如下：

(1)由通量 Q^{n+1} 计算参数 ρ、u、E_t，进而得到单位质量内能 e_t。

(2)假设 $c_s^*(s) = \{1,0,0,0,0\}$，求得 $\rho_s^* = c_s^*(s)\rho$。各个组分的粒子数密度为 $n_s^* =$

$\rho_s^* M_s / N_A$ ，因此总粒子数密度为 $n_T^* = \sum n_s^*$ 。

(3)注意到步骤(1)中得到的单位质量内能 e_t 为各个组分的分密度和温度的函数，即 $e_t = e_t(\rho_1, \rho_2, \rho_1, \rho_2, \rho_2, T)$ ，则可将步骤(2)中得到的各个组分的分密度 ρ_s^* 代入 e_t 表达式，得到温度 T^* 。

(4)由总的粒子数密度 n_T^* 及温度 T^* ，结合化学平衡组分求解方法，可以求解得到一组新的各个组分的粒子数密度 n_s^{**} ，进而得到各个组分的分密度 $\rho_s^{**} = n_s^{**} M_s / N_A$ 及质量分数 $c_s^{**}(s) = \rho_s^{**} / \rho$ 。

(5)重复步骤(2)～(4)，直至各物理量收敛。

由此，各组分的分密度和粒子数密度分别为 $\rho_s = \rho_s^{**}$ 和 $n_s = n_s^{**}$ ，温度为 $T = T^*$ ，压强为 $p = n_T^{**} k_B T^*$ 。

4.3　数值模拟结果与分析

4.3.1　激光能量密度和等离子体屏蔽效应的影响

图 4.6 给出了激光波长 $\lambda_1 = 1064\text{nm}$ 时不同激光能量密度下的靶材烧蚀深度，其中实验结果来自文献[5]和[6]。由图 4.6 中实验和数值计算结果对比可知，两者吻合较好。由图可以看出，在激光烧蚀铝的过程中存在一个能量密度阈值：在激光能量密度约为 5.2J/cm^2 时，激光烧蚀深度和速率发生突变而大大增加。考虑等离子体对激光的屏蔽吸收后，到达靶材的激光能量相对减少，对应的靶材烧蚀深度也减小。当激光能量密度较高时，激光烧蚀产生的等离子体密度和温度较高，

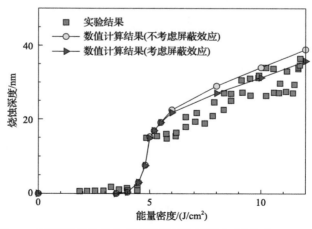

图 4.6　不同激光能量密度下的靶材烧蚀深度(波长为 1064nm)

等离子体对激光的吸收较强，因此等离子体的屏蔽吸收更加明显。另外，在考虑等离子体吸收的情况下，激光烧蚀的能量密度阈值仍保持约 5.2J/cm^2。这是由于在激光烧蚀等离子体刚刚生成时，等离子体对激光的吸收较弱，等离子体吸收对激光能量密度阈值的影响较小。

图 4.7 给出了不同激光能量密度下靶材烧蚀表面温度随时间的变化规律。在激光能量密度小于激光烧蚀能量密度阈值即 $F<5.2\text{J/cm}^2$ 时，烧蚀面温度由初始温度上升到固-液相变温度 T_{m}，然后保持固-液相变温度 T_{m} 一段时间后靶材温度继续上升，随着激光光强的下降，靶材烧蚀面温度也下降。在激光烧蚀过程中，靶材烧蚀面峰值温度小于 $0.8T_{\mathrm{cr}}$，且靶材烧蚀面温度峰值出现的时刻相对于激光光强的峰值时刻有一定的延迟。由图 4.7 所示，激光能量密度越高，靶材烧蚀面温度上升越快，峰值温度越高。当激光能量密度大于激光烧蚀能量密度阈值时，靶材烧蚀面温度上升速度更快，且上升到约 $0.8T_{\mathrm{cr}}$ 时在一段时间内保持不变。考虑等离子体屏蔽效应后，激光烧蚀铝的数值模拟结果略有不同，如图 4.7(b) 所示。图 4.7(a) 和 (b) 中同时给出了到达靶材烧蚀表面的激光光强。由图 4.7(b) 可见，在考虑等离子体屏蔽效应的情况下，到达靶材烧蚀表面的激光光强在烧蚀后期出现下降。

(a) 不考虑等离子体屏蔽　　(b) 考虑等离子体屏蔽

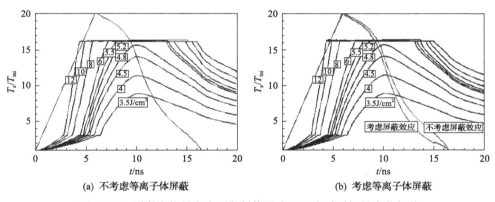

图 4.7　不同激光能量密度下靶材烧蚀表面温度随时间的变化规律

如图 4.8 所示，在激光烧蚀过程中，铝靶材的 D-T 层随时间动态变化。由图可知，激光能量密度越大，D-T 层厚度 $d_{\text{D-T}}$ 越大，且在激光能量密度 $F=8\sim12\text{J/cm}^2$ 时，D-T 层最大厚度为 $d_{\text{D-T}}\approx60\sim450\text{nm}$。

图 4.9 和图 4.10 分别给出了不同激光能量密度下的烧蚀质量流率和烧蚀面的退缩速度。由图可知，激光能量密度越大，烧蚀质量流率和烧蚀面的退缩速度上升越快，所达到的峰值也就越高。烧蚀质量流率可达 6000kg/(m^2·s) 以上，而烧蚀面的退缩速度可达 3m/s 以上。

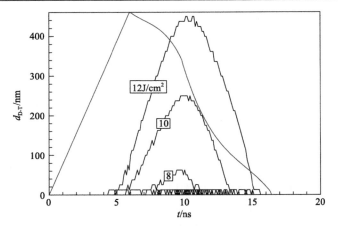

图 4.8　不同激光能量密度下的 D-T 层厚度（波长为 1064nm）

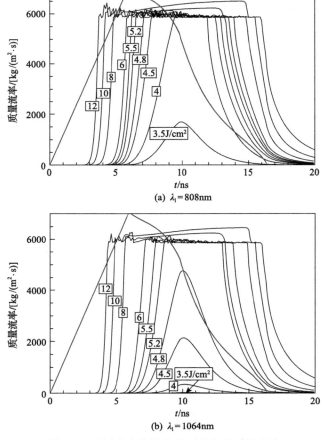

(a)　$\lambda_1 = 808$nm

(b)　$\lambda_1 = 1064$nm

图 4.9　不同激光能量密度下的烧蚀质量流率

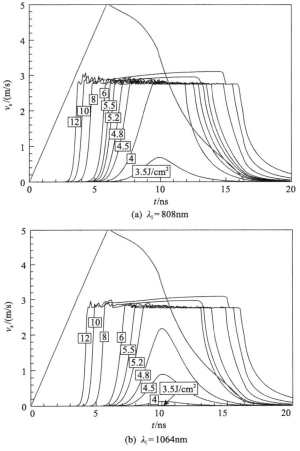

图 4.10　不同激光能量密度下的烧蚀面退缩速度

4.3.2　激光波长的影响

由文献[7]可知，激光波长对铝的激光烧蚀过程可能存在较大影响。因此，本节对比研究波长分别为 808nm 和 1064nm 的激光对铝的烧蚀特性。由 4.1.2 节可知波长为 808nm 和 1064nm 的激光对应的铝的物性参数，如图 4.3 和图 4.4 所示。图 4.11 给出了不同激光能量密度下激光烧蚀铝的烧蚀深度，同时给出了激光波长为 1064nm 条件下烧蚀深度的实验结果。可见，波长为 808nm 和 1064nm 的激光烧蚀铝所产生的烧蚀深度量级一致，但较短波长激光作用下铝的烧蚀深度更大。

另外，激光波长对铝的激光能量密度阈值也有较大影响。激光波长越短，铝的激光能量密度阈值越低。图 4.11 给出的计算结果表明，波长为 808nm 的激光对应的铝烧蚀的能量密度阈值为 $F_{th}=3.5\sim4.5J/cm^2$。

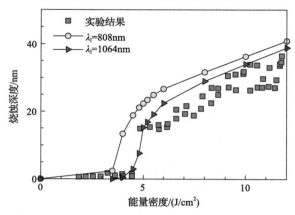

图 4.11　不同激光能量密度下激光烧蚀铝的烧蚀深度

　　由图 4.9 和图 4.10 可知，在相同激光能量密度条件下，较短的激光波长对应的烧蚀质量流率和烧蚀面退缩速度上升速度较快。在较高能量密度下，烧蚀质量流率和烧蚀面退缩速度很快达到峰值并保持一段时间。可见，激光波长对烧蚀质量流率和烧蚀面退缩速度峰值影响较小，但波长越短，峰值持续时间越长。

4.3.3　背景气体压力的影响

　　在数值计算中，背景气体压力可能对激光烧蚀工质的计算结果产生影响。图 4.12 给出了在背景气体压力为 5.0×10^{-3} Pa 和 4.14×10^{4} Pa 条件下不同激光能量密度对应的烧蚀深度。由图可见，背景气体压力越低，烧蚀深度越大，背景气体压力对激光能量密度阈值的影响较小。图 4.13～图 4.15 分别给出了不同背景气体压力下的烧蚀面温度、烧蚀质量流率及烧蚀面退缩速度，可见背景气体压力的影响并不显著。

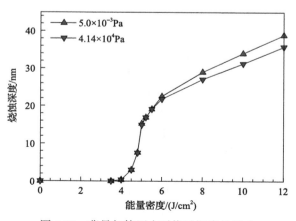

图 4.12　背景气体压力对烧蚀深度的影响

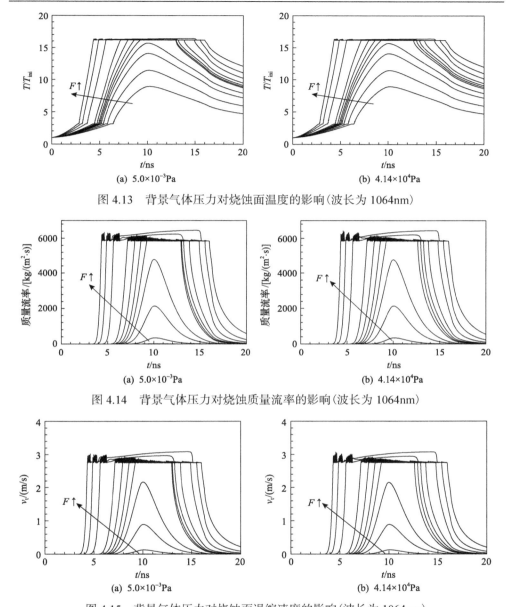

(a) 5.0×10⁻³Pa　　　　　　　　　　　　(b) 4.14×10⁴Pa

图 4.13　背景气体压力对烧蚀面温度的影响(波长为 1064nm)

(a) 5.0×10⁻³Pa　　　　　　　　　　　　(b) 4.14×10⁴Pa

图 4.14　背景气体压力对烧蚀质量流率的影响(波长为 1064nm)

(a) 5.0×10⁻³Pa　　　　　　　　　　　　(b) 4.14×10⁴Pa

图 4.15　背景气体压力对烧蚀面退缩速度的影响(波长为 1064nm)

图 4.16 和图 4.17 分别给出了不同背景气体压力下,铝等离子体一维流动过程中的温度和速度分布随时间的变化。由图可见,在 20ns 时,背景气体压力为 5.0×10^{-3}Pa 和 4.14×10^{4}Pa 的铝等离子体温度分别达到约 25000K 和 7000K,速度分别达到约 7000m/s 和 3000m/s。在较低的背景气体压力下,铝等离子体的温度峰值更高,速度膨胀更快。

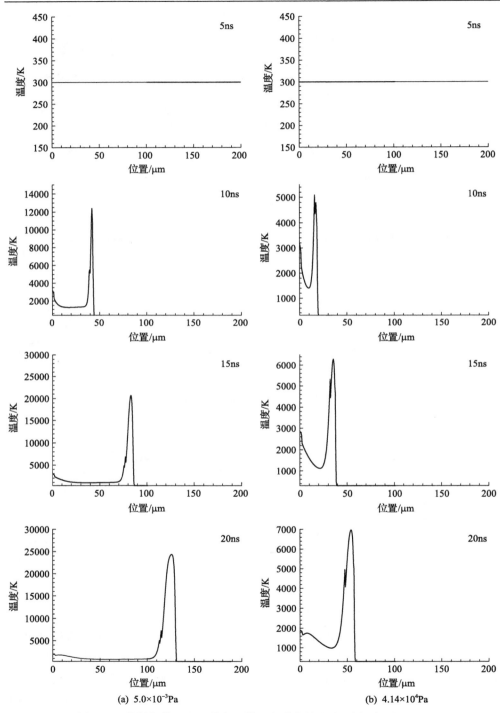

(a) 5.0×10⁻³Pa　　　　　　　　　(b) 4.14×10⁴Pa

图 4.16　背景气体压力对等离子体温度分布的影响(波长为 1064nm)

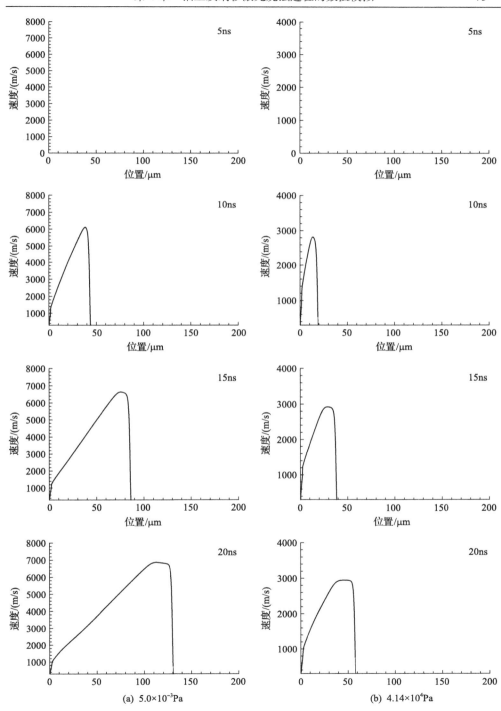

图 4.17　背景气体压力对等离子体速度分布的影响(波长为 1064nm)

参 考 文 献

[1] Ziemer J, Choueiri E, Birx D. Is the gas-fed PPT an electromagnetic accelerator? An investigation using measured performance[C]. The 35th Joint Propulsion Conference and Exhibit, Los Angeles, 1999: 2289.

[2] Ziemer J, Cubbin E, Choueiri E, et al. Performance characterization of a high efficiency gas-fed pulsed plasma thruster[C]. The 33rd Joint Propulsion Conference and Exhibit, Seattle, 1997: 2925.

[3] Ziemer J K. Performance scaling of gas-fed pulsed plasma thrusters[D]. Princeton: Princeton University, 2001.

[4] Ziemer J K, Petr R A. Performance of gas-fed pulsed plasma thrusters using water vapor propellant[C]. The 38th AIAA/ASME/SAE/ASEE Joint Propulsion Conference & Exhibit, Indianapolis, 2002: 4273.

[5] Porneala C, Willis D A. Time-resolved dynamics of nanosecond laser-induced phase explosion[J]. Journal of Physics D: Applied Physics, 2009, 42(15): 155503.

[6] Porneala C, Willis D A. Observation of nanosecond laser-induced phase explosion in aluminum[J]. Applied Physics Letters, 2006, 89(21): 1-3.

[7] Lu Q M, Mao S S, Mao X L, et al. Theory analysis of wavelength dependence of laser-induced phase explosion of silicon[J]. Journal of Applied Physics, 2008, 104(8): 1-7.

[8] Gragossian A, Tavassoli S H, Shokri B. Laser ablation of aluminum from normal evaporation to phase explosion[J]. Journal of Applied Physics, 2009, 105(10): 1-7.

[9] Zhuang H Z, Zou X W, Jin Z Z, et al. Metal-nonmetal transition of fluid Cs along the liquid-vapour coexistence curve[J]. Physica B: Condensed Matter, 1998, 253(1/2): 68-72.

[10] Morel V, Bultel A, Chéron B G. The critical temperature of aluminum[J]. International Journal of Thermophysics, 2009, 30(6): 1853-1863.

[11] Brandt R, Neuer G. Electrical resistivity and thermal conductivity of pure aluminum and aluminum alloys up to and above the melting temperature[J]. International Journal of Thermophysics, 2007, 28(5): 1429-1446.

[12] 张代贤. 激光支持的脉冲等离子体推力器理论、实验与仿真研究[D]. 长沙: 国防科技大学, 2014.

第二篇　放　电　篇

第5章 基于机电模型的PPT放电过程数值模拟

零维模型和一维模型的计算量较小、计算周期短，可以预测PPT的比冲、元冲量和推进效率等宏观性能参数，但是零维模型对实验数据和经验参数的依赖性较大。因此，建立一种既能不依赖实验结果，又能快速准确预测PPT性能参数的数值模型是非常有必要的。机电模型将PPT等效为一个动力学元件与电路元件相作用的机电装置，认为全部工质烧蚀质量集中于一个很薄的电流薄片中，在洛伦兹力的作用下以弹丸形式加速喷出，从而产生推力，能够客观地反映出PPT工作过程的多物理场耦合放电特性。

本章首先基于固定质量电流片建立PPT放电过程机电模型。在此基础上，摒弃工质烧蚀质量为常数这一假设，建立基于电流片质量累积的新型机电模型，并计算PPT在工作过程中固体工质的烧蚀质量，不仅可以预测PPT的宏观性能参数，还能反映工质在PPT工作过程中的烧蚀特性，同时还保持了原有模型计算量小、计算周期短等优点。最后，建立考虑外加磁场的PPT机电模型。本章针对不同工况下PPT放电过程建立的机电模型，能够为推力器放电机理的研究奠定基础，为PPT的优化设计与性能评估提供精确可靠的数值模拟分析工具。

5.1 基于电流片运动的机电模型

机电模型的基础是将PPT系统看成简化的机电装置，将电路理想化成一个离散的、可运动的LRC电路。通常，采用基尔霍夫电压定律描述电路动力学特性，电感和电流是时间的函数，电阻则认为在等离子体加速过程中保持恒定。将动力学系统理想化成一个具有初始质量的电流片，电流片体被洛伦兹力加速喷出推力器，综合应用牛顿运动第二定律描述该动力学过程。图5.1为平行板电极PPT的机电系统原理示意图。

图5.2为平行板电极PPT的电路模型。其中，L_c、L_{pe}和L_e分别为电容器、平行板电极和导线及电容器引脚的电感；R_c、R_e、R_{pe}和R_p分别为电容器、导线及电容器引脚、平行板电极和等离子体的电阻。根据图5.2所示，由基尔霍夫定律和法拉第电磁感应定律，有

$$V_c(t) = IR_T(t) + \frac{\mathrm{d}}{\mathrm{d}t}\left[\lambda_{PPT}(t)\right] \tag{5.1}$$

式中，$R_T(t) = R_c + R_e + R_{pe} + R_p(t)$；$\lambda_{PPT}(t)$ 为通过整个电路的磁通量。全磁通由电容器电感产生的磁通量 $\lambda_c(t)$、导线及电容器引脚电感产生的磁通量 $\lambda_e(t)$ 以及穿过平行板电极通道的磁通量 $\lambda_{pe}(t)$ 组成：

$$\lambda_{PPT}(t) = \lambda_c(t) + \lambda_e(t) + \lambda_{pe}(t) \tag{5.2}$$

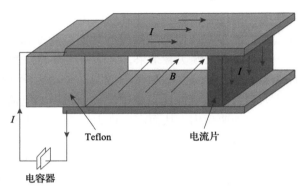

图 5.1　平行板电极 PPT 机电系统原理图

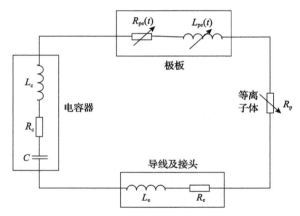

图 5.2　平行板电极 PPT 电路模型

按照电容器、导线及电容器引脚自感将式(5.2)重写为

$$\lambda_{PPT}(t) = L_c I(t) + L_e I(t) + \iint\limits_{electrodes} B_{ind}(x,t)\mathrm{d}A \tag{5.3}$$

式中，L_c、L_e、B_{ind} 和 A 分别为电容器自感、导线及电容器引脚自感、穿过电流片的自感磁场强度和等离子体薄片的面积。

5.1.1　自感磁场强度

假设平行板电极近似为一个准无限宽（$w \geqslant h$）、完全导电（即电导率 σ 为无穷大)薄片组成的一匝螺线管，如图 5.3 所示。同时假设每个薄片都有均匀的单位宽度电流 K。

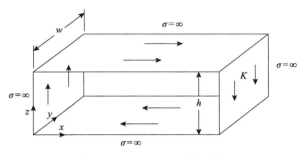

图 5.3　完全导电一匝螺线管

由安培连续条件及完全导体的边界条件得到电流片之后的磁场为

$$B_{\text{ind}} = \mu_0 K \hat{y} = \mu_0 \frac{I}{w} \hat{y} \tag{5.4}$$

将安培定律作用于电流片的表面 S，并将式(5.4)作为边界条件(图 5.4)，得到贯穿电流片的磁场为

$$B_{\text{ind}}(x,t) = \mu_0 \frac{I(t)}{w}\left[1 - \frac{x - x_s(t)}{\delta}\right]\hat{y} \tag{5.5}$$

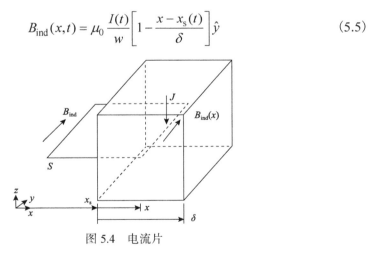

图 5.4　电流片

假设电流片之前的磁场相等并等于零，由此得到自感磁场强度的完整表达式为

$$B_{\text{ind}}(x,t) = \begin{cases} \mu_0 \dfrac{I(t)}{w}\hat{y}, & 0 < x < x_s(t) \\ \mu_0 \dfrac{I(t)}{w}\left[1 - \dfrac{x - x_s(t)}{\delta}\right]\hat{y}, & x_s(t) \leqslant x \leqslant x_x(t) + \delta \\ 0, & x > x_x(t) + \delta \end{cases} \tag{5.6}$$

5.1.2　电感模型

将平行板电极自感磁场强度式(5.6)代入式(5.3)，得到

$$
\begin{aligned}
\lambda_{\mathrm{PPT}}(t) = {} & L_{\mathrm{c}}I(t) + L_{\mathrm{e}}I(t) \\
& + \int_0^{x_{\mathrm{s}}(t)}\int_0^h \mu_0\frac{I(t)}{w}\mathrm{d}y\mathrm{d}x + \int_{x_{\mathrm{s}}(t)}^{x_{\mathrm{s}}(t)+\delta}\int_0^h \mu_0\frac{I(t)}{w}\left[1-\frac{x-x_{\mathrm{s}}(t)}{\delta}\right]\mathrm{d}y\mathrm{d}x
\end{aligned} \tag{5.7}
$$

将式(5.7)等号右边后两项积分，得

$$
\lambda_{\mathrm{PPT}}(t) = L_{\mathrm{c}}I(t) + L_{\mathrm{e}}I(t) + \left[\mu_0\frac{h}{w}x_{\mathrm{s}}(t) + \mu_0\frac{\delta}{2}\frac{h}{w}\right]I(t) \tag{5.8}
$$

式(5.8)中括号中的项是平行板电极的自感，即

$$
L_{\mathrm{pe}}\big(x_{\mathrm{s}}(t)\big) = \frac{\lambda_{\mathrm{pe}}\big(x_{\mathrm{s}}(t)\big)}{I(t)} = \mu_0\frac{h}{w}x_{\mathrm{s}}(t) + \mu_0\frac{\delta}{2}\frac{h}{w} \tag{5.9}
$$

假设薄片厚度无限小，$\delta=0$，则式(5.9)简化为

$$
L_{\mathrm{pe}}\big(x_{\mathrm{s}}(t)\big) = \mu_0\frac{h}{w}x_{\mathrm{s}}(t) \tag{5.10}
$$

5.1.3　动力学模型

电流片的运动遵循牛顿第二定律，即

$$
\frac{\mathrm{d}}{\mathrm{d}t}\big[m(t)\dot{x}(t)\big] = \sum F(t) \tag{5.11}
$$

式中，$m(t)$为电流片的质量；$\sum F(t)$为作用在电流片上的力的总和。

假设作用在电流片上的力为洛伦兹力，即

$$
\begin{aligned}
F_{\mathrm{L}}(t) &= \iiint\limits_{\substack{\text{current}\\\text{sheet}}} j\times B\mathrm{d}V \\
&= \iiint\limits_{\substack{\text{current}\\\text{sheet}}} \mu_0\frac{[I(t)]^2}{\delta w^2}\left[1-\frac{x-x_{\mathrm{s}}(t)}{\delta}\right]\mathrm{d}x\mathrm{d}y\mathrm{d}z = \frac{1}{2}\mu_0\frac{h}{w}[I(t)]^2
\end{aligned} \tag{5.12}
$$

式中，j为穿过电流片的电流密度，表达式为

$$j = -\frac{I}{w\delta} \tag{5.13}$$

将式(5.12)代入式(5.11)得到机电模型的动力学方程为

$$\frac{\mathrm{d}}{\mathrm{d}t}\big[m(t)\dot{x}_{\mathrm{s}}(t)\big] = \frac{1}{2}\mu_0 \frac{h}{w}\big[I(t)\big]^2 \hat{x} \tag{5.14}$$

假设所有工质气体在 $t=0$ 时刻都聚集在工质的表面，电流片在向放电通道下游加速过程中没有质量累积，有 $m(t)=m_0$，因此

$$m_0 \ddot{x}_{\mathrm{s}}(t) = \frac{1}{2}\mu_0 \frac{h}{w}\big[I(t)\big]^2 \tag{5.15}$$

5.1.4　等离子体电阻模型

假设等离子体为一阶电离，且完全电离，有

$$R_{\mathrm{p}} = \frac{h}{\sigma_{\mathrm{p}} w \delta} \tag{5.16}$$

式中，σ_{p} 为 Spitzer-Harm 电导率模型给出的等离子体电导率，表达式为

$$\sigma_{\mathrm{p}} = 1.53 \times 10^{-2} \frac{T_{\mathrm{e}}^{3/2}}{\ln \Lambda} \tag{5.17}$$

式中，Λ 为德拜长度和碰撞参数之比，表达式为

$$\Lambda = \frac{\lambda_{\mathrm{D}}}{b_0} = 1.24 \times 10^7 \left(\frac{T_{\mathrm{e}}^3}{n_{\mathrm{e}}}\right)^{1/2} \tag{5.18}$$

式中，T_{e} 为电子温度；n_{e} 为电子数密度。

电流片的厚度近似等于磁场扩散深度：

$$\delta = \sqrt{\frac{\tau}{\sigma_{\mathrm{p}}\mu_0}} \tag{5.19}$$

式中，τ 为特征脉冲时间；μ_0 为真空磁导率，其数值为 $4\pi \times 10^{-7}$。

由式(5.16)~式(5.19)可得，等离子体电阻为

$$R_\mathrm{p} = 8.08 \frac{h}{T_\mathrm{e}^{3/4} w} \sqrt{\frac{\mu_0 \ln\left[1.24\times10^7 \left(\frac{T_\mathrm{e}^3}{n_\mathrm{e}}\right)^{1/2}\right]}{\tau}} \tag{5.20}$$

5.1.5　电路模型

电容器放电过程中，其电压可以写为

$$
\begin{aligned}
V_0 - \frac{1}{C}\int_0^t I(t)\mathrm{d}t &= I(t)\left(R_\mathrm{c} + R_\mathrm{e} + R_\mathrm{pe} + R_\mathrm{p}\right) \\
&+ \left[L_\mathrm{c} + L_\mathrm{e} + \mu_0 \frac{h}{w} x_\mathrm{s}(t) + \mu_0 \frac{\delta}{2}\frac{h}{w}\right]\dot I(t) + \mu_0 \frac{h}{w}\dot x_\mathrm{s}(t)I(t)
\end{aligned}
\tag{5.21}
$$

综上，可得到一个耦合的非线性积分-微分二阶方程组的机电模型方程：

$$
\begin{cases}
V_0 - \dfrac{1}{C}\displaystyle\int_0^t I(t)\mathrm{d}t = I(t)\left(R_\mathrm{c} + R_\mathrm{e} + R_\mathrm{pe} + R_\mathrm{p}\right) \\
\qquad + \left[L_\mathrm{c} + L_\mathrm{e} + \mu_0 \dfrac{h}{w} x_\mathrm{s}(t) + \mu_0 \dfrac{\delta}{2}\dfrac{h}{w}\right]\dot I(t) + \mu_0 \dfrac{h}{w}\dot x_\mathrm{s}(t)I(t) \\
m_0 \ddot x_\mathrm{s}(t) = \dfrac{1}{2}\mu_0 \dfrac{h}{w}\left[I(t)\right]^2 \\
R_\mathrm{p} = 8.08 \dfrac{h}{T_\mathrm{e}^{3/4} w}\sqrt{\dfrac{\mu_0 \ln\left[1.24\times10^7 \left(T_\mathrm{e}^3/n_\mathrm{e}\right)^{1/2}\right]}{\tau}}
\end{cases}
\tag{5.22}
$$

通过求解以上方程组可以得到 PPT 在放电过程中电容器两端的电压、回路电流、电流片位移及速度等相关参数，通过这些参数可以计算 PPT 的其他性能参数。

5.2　考虑电流片质量累积的机电模型

5.2.1　工质质量时变模型

传统的机电模型假设工质的烧蚀质量在计算之初就全部产生，且在等离子体加速过程中为常数，烧蚀质量在整个 PPT 工作过程中保持不变，由实验测量结果给出。而在 PPT 的实际工作过程中，工质的烧蚀过程是具有时变特性的，工质烧蚀质量随时间逐渐增加，在机电模型中工质烧蚀质量为常数这一假设与 PPT 的实际工作过程差距较大。本节摒弃这一假设，考虑推力器的实际工作过程，认为工质烧蚀质量是随放电过程逐渐累积的，该烧蚀质量由式(2.15)计算。

若工质烧蚀质量随时间变化，则电流片的运动方程应改写为

$$\frac{\mathrm{d}}{\mathrm{d}t}\big[m(t)\dot{x}(t)\big] = F(t) \tag{5.23}$$

即

$$m(t)\ddot{x}(t) + \dot{m}(t)\dot{x}(t) = \frac{1}{2}L'_{\mathrm{pe}}\big[I(t)\big]^2 \tag{5.24}$$

则机电模型方程相应地变化为

$$\begin{cases} V_0 - \dfrac{1}{C}\displaystyle\int_0^t I(t)\mathrm{d}\tau = I(t)\big(R_{\mathrm{c}} + R_{\mathrm{e}} + R_{\mathrm{p}}\big) + \dfrac{\mathrm{d}}{\mathrm{d}t}\Big[\big(L_{\mathrm{c}} + L_{\mathrm{e}} + L_{\mathrm{pe}}\big)I(t)\Big] \\[4mm] m(t)\dot{x}(t) + \dot{m}(t)\dot{x}(t) = \dfrac{1}{2}L'_{\mathrm{pe}}\big[I(t)\big]^2 \\[4mm] R_{\mathrm{p}} = 8.08\dfrac{h}{T_{\mathrm{e}}^{3/4}w}\sqrt{\dfrac{\mu_0 \ln\Big[1.24\times10^7\big(T_{\mathrm{e}}^3/n_{\mathrm{e}}\big)^{1/2}\Big]}{\tau}} \end{cases} \tag{5.25}$$

式中，$m(t)$ 为每一时间步内工质烧蚀质量，采用式(2.15)进行计算，则 $m(t) = m(t_0) + m(t)$ 为在 t 时刻烧蚀工质的累积质量，其中 $m(t_0)$ 为 t 时刻上一时间步的工质烧蚀累积质量。

5.2.2　模型验证

LES-6 PPT 是一种成熟并具有多年飞行经验的平行板型 PPT，研究者针对 LES-6 PPT 已经开展了大量的理论与实验研究，并累积了大量的实验数据，取得了一定的研究成果。本节以 LES-6 PPT 为对象对改进的机电模型进行可靠性验证，LES-6 PPT 的相关电参数及结构参数如表 5.1 所示，工质参数如表 5.2 所示，放电电压和电流的实验结果和仿真结果分别如图 5.5 和图 5.6 所示，推力器性能参数的实验结果和仿真结果如表 5.3 所示。

表 5.1　LES-6 PPT 相关参数

参数	数值	参数	数值
初始电压/V	1360	电极宽度/mm	10
电容容量/μF	2	电极长度/mm	6
电容电阻/mΩ	30	特征脉冲时间/μs	0.4
初始电感/nH	34	等离子体温度/eV	1.5
电极间距/mm	30	电子密度/m⁻³	10^{21}

表 5.2　数值计算中 PTFE 采用的参数列表

参数	数值
晶体态 PTFE 热导率 $\lambda_c/[\mathrm{W/(m \cdot K)}]$	$\left(5.023+6.11\times10^{-2}T\right)\times10^{-2}$
熔融态 PTFE 热导率 $\lambda_a/[\mathrm{W/(m\cdot K)}]$	$\left(87.53-0.14T+5.82\times10^{-5}T^2\right)\times10^{-2}$
晶体态 PTFE 密度 $\rho_c/(\mathrm{kg/m^3})$	$\left(2.119+7.92\times10^{-4}T-2.105\times10^{-6}T^2\right)\times10^3$
熔融态 PTFE 密度 $\rho_a/(\mathrm{kg/m^3})$	$\left(2.07-7\times10^{-4}T\right)\times10^3$
PTFE 参考密度 $\rho_{ref}/(\mathrm{kg/m^3})$	1933
晶体态 PTFE 比热容 $c_c/[\mathrm{J/(kg\cdot K)}]$	$514.9+1.563T$
熔融态 PTFE 比热容 $c_a/[\mathrm{J/(kg\cdot K)}]$	$904.2+0.653T$
表面吸收系数 ε	0.92
解聚能 $E_p/(\mathrm{J/kg})$	$1.774\times10^6-279.2T$
活化能 $E_A/(\mathrm{MJ/kg})$	3.473
频率因子 A_p/s^{-1}	3.1×10^{19}
解聚活化温度 B_p/K	41769

由图 5.5 和图 5.6 可以看出，放电电压和放电电流的仿真结果与实验结果吻合。在新型机电模型中将等离子体电阻视为常数，而推力器的等离子体电阻在推力器的实际工作过程中是随时间和电路参数变化的，因此计算得到的放电电压与放电电流的波形和实验测量得到的放电波形存在略微差异，但在可接受的误差范围之内。表 5.3 给出了 LES-6 PPT 等离子体出口速度、比冲、元冲量及单脉冲工质烧

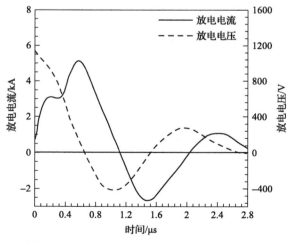

图 5.5　LES-6 PPT 放电电压与电流的实验结果

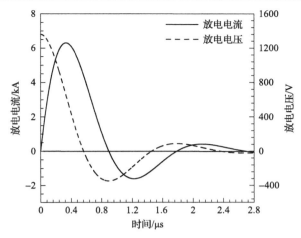

图 5.6　LES-6 PPT 放电电压与电流的仿真结果

表 5.3　LES-6 PPT 性能参数的实验与仿真结果

参数	实验结果	仿真结果
出口速度/(m/s)	3000	2925
比冲/s	300	298
元冲量/(μN·s)	31.2	33.6
单脉冲工质烧蚀质量/μg	10	13.5

蚀质量等性能参数实验结果与仿真结果的对比。由表可得，采用改进机电模型对推力器工作过程进行数值仿真计算得到的 LES-6 PPT 出口速度、比冲、元冲量及单脉冲工质烧蚀质量等性能参数与实验测量得到的结果吻合，验证了改进机电模型的可靠性。

图 5.7 为 LES-6 PPT 能量分布的仿真结果。由图可见，96.67%的放电能量被转化为欧姆热的形式，大约只有 3.33%的能量最终转化为等离子体的动能。Solbes 等[1]对 LES-6 PPT 的放电能量分布开展了实验研究。结果表明，大约仅有 3%的能量最终转化成了等离子体的动能，与改进机电模型的仿真结果吻合，进一步验证了模型的可靠性。

图 5.8 为电流片在放电通道内的位置及速度随时间的变化曲线。由图可见，在放电开始后，等离子体微团在洛伦兹力的作用下逐渐加速，随着放电电流强度的逐渐增加，电流片的加速度也逐渐增大。在放电电流与放电电压反向期间，电流片依然在加速，但其加速度逐渐降低，直到放电电压与放电电流再次同向，等离子体的加速度又逐渐增大。随着放电能量的逐渐消耗，加速度逐渐减小，电流片的运动速度在到达放电通道出口之前就已经不再增加。洛伦兹力对电流片的加

速作用主要集中在放电开始后的一小段时间内，在放电过程的后半段，放电能量向动能转化的效率非常低。

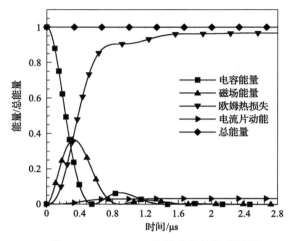

图 5.7　LES-6 PPT 能量分布的仿真结果

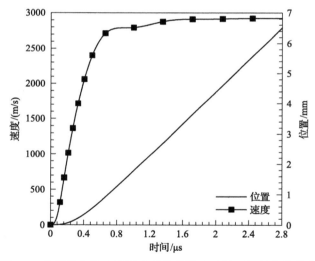

图 5.8　电流片在放电通道内的位置及速度随时间的变化曲线

　　改进的机电模型不仅能够模拟 PPT 的工作过程、计算 PPT 的放电波形和宏观性能参数等，还可以反映在推力器工作过程中 Teflon 的温度分布和工质的具体烧蚀过程。图 5.9 为 Teflon 表面温度和热流密度随时间的变化曲线。由图可见，热流集中在放电开始后很短的一段时间内，占总放电能量的绝大部分，且热流强度是随时间波动的。与 Teflon 表面热流密度相对应，Teflon 烧蚀表面的温度也在放电开始后迅速上升到 1300K 以上，且随着热流密度的变化略有波动。图 5.10 为不同时刻 Teflon 距离烧蚀表面的不同位置处的温度分布。在放电开始后，Teflon 烧蚀表面及附近区域内的工质温度急剧上升，迅速超过 Teflon 的相变温度。随着向温度较低的区域导热，其烧蚀表面附近区域温度逐渐降低，Teflon 内部区域的温度逐渐升高。0.3μs 时的热流密度最大，此时的 Teflon 无定形态区域深度只有大约0.25μm，即工质的烧蚀过程主要集中在放电开始后很短时间内的 Teflon 烧蚀表面附近区域。

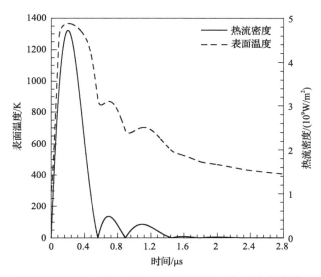

图 5.9　Teflon 表面温度和热流密度随时间的变化曲线

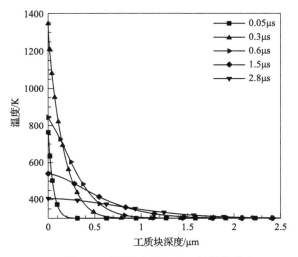

图 5.10　不同时刻 Teflon 的温度分布

　　图 5.11 为单脉冲工质烧蚀质量和烧蚀质量流率随时间的变化曲线，反映了工质烧蚀质量在放电过程中的具体变化过程。由图可知，工质的烧蚀过程主要发生在放电开始后的 0.6μs 内，整个放电过程中工质的总烧蚀质量为 13.5μg。图 5.12 为 Teflon 工质长度随时间的变化曲线。由图可见，随着 Teflon 工质不断被烧蚀消耗，工质块的长度也不断减小，在推力器的单次脉冲工作过程中，工质块的总烧蚀长度为 0.02μm。

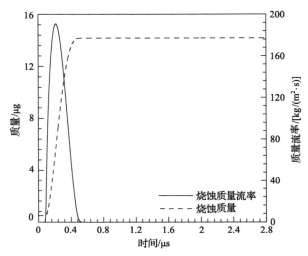

图 5.11　单脉冲工质烧蚀质量和烧蚀质量流率随时间的变化曲线

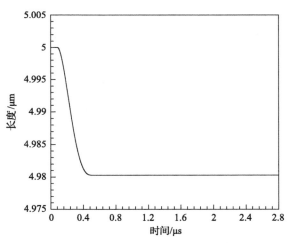

图 5.12　Teflon 工质长度随时间的变化曲线

5.3　考虑外加磁场的改进机电模型

5.3.1　外加磁场模型

图 5.13 (a) 为带外加磁场的平行极板型 PPT 的原理示意图。图中，B_{induce} 表示自感应磁场，$B_{applied}$ 表示外加磁场，l 表示极板长度，h 表示极板间距，w 表示极板宽度。PPT 的机电模型将推力器的放电加速过程简化为一个 RLC 电路，其等效电路图如图 5.13 (b) 所示。放电回路主要由电容器的电阻 R_c 和电感 L_c、导线和接头的电阻 R_e 及电感 L_e、极板的电阻 $R_{pe}(t)$ 和电感 $L_{pe}(t)$ 以及电流片的电阻 R_p 组成。

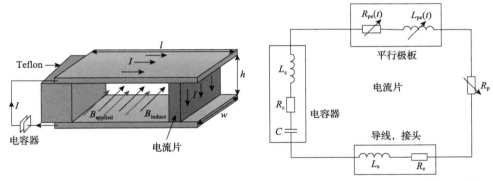

(a) 带外加磁场的平行极板型PPT的原理示意图　　　　(b) 带外加磁场的平行极板型PPT的等效电路图

图 5.13　带外加磁场的平行极板型 PPT 的原理示意图及等效电路图

LPPT 在激光烧蚀阶段产生的等离子体羽流穿过陶瓷隔离板中间的圆孔后，进入阴阳极板之间的放电加速通道。此时，羽流大致呈圆柱状，其大小不超过陶瓷隔离板中间圆孔的直径。但是，等离子体羽流在放电时会分布在整个放电通道内。同时，进入放电加速通道的等离子体羽流具有一定的初始速度。因此，将 LPPT 的等离子体羽流假设为一个具有初始速度的薄电流片，且电流片的高度和宽度分别为推力器极板间距和极板宽度。在放电加速过程中，电流片被洛伦兹力和气动力加速喷出推力器，其带外加磁场 LPPT 的原理示意图如图 5.14 所示。因此，LPPT 的等效电路图和 PPT 类似，如图 5.13 (b) 所示。

在等效电路中，R_c、R_e、L_c、L_e 由推力器设计参数决定，为定值；而 R_p、$R_{pe}(t)$ 和 $L_{pe}(t)$ 将随着工作状态不同而改变。其中，R_p 通过式 (5.26) 计算，即

$$R_{\mathrm{p}} = 8.08 \frac{h}{T_{\mathrm{e}}^{3/4} w} \sqrt{\frac{\mu_0 \ln\left[1.24 \times 10^7 \left(T_{\mathrm{e}}^3 / n_{\mathrm{e}}\right)^{1/2}\right]}{\tau}} \tag{5.26}$$

式中，T_{e} 为电子温度；μ_0 为真空磁导率；n_{e} 为电子数密度；τ 为特征脉冲时间。

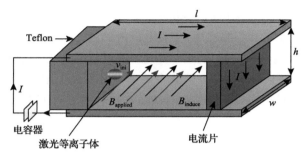

图 5.14　带外加磁场 LPPT 的原理示意图

由法拉第电磁感应定律可知，等效电路方程可写为

$$V_{\mathrm{c}}(t) = I(t) R_{\mathrm{total}}(t) + \frac{\mathrm{d}\phi_{\mathrm{total}}(t)}{\mathrm{d}t} \tag{5.27}$$

式中，$V_{\mathrm{c}}(t)$ 为电容两端的电压；$I(t)$ 为回路电流；$R_{\mathrm{total}}(t) = R_{\mathrm{c}} + R_{\mathrm{e}} + R_{\mathrm{pe}}(t) + R_{\mathrm{p}}$ 为回路总电阻；$\phi_{\mathrm{total}}(t) = \phi_{\mathrm{c}}(t) + \phi_{\mathrm{e}}(t) + \phi_{\mathrm{pe}}(t)$ 为回路总磁感通量，$\phi_{\mathrm{c}}(t)$ 为电容器电感引起的磁感通量，$\phi_{\mathrm{e}}(t)$ 为导线和接头的电感引起的磁感通量，$\phi_{\mathrm{pe}}(t)$ 为穿过平行极板通道的磁感通量。

易知，电容器电感、导线和接头电感引起的磁感通量之和为

$$\phi_{\mathrm{c}}(t) + \phi_{\mathrm{e}}(t) = L_{\mathrm{c}} I(t) + L_{\mathrm{e}} I(t) \tag{5.28}$$

穿过平行极板通道的磁感通量包括自感应磁场和外加磁场穿过平行极板通道的磁感通量，即

$$\phi_{\mathrm{pe}}(t) = \iint\limits_{\text{electrodes}} B_{\mathrm{induce}}(t, x, y)\mathrm{d}A + \iint\limits_{\text{electrodes}} B_{\mathrm{applied}}(t, x, y)\mathrm{d}A \tag{5.29}$$

式中，$B_{\mathrm{induce}}(t, x, y)$ 为自感应磁场强度；$B_{\mathrm{applied}}(t, x, y)$ 为外加磁场强度；A 为电流片的面积。

假设平行极板电极为准无限宽的薄平面 $(w \gg h)$，且电流密度均匀，则由安培环路定理可得

$$\iint_{\text{electrodes}} B_{\text{induce}}(t,x,y)\mathrm{d}A = \int_0^{x(t)}\int_0^h \mu_0\frac{I(t)}{w}\mathrm{d}y\mathrm{d}x + \int_{x(t)}^{x(t)+\delta}\int_0^h \mu_0\frac{I(t)}{w}\left[\frac{\delta+x(t)-x}{\delta}\right]\mathrm{d}y\mathrm{d}x$$

$$= \left[\mu_0\frac{h}{w}x(t)+\mu_0\frac{\delta}{2}\frac{h}{w}\right]I(t)$$

(5.30)

式中，$x(t)$ 为电流片距工质烧蚀表面的距离；δ 为电流片厚度。

假设外加磁场在空间和时间上均匀分布，则有

$$\iint_{\text{electrodes}} B_{\text{applied}}(t,x,y)\mathrm{d}A = \int_0^{x(t)+\delta}\int_0^h B_{\text{applied}}(t,x,y)\mathrm{d}y\mathrm{d}x = hB_{\text{applied}}\left[x(t)+\delta\right] \quad (5.31)$$

由式(5.28)、式(5.30)和式(5.31)可知，

$$\phi_{\text{total}}(t) = L_cI(t)+L_eI(t)+\mu_0\frac{h}{w}x(t)I(t)+\mu_0\frac{\delta}{2}\frac{h}{w}I(t)+hB_{\text{applied}}\left[x(t)+\delta\right] \quad (5.32)$$

考虑到电流片厚度很小，令 $\delta=0$，则式(5.32)简化为

$$\phi_{\text{total}}(t) = \left[L_c+L_e+\mu_0\frac{h}{w}x(t)\right]I(t)+hB_{\text{applied}}x(t) \quad (5.33)$$

因此，可以求得

$$V_c(t)=V_0-\frac{1}{C}\int_0^t I(\tau)\mathrm{d}\tau =I(t)R_{\text{total}}(t)+I(t)\mu_0\frac{h}{w}\dot{x}(t)$$

$$+\dot{I}(t)\left[L_c+L_e+\mu_0\frac{h}{w}x(t)\right]+hB_{\text{applied}}\dot{x}(t)$$

(5.34)

式中，V_0 为电容器初始电压；C 为电容器电容容量；$\dot{x}(t)$ 为电流片的运动速度。

由牛顿第二定律有

$$\frac{\mathrm{d}}{\mathrm{d}t}\left[m(t)\dot{x}(t)\right]=F(t)=F_v+F_s+F_{\text{initial}} \quad (5.35)$$

式中，$m(t)$ 为电流片质量；$F(t)$ 为电流片所受的合力，包括体积力 F_v、表面力 F_s 和初动量等效力 F_{initial}。

电流片可认为是准电中性的，而且可看成无黏性流体。因此，体积力认为只有洛伦兹力，包括自感应磁场产生的洛伦兹力 F_{induce} 和外加磁场产生的洛伦兹力 F_{applied}；表面力认为只有气动力 F_{gas}。因此，式(5.35)可写为

$$\frac{\mathrm{d}}{\mathrm{d}t}\big[m(t)\dot{x}(t)\big] = F_{\text{induce}} + F_{\text{applied}} + F_{\text{gas}} + F_{\text{initial}} \tag{5.36}$$

自感应磁场产生的洛伦兹力为

$$F_{\text{induce}} = \iiint\limits_{\substack{\text{current}\\ \text{sheet}}} J(t)B_{\text{induce}}(t,x,y)\mathrm{d}v = \int_0^h \int_0^w \int_{x(t)}^{x(t)+\delta} \frac{I(t)}{w\delta} \cdot \frac{\mu_0 I(t)}{w}\left[\frac{\delta + x(t) - x}{\delta}\right]\mathrm{d}x\mathrm{d}y\mathrm{d}z$$

$$= \frac{1}{2}\mu_0 \frac{h}{w}\big[I(t)\big]^2 \tag{5.37}$$

式中，$J(t)$ 为穿过电流片的电流密度。

外加磁场在空间和时间上均匀分布，因此外加磁场产生的洛伦兹力为

$$F_{\text{applied}} = \int_0^h \int_0^w \int_{x(t)}^{x(t)+\delta} \frac{I(t)}{w\delta} B_{\text{applied}}\mathrm{d}x\mathrm{d}y\mathrm{d}z = hB_{\text{applied}}I(t) \tag{5.38}$$

电流片所受的气动力可表示为

$$F_{\text{gas}} = hwn_e k_B T_e \tag{5.39}$$

式中，k_B 为玻尔兹曼常数。

根据动量定理，电流片初动量等效力可表示为

$$F_{\text{initial}} = \frac{\mathrm{d}}{\mathrm{d}t}\big[m(t)v_{\text{ini}}(t)\big] \tag{5.40}$$

式中，$v_{\text{ini}}(t)$ 为电流片进入放电通道时的速度。因此，运动控制方程可写为

$$\frac{\mathrm{d}}{\mathrm{d}t}\big[m(t)\dot{x}(t)\big] = \frac{1}{2}\mu_0\frac{h}{w}\big[I(t)\big]^2 + hB_{\text{applied}}I(t) + hwn_e k_B T_e + \frac{\mathrm{d}}{\mathrm{d}t}\big[m(t)v_{\text{ini}}(t)\big] \tag{5.41}$$

LPPT 的工质质量由短脉冲激光烧蚀供给，在放电加速阶段几乎不额外产生质量，因此本模型假设电流片质量在放电之初就立即全部进入放电通道，且在整个放电过程中保持不变，并在模型中设为 m_0，也就是激光单脉冲烧蚀质量。同时，假设进入放电通道的所有工质都具有相同的初始速度，在模型中设为 v_{ini}。因此，式(5.41)可简化为

$$m_0\ddot{x}(t) = \frac{1}{2}\mu_0\frac{h}{w}\big[I(t)\big]^2 + hB_{\text{applied}}I(t) + hwn_e k_B T_e \tag{5.42}$$

联立式(5.26)、式(5.34)和式(5.42)可得到包含外加磁场的 LPPT 机电模型，即

$$\begin{cases} V_0 - \dfrac{1}{C}\int_0^t I(t)\mathrm{d}\tau = \dot{I}(t)\left[L_{\mathrm c} + L_{\mathrm e} + \mu_0\dfrac{h}{w}x(t)\right] \\[4mm] \qquad\qquad + I(t)R_{\mathrm{total}}(t) + I(t)\mu_0\dfrac{h}{w}\dot{x}(t) + hB_{\mathrm{applied}}\dot{x}(t) \\[4mm] m_0\ddot{x}(t) = \dfrac{1}{2}\mu_0\dfrac{h}{w}\big[I(t)\big]^2 + hwn_{\mathrm e}k_{\mathrm B}T_{\mathrm e} + hB_{\mathrm{applied}}I(t) \\[4mm] R_{\mathrm p} = 8.08\dfrac{h}{T_{\mathrm e}^{3/4}w}\sqrt{\dfrac{\mu_0\ln\left[1.24\times10^7\left(T_{\mathrm e}^3/n_{\mathrm e}\right)^{1/2}\right]}{\tau}} \end{cases} \tag{5.43}$$

其中，初始条件为 $x(0)=0$，$\dot{x}(0)=v_{\mathrm{ini}}$，$I(0)=0$。

通过求解以上方程组，可计算得到 LPPT 工作过程中的放电电压、放电电流及电流片运动参数等，然后利用这些参数可以计算得到 LPPT 的相关性能参数。

设电流片喷出极板的时间为 t^*，即 $\dot{x}(t^*)=l$，则电流片喷出极板时的速度 v_{out} 为

$$v_{\mathrm{out}} = \dot{x}(t^*) \tag{5.44}$$

比冲 I_{sp} 可表示为

$$I_{\mathrm{sp}} = \dfrac{\dot{x}(t^*)}{g} \tag{5.45}$$

自感应磁场产生的元冲量(后简称为自感应磁场元冲量)为

$$I_{\mathrm{bit\text{-}induce}} = \int_0^{t^*} F_{\mathrm{induce}}\mathrm{d}\tau = \dfrac{\mu_0 h}{2w}\int_0^{t^*}\big[I(\tau)\big]^2\mathrm{d}\tau \tag{5.46}$$

外加磁场产生的元冲量(后简称为外加磁场元冲量)为

$$I_{\mathrm{bit\text{-}applied}} = \int_0^{t^*} F_{\mathrm{applied}}\mathrm{d}\tau = hB_{\mathrm{applied}}\int_0^{t^*} I(\tau)\mathrm{d}\tau \tag{5.47}$$

气动力产生的元冲量(后简称为气动力元冲量)为

$$I_{\mathrm{bit\text{-}gas}} = \int_0^{t^*} F_{\mathrm{gas}}\mathrm{d}\tau = hwn_{\mathrm e}k_{\mathrm B}T_{\mathrm e}t^* \tag{5.48}$$

电流片初始速度产生的元冲量(后简称为初始速度元冲量)为

$$I_{\mathrm{bit\text{-}initial}} = m_0 v_{\mathrm{ini}} \tag{5.49}$$

元冲量 I_{bit} 可表示为

$$I_{bit} = m_0 v_{ini} + \frac{\mu_0 h}{2w} \int_0^{t^*} \left[I(\tau) \right]^2 d\tau + hwn_e k_B T_e t^* + hB_{applied} \int_0^t I(\tau) d\tau \qquad (5.50)$$

推进效率 η_{th} 可表示为

$$\eta_{th} = \frac{I_{bit}^2}{2m_0 \left(E_c + E_{laser} \right)} = \frac{I_{bit}^2}{m_0 \left(CV_0^2 + 2E_{laser} \right)} \qquad (5.51)$$

式中，E_c 为放电能量；E_{laser} 为单脉冲激光能量。

至此，通过式(5.43)～式(5.51)可以获得 LPPT 的放电特性和推进性能。同时，将工质的初始速度和激光能量设为零，该机电模型即可用于带外加磁场的平行极板型 PPT 的仿真。

5.3.2 模型验证

1. 外加磁场为零时的模型验证

LES-6 PPT 和 LES-8/9 PPT 是两种发展成熟并具有空间飞行应用背景的平行极板型 PPT。目前针对这两种 PPT 已经开展了大量的实验与理论研究，这两种 PPT 的放电能量相差较大，利用它们的实验数据对模型进行验证更能展现出本模型的适用性。本节以这两种 PPT 为研究对象，对所建立的模型在外加磁场为零时进行验证，仿真过程中参数选择如表 5.4 所示。实验结果和仿真结果对比如表 5.5 所示。由表 5.5 可知，仿真结果与实验结果高度吻合，这意味着该模型可以有效对外加磁场为零的情况进行仿真。

表 5.4　LES-6 PPT 和 LES-8/9 PPT 的相关参数

参数	LES-6 PPT	LES-8/9 PPT
初始电压/V	1360	1538
电容容量/µF	2	17
电容电阻/mΩ	30	30
初始电感/nH	34	35
极板间距/mm	30	25.4
极板宽度/mm	10	25.4
极板长度/mm	6	25.4
特征脉冲时间/µs	0.4	1.0
等离子体温度/eV	1.5	5.0
电子数密度/m^{-3}	10^{21}	10^{21}
单脉冲质量/µg	10	28.5

表 5.5　实验结果与仿真结果对比

参数	LES-6 PPT		LES-8/9 PPT	
	实验结果	仿真结果	实验结果	仿真结果
元冲量/(μN·s)	32	32.6	300	298.8

2. 外加磁场不为零时的模型验证

本章使用东京都立大学研制的 PPT（简称 TMU PPT）的相关参数对外加磁场的模型进行验证。仿真中参数设置如表 5.6 所示，仿真中磁场设置与实验中一致，仅在推力器极板的前方 17.5mm 处施加外加磁场。仿真结果与实验结果对比如图 5.15 所示。由图可知，虽然仿真结果与实验结果一致性较好，但也存在差异，如外加磁场为 0.3T 时的性能参数仿真结果与实验结果差异明显，这可能是由等离子体电阻设置不当造成的，如果降低此时的等离子体电阻值，会使结果吻合得更好。仿真结果与实验结果具有一定差异，但总体吻合较好，这意味着该模型可以有效对外加磁场不为零情况下 PPT 的性能进行预测。同时，TMU PPT 的放电能量为 125.0J，这进一步验证了本章的模型具有较好的适用性。

表 5.6　TMU PPT 的相关参数

参数	数值	参数	数值
初始电压/V	2500	电容电阻/mΩ	30
电容容量/μF	40	初始电感/nH	120
极板宽度/mm	15	外加磁场/T	0/0.15/0.30
极板长度/mm	60	单脉冲质量/μg	320/120/60
极板间距/mm	50	等离子体电阻/mΩ	18/8/4

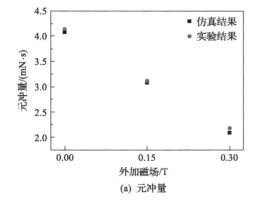

(a) 元冲量

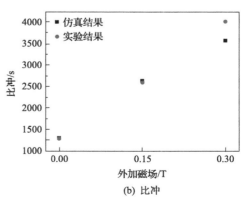

(b) 比冲

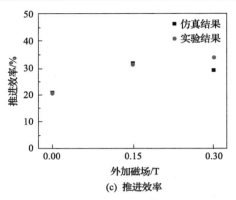

图 5.15　仿真结果与实验结果对比图

5.4　数值模拟结果与分析

5.4.1　电参数对 PPT 性能的影响

　　PPT 的电参数主要包括回路电容(主要为电容器的电容容量)、电容器两端的初始放电电压、回路电阻和电感等。其中,电容器的电容容量和初始放电电压决定了 PPT 单次脉冲工作的放电能量,改变电容器的电容容量和初始放电电压是控制 PPT 工作能量的两种主要途径,对 PPT 的性能具有重要影响。回路电参数会影响 PPT 的具体放电过程及能量转换过程,对其效率有很大的影响。通过保持其他参数不变,改变其中一个电参数对 PPT 的工作过程进行数值仿真,得出 PPT 的放电波形、性能参数及工质烧蚀特性随不同电参数的变化规律。

　　1. 电容容量对 PPT 性能影响分析

　　保持其他工作参数不变,增大电容器的电容容量意味着单次工作的放电能量增加。图 5.16～图 5.20 为保持其他参数不变,通过改变电容器的电容容量对 PPT 进行仿真所得到的结果。

　　图 5.16 和图 5.17 分别为不同电容容量下的放电电流曲线和放电电压曲线。由图可见,当增加电容器的电容容量时,PPT 的放电周期随之增大,放电的峰值电流增大,反向电流减弱,电流的变化率降低,可以有效减小电流对电容器的冲击,提高电容器的使用寿命,在电容容量增大到一定数值后,反向电流消失。随着电容容量的增加,推力器比冲的提升速率逐渐降低。图 5.18 为不同电容容量下工质烧蚀表面温度随时间的变化曲线。由图可以看出,增大电容容量可以减小工质烧蚀表面的温度波动,提高工质烧蚀表面温度峰值,且大大延长了工质表面高于熔融温度的持续时间,这主要是由于增加电容容量减小了放电波形的波动和增大了

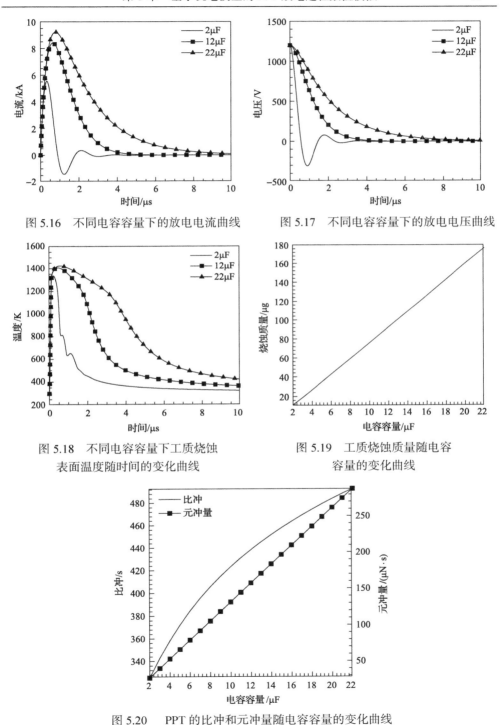

图 5.16　不同电容容量下的放电电流曲线

图 5.17　不同电容容量下的放电电压曲线

图 5.18　不同电容容量下工质烧蚀
表面温度随时间的变化曲线

图 5.19　工质烧蚀质量随电容
容量的变化曲线

图 5.20　PPT 的比冲和元冲量随电容容量的变化曲线

放电能量。工质烧蚀表面温度的峰值增大和高于熔融温度持续时间的延长使工质烧蚀质量增加,如图 5.19 所示。图 5.20 给出了 PPT 的比冲和元冲量随电容容量的变化曲线。由图可见,推力器的比冲和元冲量都随着电容容量的增大而增大。综上所述,保持其他工作参数不变,增大电容容量可以有效减弱电路的振荡特性,提高推力器的综合性能,但是增加电容器的电容容量必然会增加电容器的体积和质量,进而增加推力器系统整体的体积和质量。因此,在实际 PPT 的设计过程中需要综合考虑飞行任务对推力器性能及体积和质量的要求,合理选择电容容量。

2. 初始放电电压对 PPT 性能影响分析

保持其他工作参数不变,增大初始放电电压意味着单次工作的放电能量增加。图 5.21~图 5.25 为保持其他参数不变,通过改变初始放电电压对 PPT 进行仿真得到的仿真结果。

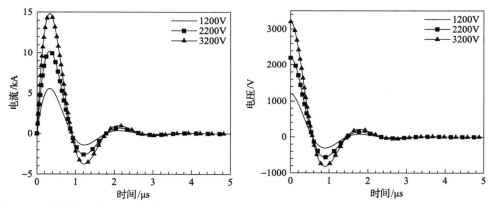

图 5.21　不同初始放电电压下的放电电流曲线　图 5.22　不同初始放电电压下的放电电压曲线

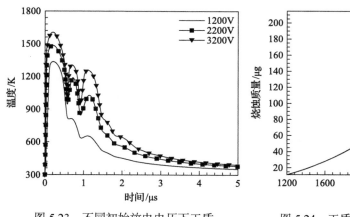

图 5.23　不同初始放电电压下工质
烧蚀表面温度随时间的变化曲线

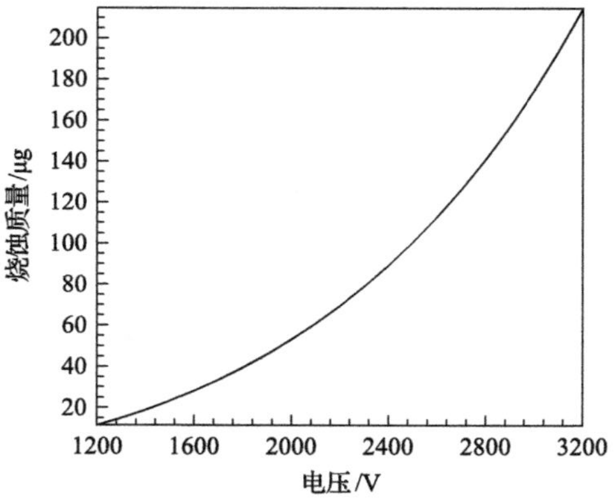

图 5.24　工质烧蚀质量随初始放电
电压的变化曲线

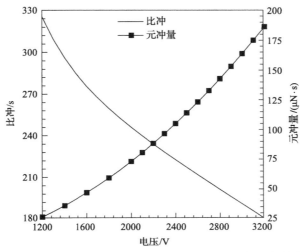

图 5.25　PPT 的比冲和元冲量随初始放电电压的变化曲线

图 5.21 和图 5.22 分别为在不同初始放电电压下的放电电流曲线和放电电压曲线。由图可见，放电电流峰值随着初始放电电压的增大而显著增大，而放电周期并没有改变，增加初始放电电压的同时也加剧了放电波形的振荡，放电波形的剧烈振荡会加剧电流对电容器的冲击，容易造成电容器失效，这对于电容器寿命是不利因素。图 5.23 为不同初始放电电压下工质烧蚀表面温度随时间的变化曲线。由图可见，增加初始放电电压会增大工质烧蚀表面的温度，且会使工质表面温度高于熔融温度的时间延长，随着初始放电电压的增大，工质烧蚀表面温度的增量逐渐减小。工质烧蚀表面温度的升高和高于熔融温度的时间的延长造成单脉冲工质烧蚀质量的增加，如图 5.24 所示。固体工质的烧蚀速率对工质温度极其敏感，提高工质温度可以有效增大工质的烧蚀速率，因此单脉冲工质烧蚀质量增量随着初始放电电压的增大而增大。图 5.25 给出了 PPT 的比冲和元冲量随初始放电电压的变化曲线。由图可见，随着初始放电电压增大，推力器比冲逐渐减小，而推力器元冲量逐渐增大，这主要是由于过高的初始放电电压造成过高的工质烧蚀质量。增大初始放电电压会提高推力器的工质烧蚀质量和元冲量，但会降低推力器的比冲。另外，增大初始放电电压还会增大放电电流峰值及电流振荡，从而降低电容器的使用寿命。

3. 同一放电能量下，不同电容容量和初始电压对 PPT 性能影响分析

保持单次脉冲放电能量为 15J 不变，通过改变电容器的电容容量和初始放电电压的不同组合方式对 PPT 的工作过程进行仿真，研究在相同放电能量下不同能量释放方式对推力器综合性能的影响，计算结果如图 5.26～图 5.30 所示。

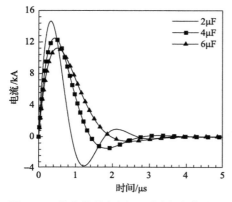

图 5.26　放电能量相同，不同电容容量和
　　　　初始电压下的放电电流波形

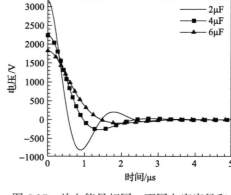

图 5.27　放电能量相同，不同电容容量和
　　　　初始电压下的放电电压波形

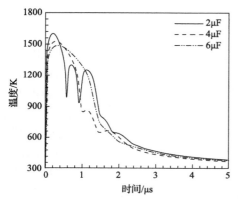

图 5.28　放电能量相同，不同电容容量和
　　　　初始电压下的工质烧蚀表面温度

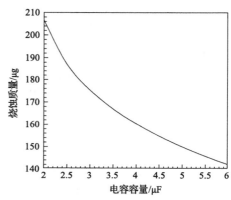

图 5.29　放电能量相同，不同电容容量和
　　　　初始电压下的工质烧蚀质量

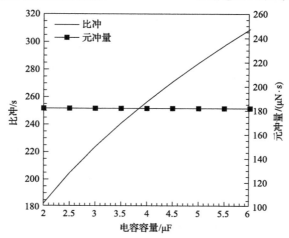

图 5.30　放电能量相同，不同电容容量和初始电压下的比冲和元冲量

由 $E=1/2C_0V_0^2$ 可得，要保持推力器放电能量不变，增加电容器的电容容量必须同时减小初始放电电压，由图 5.26 和图 5.27 可以看出，增大电容器的电容容量会增大推力器的放电周期，使放电电流峰值减小，同时也减弱了放电波形的振荡程度。电容器的使用寿命是影响推力器使用寿命的关键因素，放电波形振荡减弱有利于延长电容器的使用寿命，进而延长推力器的使用寿命。如图 5.28 所示，保持推力器放电能量不变，随着电容器的电容容量增加，工质烧蚀表面温度峰值降低，工质烧蚀表面温度变化率趋于平缓，从而造成单脉冲工质烧蚀质量逐渐减少（图 5.29）。图 5.30 给出了保持推力器放电能量不变，推力器的比冲和元冲量随电容器电容容量的变化曲线。由图可得，PPT 的比冲随着电容容量的增大而增大，又由于单脉冲工质烧蚀质量随着电容的增大而减少，造成推力器的元冲量在相同的放电能量下不随电容器的电容容量变化。因此，在相同的推力器放电能量下，选择较大的电容容量可以提高推力器的综合性能。但是增大电容器的电容容量势必会增大电容器的质量和体积，电容器的质量和体积是组成推力器总体质量和体积的主要部分，电容器的质量和体积的增大会显著增大推力器的总体质量和体积，所以在实际 PPT 设计过程中，在确定推力器的放电能量级别后，要综合考虑推力器的性能和空间要求，合理选择电容器容量和初始放电电压。在相同的推力器放电能量下，在合理的范围内选择较大电容容量和较小初始放电电压组合，可以有效提高推力器的综合性能，延长推力器的使用寿命。

4. 回路电阻对 PPT 性能影响分析

PPT 回路电阻是造成放电能量损失和影响推力器性能的重要因素之一。由图 5.31 和图 5.32 可以看出，增加电路电阻会使放电电流峰值降低，同时增大了振荡电路的阻尼，减弱了放电波形的振荡程度。

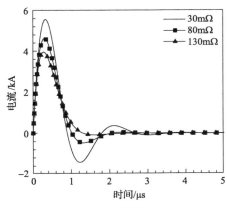

图 5.31　不同电路电阻下的放电电流曲线

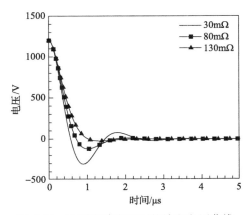

图 5.32　不同电路电阻下的放电电压曲线

如图 5.33 所示，增大电路电阻对工质烧蚀表面温度的影响较小，工质烧蚀表面温度峰值和高于熔融温度的持续时间随电路电阻的增大只有略微降低。如图 5.34 所示，单脉冲工质烧蚀质量随着电路电阻的增大而减小，这主要是由于增大电路电阻会使电路欧姆热损失增加，从而降低了烧蚀工质和等离子体加速能量。图 5.35 给出了推力器比冲和元冲量随电路电阻的变化曲线。由图可以看出，推力器的比冲和元冲量都随着电路电阻的增大而减小，电路电阻会增加系统能量损失，严重影响推力器的综合性能。因此，在 PPT 的实际设计过程中，为了得到较高的推力器综合性能，要尽量降低回路电阻。

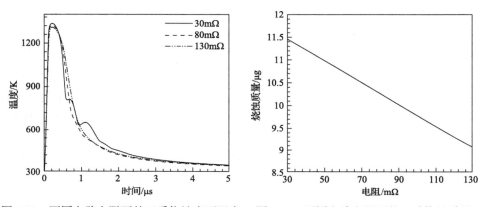

图 5.33　不同电路电阻下的工质烧蚀表面温度　　图 5.34　不同电路电阻下的工质烧蚀质量

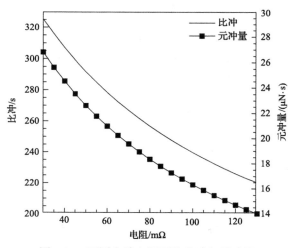

图 5.35　不同电路电阻下的比冲和元冲量

5. 等离子体温度对 PPT 性能影响分析

等离子体温度对等离子体电阻具有很大影响，另外等离子体温度对工质烧蚀过程和等离子体加速过程也有重要影响。如图 5.36 和图 5.37 所示，放电电流峰值随着等离子体温度的升高而增大，等离子体电阻随着等离子体温度的增大而减小，因此也造成了放电波形振荡加剧。

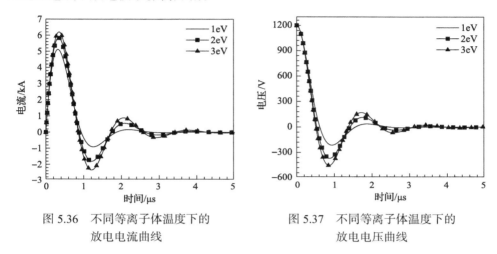

图 5.36　不同等离子体温度下的放电电流曲线

图 5.37　不同等离子体温度下的放电电压曲线

　　图 5.38 给出了在不同等离子体温度下工质烧蚀表面温度的变化曲线。由图可见，工质烧蚀表面温度峰值并没有随着等离子体温度的增加而改变，但工质烧蚀表面温度高于熔融温度的时间变长，因此单脉冲工质烧蚀质量略有增加，如图 5.39 所示。如图 5.40 所示，增大等离子体温度会提高推力器的比冲和元冲量，有效提高 PPT 的综合性能。在 PPT 的实际工作过程中，提高等离子体温度意味着被烧蚀工质的电离程度增大，被烧蚀工质电离程度的增大可以有效提高工质的利用率。

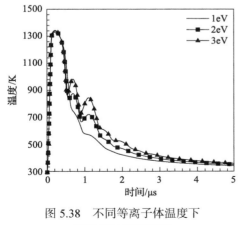

图 5.38　不同等离子体温度下工质烧蚀表面温度

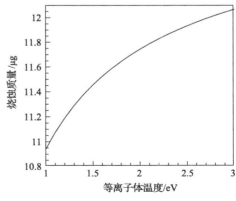

图 5.39　不同等离子体温度下工质烧蚀质量

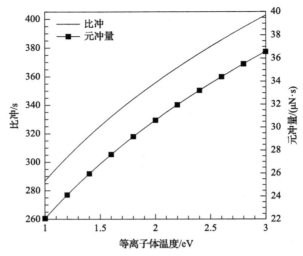

图 5.40 不同等离子体温度下的比冲和元冲量

5.4.2 结构参数对 PPT 性能的影响

1. 极板间距对 PPT 性能影响分析

图 5.41～图 5.45 为保持其他工作参数不变，仅增大极板间距对推力器工作过程仿真得到的结果。极板间距是 PPT 的主要结构参数之一，极板间距的不同会直接影响推力器的等离子体电阻、电弧在工质烧蚀表面的分布及工质烧蚀过程等，对推力器的综合性能及点火可靠性等具有重要影响。保持其他工作参数不变，增大极板间距会使等离子体电阻增大，工质烧蚀表面积也随着极板间距的增大而增大，从而使工质烧蚀表面上单位面积的能量密度减小。如图 5.41 和图 5.42 所示，随

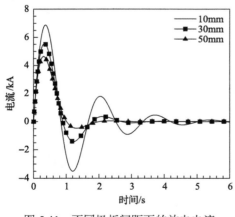

图 5.41 不同极板间距下的放电电流

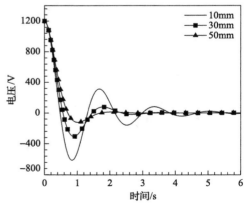

图 5.42 不同极板间距下的放电电压

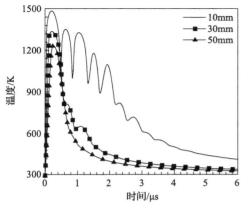

图 5.43　不同极板间距下的工质烧蚀表面温度

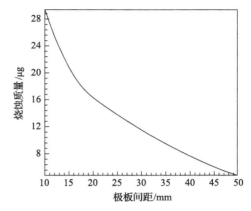

图 5.44　不同极板间距下的工质烧蚀质量

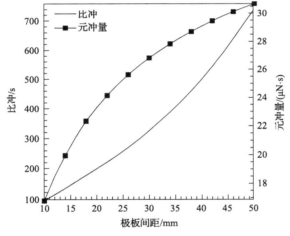

图 5.45　不同极板间距下的比冲和元冲量

着极板间距的增大，放电电流峰值逐渐减小，放电电流和放电电压波动程度逐渐减缓，这主要是由于推力器回路电阻随极板间距的增大而增大。如图 5.43 所示，随着极板间距的增大，工质烧蚀表面温度峰值逐渐减小，且高于熔融温度的持续时间逐渐减小。因此，单脉冲工质烧蚀质量也随着极板间距的增大而显著减小，如图 5.44 所示。

图 5.45 给出了推力器的比冲和元冲量随极板间距的变化曲线。由图可以看出，推力器的比冲和元冲量都随着极板间距的增大而增大，这主要是因为增大极板间距有效减小了推力器的单脉冲工质烧蚀质量，在相同的放电能量下，较小的工质烧蚀质量可以获得较高的推力器性能。随着极板间距的逐渐增大，单位极板间距的比冲增量逐渐增大，而单位极板间距的元冲量增量逐渐减小。因此，在较大极板间距下增大极板间距可以有效提高推力器的比冲，在较小极板间距下增大极板

间距可以有效提高推力器的元冲量。

2. 极板宽度对 PPT 性能影响分析

保持其他工作参数不变，增加极板宽度会减小等离子体电阻，从而降低整个回路的电阻，极板宽度的增加会增加工质烧蚀表面积，降低烧蚀表面的能量密度。如图 5.46 和图 5.47 所示，随着极板宽度的增大，放电电流峰值逐渐减小，回路阻抗逐渐增大，放电曲线振荡减弱。如图 5.48 所示，随着极板宽度增大，工质烧蚀表面温度峰值逐渐降低，且高于熔融温度的持续时间降低。因此，单脉冲工质烧蚀质量随极板宽度的增大而减小，如图 5.49 所示。图 5.50 给出了推力器的比冲和元冲量随极板宽度的变化曲线。由图可以看出，推力器比冲随着极板宽度的增加而增加，推力器的元冲量则随着极板宽度的增加而减小，这主要是由于单位烧蚀表面的能量密度降低造成单脉冲工质烧蚀质量减小。

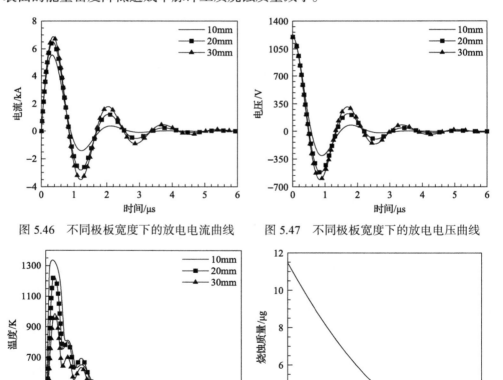

图 5.46　不同极板宽度下的放电电流曲线　　图 5.47　不同极板宽度下的放电电压曲线

图 5.48　不同极板宽度下的工质烧蚀表面温度　　图 5.49　不同极板宽度下的工质烧蚀质量

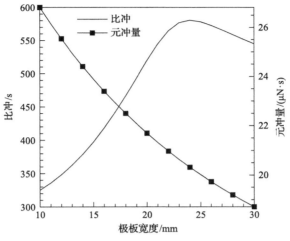

图 5.50　不同极板宽度下的比冲和元冲量

3. 相同暴露面积下，不同高宽比对 PPT 性能影响分析

首先定义高宽比为极板间距和极板宽度之比，极板间距和极板宽度决定了工质烧蚀表面积。在相同的工质烧蚀表面积下，不同的高宽比对推力器工作过程和综合性能有重要影响。如图 5.51 和图 5.52 所示，随着极板高宽比的增大，放电电流的峰值逐渐减小，回路电阻逐渐增大，放电波形振荡程度减弱。如图 5.53 所示，随着极板高宽比的增大，工质烧蚀表面温度峰值几乎不变，但工质烧蚀表面温度高于熔融温度的时间减小。图 5.54 给出了单脉冲工质烧蚀质量随极板高宽比的变化曲线。由图可以看出，随着极板高宽比的增大，单脉冲工质烧蚀质量逐渐减小。图 5.55 给出了推力器的比冲和元冲量随极板高宽比的变化曲线。由图可见，推力

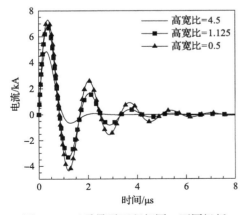

图 5.51　工质暴露面积相同，不同极板
高宽比下的放电电流

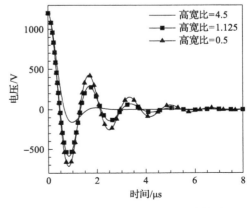

图 5.52　工质暴露面积相同，不同极板
高宽比下的放电电压

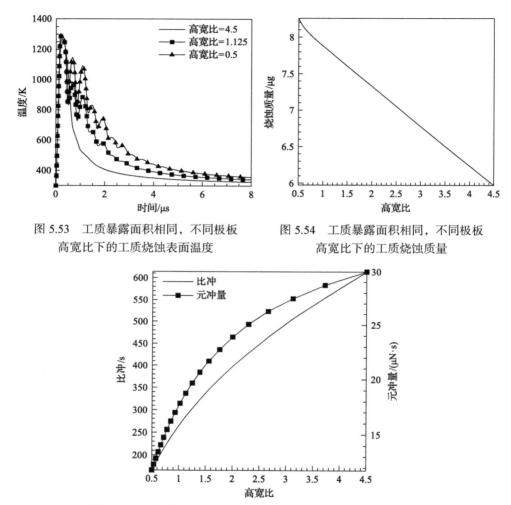

图 5.53 工质暴露面积相同，不同极板　　图 5.54 工质暴露面积相同，不同极板
　　 高宽比下的工质烧蚀表面温度　　　　　 高宽比下的工质烧蚀质量

图 5.55 工质暴露面积相同，不同极板高宽比下的比冲和元冲量

器的比冲和元冲量都随着极板高宽比的增大而增大，增大极板高宽比可以提高推力器的综合性能。

5.4.3 外加磁场对 PPT 性能的影响

1. 外加磁场大小对 PPT 性能的影响

本节模型在推力器的整个极板长度方向上都施加恒定的加速磁场，元冲量、元冲量增长率和元冲量相对增长率随外加磁场大小的变化情况如图 5.56 所示。由图可知，随着外加磁场的增大，元冲量和元冲量相对增长率先增大后减小，在 1.0T 左右时达到最大值，而元冲量增长率逐渐降低。改变外加磁场大小时，元冲量的变化除了由自感应磁场元冲量主导，还受到外加磁场元冲量的影响，所以此处需要重点分析外加磁场大小对自感应磁场元冲量和外加磁场元冲量的影响。由图 5.57 可知，随着外加磁场的增大，自感应磁场元冲量逐渐减小，而外加磁场元冲量先增大后减小。

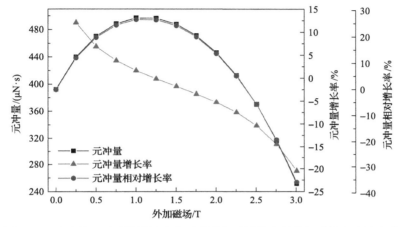

图 5.56　元冲量、元冲量增长率和元冲量相对增长率随外加磁场大小的变化

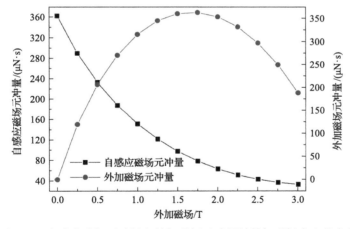

图 5.57　自感应磁场元冲量和外加磁场元冲量随外加磁场大小的变化

　　外加磁场较弱(0.0~1.0T)时，在不同外加磁场条件下，放电电流和放电电流平方波形如图 5.58 所示。由图可知，此时随着外加磁场的增大，放电电流峰值和自感应磁场元冲量面积下降，因此自感应磁场元冲量降低。由式(5.47)可知，一方面，外加磁场元冲量与外加磁场大小成正比；另一方面，外加磁场元冲量与放电电流曲线和纵坐标为 0 的直线所围成的面积(后简称外加磁场元冲量面积)成正比。当外加磁场元冲量面积大于零时，产生正元冲量；当外加磁场元冲量面积

小于零时，产生负元冲量。由图 5.58 可知，此时外加磁场元冲量面积始终大于零，因此产生正元冲量。外加磁场增大时，外加磁场元冲量面积减小，这会在一定程度上减小正元冲量。但是，外加磁场大小成倍增加会使外加磁场所产生的正元冲量成倍增加，此时外加磁场大小增大所提高的正元冲量占主导作用，因此外加磁场增大会使其所产生的正元冲量增大。外加磁场导致元冲量的增加一直持续到外加磁场约为 1.75T 时，但是由于外加磁场大于 1.0T 后，外加磁场元冲量增加的幅度小于因外加磁场大小增加而导致的自感应磁场元冲量下降的幅度，元冲量随着外加磁场的增大而下降。

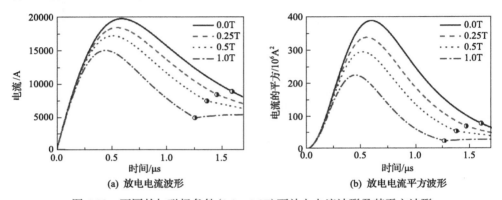

(a) 放电电流波形　　　　　　　　　(b) 放电电流平方波形

图 5.58　不同外加磁场条件(0.0～1.0T)下放电电流波形及其平方波形

外加磁场较强(1.5～3.0T)时，在不同外加磁场条件下，放电电流和放电电流平方波形如图 5.59 所示。由图 5.59(a) 可知，随着外加磁场的增大，放电电流的正向峰值减小，并且在电流片喷出极板前逐渐会有反向电流的出现，而且放电电流的反向峰值逐渐增大。随着外加磁场的增大，反向峰值的增大会使外加磁场所产生的负元冲量增大。由图 5.59(b) 可知，自感应磁场元冲量面积随着外加磁场的增

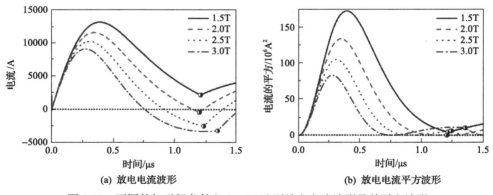

(a) 放电电流波形　　　　　　　　　(b) 放电电流平方波形

图 5.59　不同外加磁场条件(1.5～3.0T)下放电电流波形及其平方波形

大而下降。当外加磁场带来的负效应高于正效应时，元冲量会随着外加磁场的增大而下降。

当外加磁场从 0.0T 增加到 3.0T 时，元冲量相对增长率跨越的范围为-35.8%～26.5%，跨度为 62.3%，这说明外加磁场大小对 PPT 性能有较大的影响。因此，施加一定大小的外加磁场有利于 PPT 性能的提高，但是外加磁场不能过大，否则会对 PPT 性能产生不利影响。

2. 外加磁场位置和长度对 PPT 性能的影响

为了研究外加磁场位置对 PPT 性能的影响，保持 PPT 施加磁场的长度恒定，只改变施加磁场左边界的位置。其中，左边界从极板的左端开始，每次增加 0.1mm，直到施加磁场的右边界到达极板的右端。图 5.60 为外加磁场长度分别为 1mm 和 5mm 时，元冲量随着外加磁场左边界位置的变化趋势图（为了清晰展示，两点之间省略了 5 个计算点）。由图 5.60 可知，随着外加磁场左边界位置逐渐向右移动，元冲量先上升后下降，元冲量在极板中间的某个位置达到最大值。因此，外加磁场在极板中间某个位置开始施加效果最好。这不同于 LES-6 PPT 和 LES-8/9 PPT 的仿真计算结果，它们的外加磁场在极板的左端开始施加效果最好。

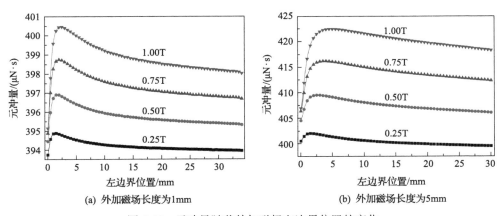

(a) 外加磁场长度为1mm

(b) 外加磁场长度为5mm

图 5.60　元冲量随着外加磁场左边界位置的变化

PPT 施加外加磁场的最佳位置在极板中间，因此为了研究外加磁场长度对推力器性能的影响，采用与研究外加磁场位置对 PPT 性能的影响相同的方法，即在任意外加磁场长度下，将左边界从极板的左端开始，每次增加 0.1mm，直到施加磁场的右边界到达极板的右端。最后将每一个外加磁场长度的元冲量最大值提取出来，得到最大元冲量随着外加磁场长度的变化，如图 5.61（a）所示。由图可知，随着施加外加磁场长度的增加，最大元冲量先上升后略有下降，这说明施加磁场长度并不是越长越好。最大元冲量左边界位置随外加磁场长度的变化如图 5.61（b）所示。由图可知，虽然中间略有波动，但左边界位置大体随着外加磁场长度的增加呈现先上升后下降的趋势。

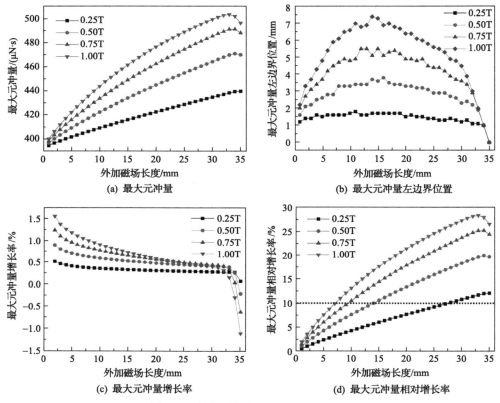

图 5.61　外加磁场长度对推力器的影响

图 5.61(c)为最大元冲量增长率随着外加磁场长度的变化趋势。由图可知，随着外加磁场长度的增加，最大元冲量增长率一直在下降，且在长度较长时，最大元冲量增长率为负值。最大元冲量相对增长率随外加磁场长度的变化如图 5.61(d)所示。由图可知，随着外加磁场长度的增加，最大元冲量相对增长率先上升后略有下降。同时，考虑到施加磁场长度增加时推力器的系统质量会增加，因此需要考虑最佳外加磁场长度，以在推力器系统质量和推力器性能之间取得平衡。此时，将最大元冲量相对增长率为 10%时的外加磁场长度视为最佳外加磁场长度，图 5.61(d)中的虚线为元冲量相对增长率为 10%的分界线。由图 5.61(d)可知，外加磁场为 0.25T、0.50T、0.75T、1.00T 时的最佳施加磁场长度分别约为 28mm、14mm、10mm、8mm，这表明外加磁场的增加会使最佳外加磁场长度缩短。

外加磁场必然会增加推力器系统的尺寸和重量，因此应该针对具体推力器的需求，对外加磁场的大小、位置和长度进行优化设计，进而在提高推力器性能的同时，减少系统增加的重量。

参 考 文 献

[1] Solbes A, Thomassen K, Vondra R J. Analysis of solid Teflon pulsed plasma thruster[J]. Journal of Spacecraft and Rockets, 1970, 7(12): 1402-1406.

第 6 章 基于磁流体动力学模型的 PPT 放电过程数值模拟

PPT 放电过程中涉及电磁、流动、传热、电离、复合等复杂的物理现象，不同时空尺度的动力学行为之间存在着强非线性耦合作用。机电模型已经能够清楚地描述放电参数变化特性与推力器推进性能特征，但无法反映等离子体时空特性及其与电磁场的相互作用过程。为了深入理解 PPT 放电等离子体加速物理过程，充分认清推力器内部工作机理与能量转化规律，有必要采用微观层面动力学理论分析和数值模拟手段对 PPT 的放电过程开展细致全面的研究。

PPT 的放电过程涉及电磁场与等离子体相互作用，通常采用磁流体动力学(MHD)方法进行理论与数值模拟研究。MHD 模拟能够给出详细的工质受热和等离子体流动状况，为此，针对工质烧蚀和等离子体流动等复杂关键的物理过程，本章将重点研究 PTFE 两相烧蚀模型和广义拉格朗日乘子(generalized Lagrange multiplier, GLM)形式的 MHD 模型，结合电路模型、热化学模型和输运模型，建立 PPT 放电过程三维 MHD 数值模拟模型，并用多个算例进行验证，为 PPT 的放电过程模拟与分析提供重要的工具。

6.1 物 理 模 型

6.1.1 放电电路模型

PPT 是通过脉冲放电利用储存在电容器中的电能来烧蚀工质，使其分解电离产生等离子体并进行加速，放电过程可以认为是一个 RLC 电路放电过程，根据基尔霍夫定律[1]有

$$L_0 \frac{\mathrm{d}^2 q_{\mathrm{c}}}{\mathrm{d}t^2} + R_0 \frac{\mathrm{d}q_{\mathrm{c}}}{\mathrm{d}t} + \frac{q_{\mathrm{c}}}{C} = V_{\mathrm{sh}} + V_{\mathrm{pl}} \tag{6.1}$$

式中，q_{c} 为电容器储存的电量；L_0 为电路电感；R_0 为电路电阻；C 为电容器电容；V_{sh} 为电极鞘层电位降；V_{pl} 为等离子体电位降。

鞘层是等离子体与固壁接触形成的厚度为数个德拜长度的非电中性区域，建立鞘层所需的时间非常短，假设鞘层处于准稳态，鞘层电位降[2]可以计算为

$$V_{sh} = -\frac{k_B T_e}{e} \ln\left(\frac{J_{th}}{J_y}\right) \tag{6.2}$$

式中，J_y 为垂直于电极表面的电流密度；J_{th} 为随机电子电流密度，表达式为

$$J_{th} = \frac{1}{4} e n_e \left(\frac{8 k_B T_e}{\pi m_e}\right)^{1/2} \tag{6.3}$$

在磁流体力学中，电流密度 J 和电场强度 E 之间的关系用广义欧姆(Ohm)定律描述，其形式[3]为

$$\boldsymbol{J} = \sigma_e \left(\boldsymbol{E} + \boldsymbol{V} \times \boldsymbol{B} - \frac{1}{e n_e} \boldsymbol{J} \times \boldsymbol{B}\right) \tag{6.4}$$

式中，σ_e 为电导率；$\boldsymbol{V}$ 为等离子体速度；$\boldsymbol{B}$ 为磁感应强度；$\boldsymbol{J} \times \boldsymbol{B}$ 项表示霍尔(Hall)效应电动势，在电子回旋频率远小于等离子体碰撞频率的情况下可以忽略。利用广义欧姆定律对电场强度 $\boldsymbol{E}$ 沿着通过高密度等离子体团的从阳极到阴极表面的路径 l 积分，可以计算出等离子体电位降为

$$V_{pl} = \int\left(\frac{\boldsymbol{J}}{\sigma_e} - \boldsymbol{V} \times \boldsymbol{B} + \frac{1}{e n_e} \boldsymbol{J} \times \boldsymbol{B}\right) \cdot \mathrm{d}\boldsymbol{l} \tag{6.5}$$

根据式(6.1)计算得到电容器中的电量变化之后，可以求出 PPT 的放电电流为

$$I(t) = -\frac{\mathrm{d} q_c}{\mathrm{d} t} \tag{6.6}$$

6.1.2　两相烧蚀模型

在对 PPT 放电过程的磁流体动力学数值研究中，很少考虑 PTFE 烧蚀过程具体的物理化学变化。在第 2 章中已经建立了 PTFE 简化的一维烧蚀模型，为了准确掌握 PTFE 的烧蚀特性对放电的影响，本节建立 PTFE 三维空间内的两相烧蚀模型。

1. 烧蚀传热方程

由 2.1 节已知，PTFE 温度达到 600K 时发生相变，成为具有极高黏性的无定形体，同时高聚物分子开始解聚、分解，生成单体小分子产物[4]。图 6.1 为三维直角坐标系下 PTFE 烧蚀过程示意图，在图中的晶体和无定形体两个区域分别考虑传热过程，给出导热微分方程如下：

$$\rho_{\mathrm{c}} c_{\mathrm{c}} \frac{\partial T_{\mathrm{c}}}{\partial t} = \frac{\partial}{\partial x}\left(\lambda_{\mathrm{c}} \frac{\partial T_{\mathrm{c}}}{\partial x}\right) + \frac{\partial}{\partial y}\left(\lambda_{\mathrm{c}} \frac{\partial T_{\mathrm{c}}}{\partial y}\right) + \frac{\partial}{\partial z}\left(\lambda_{\mathrm{c}} \frac{\partial T_{\mathrm{c}}}{\partial z}\right) \tag{6.7}$$

$$\rho_{\mathrm{a}} c_{\mathrm{a}} \frac{\partial T_{\mathrm{a}}}{\partial t} = \frac{\partial}{\partial x}\left(\lambda_{\mathrm{a}} \frac{\partial T_{\mathrm{a}}}{\partial x}\right) + \frac{\partial}{\partial y}\left(\lambda_{\mathrm{a}} \frac{\partial T_{\mathrm{a}}}{\partial y}\right) + \frac{\partial}{\partial z}\left(\lambda_{\mathrm{a}} \frac{\partial T_{\mathrm{a}}}{\partial z}\right) + Q_{\mathrm{p}} \tag{6.8}$$

式中，ρ、c、T、λ 分别表示 PTFE 的密度、比热容、温度和热导率；下标 c、a 分别表示晶体和无定形体；Q_{p} 表示单位体积 PTFE 分解产生的热量，同样采用阿伦尼乌斯方程，

$$Q_{\mathrm{p}} = -A_{\mathrm{p}} \rho_{\mathrm{a}} E_{\mathrm{p}} \exp\left(-\frac{B_{\mathrm{p}}}{T_{\mathrm{a}}}\right) \tag{6.9}$$

式中，A_{p} 为频率因子；E_{p} 为解聚能；B_{p} 为活化温度。

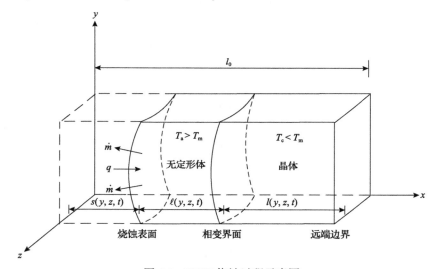

图 6.1　PTFE 烧蚀过程示意图

2. 烧蚀表面和相变界面处理

在烧蚀表面上，净传入的热流密度由外部传入热流密度 q、表面辐射损失 q_{rad} 及烧蚀质量带走的能量确定，即有

$$\left.\left(-\lambda_{\mathrm{a}} \frac{\partial T_{\mathrm{a}}}{\partial x}\cos\varphi - \lambda_{\mathrm{a}} \frac{\partial T_{\mathrm{a}}}{\partial y}\cos\alpha - \lambda_{\mathrm{a}} \frac{\partial T_{\mathrm{a}}}{\partial z}\cos\beta\right)\right|_{x=s} = q - q_{\mathrm{rad}} - \dot{m} h_{\mathrm{s}} \tag{6.10}$$

式中，s 为烧蚀表面的退行距离；h_{s} 为烧蚀产物的比焓；φ、α、β 分别为表面的法线矢量与 x、y、z 三个坐标轴的夹角，满足

$$\cos\varphi = \frac{1}{\sqrt{1 + s_y'^2 + s_z'^2}}$$

$$\cos\alpha = -\frac{s_y'}{\sqrt{1 + s_y'^2 + s_z'^2}} \tag{6.11}$$

$$\cos\beta = -\frac{s_z'}{\sqrt{1 + s_y'^2 + s_z'^2}}$$

工质烧蚀发生在烧蚀表面附近非常薄的微米量级厚度的区域内，烧蚀表面的退行速度和烧蚀质量流率可以根据 PTFE 分解速率由式(6.12)进行计算：

$$\dot{m}(y,z,t) = \rho_0 \frac{\partial s}{\partial t}\cos\varphi = A_p \int_s^{s+\ell} \rho_a \exp\left(-\frac{B_p}{T_a}\right)\mathrm{d}x \tag{6.12}$$

式中，ρ_0 为 PTFE 的参考密度；ℓ 为无定形体区域的长度。

在相变界面上，工质的温度等于相变温度 T_m，相变界面的运动速度可以根据热流平衡条件求出：

$$\begin{aligned}
&\left(-\lambda_a \frac{\partial T_a}{\partial x}\cos\varphi - \lambda_a \frac{\partial T_a}{\partial y}\cos\alpha - \lambda_a \frac{\partial T_a}{\partial z}\cos\beta\right)\bigg|_{x=s+\ell} \\
&= \left(-\lambda_c \frac{\partial T_c}{\partial x}\cos\varphi - \lambda_c \frac{\partial T_c}{\partial y}\cos\alpha - \lambda_c \frac{\partial T_c}{\partial z}\cos\beta\right)\bigg|_{x=s+\ell} + \rho_m h_m\left(\dot{s} + \dot{\ell}\right)\cos\varphi
\end{aligned} \tag{6.13}$$

以 $s+\ell$ 取代 s 求解，ρ_m 为相变界面处的平均密度，h_m 为单位质量的相变潜热。将相变界面的运动速度对时间进行积分，可以得出相变界面的位置。

6.1.3　磁流体控制方程组

等离子体是一种导电流体。当导电流体在电磁场中运动时，流体内部会产生电流，电流一方面与磁场相互作用产生洛伦兹力，改变流体的运动，另一方面又会导致电磁场发生改变。对于这一复杂问题的研究，必须同时考察流体中的电磁现象和力学现象，耦合求解电磁学和流体力学方程，即磁流体控制方程组[5]。

1. MHD 方程组

电磁场的变化遵循麦克斯韦电磁场理论，包括法拉第(Faraday)电磁感应定律、安培(Ampere)定律、高斯定理和磁通连续定理[6]，分别为

$$\nabla \times \boldsymbol{E} = -\frac{\partial \boldsymbol{B}}{\partial t} \tag{6.14}$$

$$\nabla \times \boldsymbol{H} = \boldsymbol{J} + \frac{\partial \boldsymbol{D}}{\partial t} \tag{6.15}$$

$$\nabla \cdot \boldsymbol{D} = \rho_{\mathrm{e}} \tag{6.16}$$

$$\nabla \cdot \boldsymbol{B} = 0 \tag{6.17}$$

式中，$\boldsymbol{H}$ 为磁场强度，与磁感应强度 $\boldsymbol{B}$ 的关系为 $\boldsymbol{B}=\mu\boldsymbol{H}$，$\mu$ 为磁导率；$\boldsymbol{D}$ 为电位移矢量，与电场强度 $\boldsymbol{E}$ 的关系为 $\boldsymbol{D}=\varepsilon\boldsymbol{E}$，$\varepsilon$ 为介电常数；ρ_{e} 为电荷密度。

由于等离子体是非磁性和低电极化介质，磁导率 μ 和介电常数 ε 可以分别取为真空磁导率 μ_0 和真空介电常数 ε_0。对于流速 V 远小于光速 C 的非相对论流动，式 (6.15) 中位移电流项与电流密度 J 的模值之比是量级为 V^2/C^2 的小量，因此可以略去位移电流，将安培定律简化为

$$\boldsymbol{J} = \frac{1}{\mu_0}\nabla \times \boldsymbol{B} \tag{6.18}$$

利用式 (6.4) 所示的广义欧姆定律，结合式 (6.14)、式 (6.17) 和式 (6.18)，可以推导出如下磁感应方程：

$$\frac{\partial \boldsymbol{B}}{\partial t} - \nabla \times (\boldsymbol{V} \times \boldsymbol{B}) = -\nabla \times [\eta\nabla \times \boldsymbol{B} + \nu(\nabla \times \boldsymbol{B}) \times \boldsymbol{B}] \tag{6.19}$$

式中，$\eta = 1/\mu_0\sigma_{\mathrm{e}}$；$\nu = 1/\mu_0 en_{\mathrm{e}}$。方程从左至右分别表示非稳态项、对流项、磁扩散和霍尔效应项。

与普通流体相同，满足连续介质条件的等离子体的流动同样遵循经典力学的基本定律，即质量守恒定律、动量守恒定律和能量守恒定律，因此等离子体的流动方程也包括连续方程、动量方程和能量方程，其实质就是具有电磁力作用的普通流体力学方程的推广。

连续方程是流体中的质量守恒关系的反映，其微分形式为

$$\frac{\partial \rho}{\partial t} + \nabla \cdot (\rho\boldsymbol{V}) = 0 \tag{6.20}$$

式中，ρ 和 V 分别为等离子体的密度和速度。方程 (6.20) 表明，空间中任意封闭曲面所包围体积内的质量变化率由流过该封闭曲面的净质量流决定。

在牛顿力学体系中，物质的动量变化率等于作用于该物质上的所有作用力之和。等离子体受热压力、黏性力和 $\boldsymbol{J} \times \boldsymbol{B}$ 电磁力作用，对于非相对论等离子体流动，应用牛顿第二定律，结合式(6.17)和式(6.18)，可以得到动量方程如下：

$$\frac{\partial(\rho\boldsymbol{V})}{\partial t} + \nabla \cdot \left[\rho\boldsymbol{V}\boldsymbol{V} + \left(p + \frac{B^2}{2\mu_0} \right) \overline{\overline{\boldsymbol{I}}} - \frac{\boldsymbol{B}\boldsymbol{B}}{\mu_0} \right] = \nabla \cdot \overline{\overline{\boldsymbol{\tau}}} \tag{6.21}$$

式中，p 为等离子体压强；$\overline{\overline{\boldsymbol{I}}}$ 为单位张量；$\overline{\overline{\boldsymbol{\tau}}}$ 为黏性应力张量。

能量方程是能量守恒定律的数学表示，表述的是流体内任一有限体积所具有的总能量的变化率等于体积力和表面力所做的功与通过表面传入的热量及体热源产生的热量之和。对于等离子体的流动，需要计入电磁场引起的焦耳(Joule)热 $\boldsymbol{E} \cdot \boldsymbol{J}$，于是能量方程为

$$\frac{\partial(\rho e_t)}{\partial t} + \nabla \cdot \left(\rho e_t + p + \frac{B^2}{2\mu_0} - \frac{\boldsymbol{B}\boldsymbol{B}}{\mu_0} \right) \boldsymbol{V} = \nabla \cdot (\overline{\overline{\boldsymbol{\tau}}} \cdot \boldsymbol{V}) - \nabla \cdot \boldsymbol{q} + \frac{J^2}{\sigma_e} \tag{6.22}$$

式中，$\boldsymbol{q}$ 为热流密度矢量；e_t 为总比能，可以表示为

$$e_t = \frac{p}{\rho(\gamma - 1)} + \frac{V^2}{2} + \frac{B^2}{2\rho\mu_0} \tag{6.23}$$

式中，$\gamma = c_p/c_v$ 为比热比，c_p 和 c_v 分别为流体的定压比热容和定容比热容。

由流体力学方程可以看出，磁场的分布影响着流动状况，电场的作用并不直接体现在方程中，因此由连续方程、动量方程、能量方程和磁感应方程这四个方程组成的 MHD 方程组能反映出等离子体流动主要的发展变化规律，其向量形式可以写为

$$\frac{\partial}{\partial t} \begin{bmatrix} \rho \\ \rho\boldsymbol{V} \\ \boldsymbol{B} \\ \rho e_t \end{bmatrix} + \nabla \cdot \begin{bmatrix} \rho\boldsymbol{V} \\ \rho\boldsymbol{V}\boldsymbol{V} + \left(p + \dfrac{B^2}{2\mu_0} \right) \overline{\overline{\boldsymbol{I}}} - \dfrac{\boldsymbol{B}\boldsymbol{B}}{\mu_0} \\ \boldsymbol{V}\boldsymbol{B} - \boldsymbol{B}\boldsymbol{V} \\ \left(\rho e_t + p + \dfrac{B^2}{2\mu_0} \right) \boldsymbol{V} - \dfrac{\boldsymbol{B}}{\mu_0} (\boldsymbol{V} \cdot \boldsymbol{B}) \end{bmatrix} = \begin{bmatrix} 0 \\ \nabla \cdot \overline{\overline{\boldsymbol{\tau}}} \\ -\nabla \times [\eta\nabla \times \boldsymbol{B} + \nu(\nabla \times \boldsymbol{B}) \times \boldsymbol{B}] \\ \nabla \cdot (\overline{\overline{\boldsymbol{\tau}}} \cdot \boldsymbol{V}) - \nabla \cdot \boldsymbol{q} + \dfrac{\eta}{\mu_0} |\nabla \times \boldsymbol{B}|^2 \end{bmatrix} \tag{6.24}$$

2. GLM-MHD 方程组

直接求解 MHD 方程组(6.24)面临着诸多难题，首先是方程组的奇异性问

题。式(6.24)是非严格的双曲型方程组，其无黏项雅可比(Jacobi)矩阵不满秩，存在一个零特征值，这会带来一些数值格式应用上的困难[7]，因此需要对该方程组的形式进行修正。求解 MHD 方程组的第二个难点是伪磁场散度问题[8]。式(6.24)隐含了磁通连续方程 $\nabla \cdot \boldsymbol{B}=0$，但是在求解过程中数值离散和计算精度等方面的原因会使得磁场的散度不为零，如果误差累积得不到有效控制，就可能导致计算失败。

为解决这两方面的问题，Powell[9]提出了一种八波形式的磁流体方程组，通过在原方程组中添加正比于 $\nabla \cdot \boldsymbol{B}$ 的附加项避免了无黏项 Jacobi 矩阵非满秩的情况，同时通过对流抑制了伪磁场散度的累积。Powell 方法计算简便，应用较广，但此八波模型在形式上是非守恒的，并且伪磁场散度在对流传播过程中一直存在，因此在计算 PPT 中等离子体运动这种磁场变化很大的流动问题时可能导致计算发散。此外，其他处理伪磁场散度的方法主要有投影法和约束输运法[10]。投影法需要在每一时间步之后求解一个泊松方程以修正磁场，计算量很大[11]；约束输运法在交错网格上采用特殊形式进行离散，对初边值条件要求较高[12]。为此，本节考虑采用双曲型散度清除方法[13]，通过引入广义拉格朗日乘子 ψ 与原 MHD 方程组联立求解，既消除了奇异性，又将伪磁场散度在对流消散过程中加以衰减，同时还保持了 MHD 方程组的守恒形式。广义拉格朗日乘子形式的磁流体力学 (GLM-MHD)控制方程组可以写为

$$\frac{\partial}{\partial t}\begin{bmatrix}\rho\\\rho\boldsymbol{V}\\\boldsymbol{B}\\\rho e_t\\\psi\end{bmatrix}+\nabla\cdot\begin{bmatrix}\rho\boldsymbol{V}\\\rho\boldsymbol{VV}+\left(p+\dfrac{B^2}{2\mu_0}\right)\overline{\overline{\boldsymbol{I}}}-\dfrac{\boldsymbol{BB}}{\mu_0}\\\boldsymbol{VB}-\boldsymbol{BV}+\psi\overline{\overline{\boldsymbol{I}}}\\\left(\rho e_t+p+\dfrac{B^2}{2\mu_0}\right)\boldsymbol{V}-\dfrac{\boldsymbol{B}}{\mu_0}(\boldsymbol{V}\cdot\boldsymbol{B})\\c_h^2\boldsymbol{B}\end{bmatrix}=\begin{bmatrix}0\\\nabla\cdot\overline{\overline{\boldsymbol{\tau}}}\\-\nabla\times[\eta\nabla\times\boldsymbol{B}+\nu(\nabla\times\boldsymbol{B})\times\boldsymbol{B}]\\\nabla\cdot(\overline{\overline{\boldsymbol{\tau}}}\cdot\boldsymbol{V})-\nabla\cdot\boldsymbol{q}+\dfrac{\eta}{\mu_0}|\nabla\times\boldsymbol{B}|^2\\-\dfrac{c_h^2}{c_b^2}\psi\end{bmatrix}$$

(6.25)

式中，c_h 和 c_b 分别为表征双曲和抛物属性的参数，表达式分别为

$$c_h=\frac{c_{CFL}}{\Delta t}h_{min}$$

(6.26)

$$c_b=\sqrt{-\Delta t\frac{c_h^2}{\ln c_d}}$$

(6.27)

式中，$c_{\text{CFL}} \in (0,1)$；$c_{\text{d}} \in (0,1)$；Δt 为时间步长；$h_{\min}$ 为最小网格尺度。

3. 三维直角坐标系下的无量纲磁流体方程组形式

选取特征参考量对三维直角坐标系下式(6.25)中的各物理量进行无量纲化，以上角标"*"标示的无量纲量的形式为

$$x^* = \frac{x}{L_{\text{ref}}}, \quad y^* = \frac{y}{L_{\text{ref}}}, \quad z^* = \frac{z}{L_{\text{ref}}}, \quad u^* = \frac{u}{V_{\text{ref}}}, \quad v^* = \frac{v}{V_{\text{ref}}}, \quad w^* = \frac{w}{V_{\text{ref}}}, \quad t^* = \frac{t}{L_{\text{ref}} / V_{\text{ref}}}$$

$$\rho^* = \frac{\rho}{\rho_{\text{ref}}}, \quad p^* = \frac{p}{\rho_{\text{ref}} V_{\text{ref}}^2}, \quad T^* = \frac{T}{T_{\text{ref}}}, \quad B^* = \frac{B}{B_{\text{ref}}}, \quad e_{\text{t}}^* = \frac{e_{\text{t}}}{V_{\text{ref}}^2}, \quad \psi^* = \frac{\psi}{B_{\text{ref}} V_{\text{ref}}}$$

$$\mu_{\text{f}}^* = \frac{\mu_{\text{f}}}{\mu_{\text{f,ref}}}, \quad k_{\text{B}}{}^* = \frac{k_{\text{B}}}{k_{\text{B,ref}}}, \quad \sigma_{\text{e}}^* = \frac{\sigma_{\text{e}}}{\sigma_{\text{e,ref}}}, \quad n_{\text{e}}^* = \frac{n_{\text{e}}}{\sigma_{\text{e,ref}} B_{\text{ref}} / e}, \quad c_{\text{h}}^* = \frac{c_{\text{h}}}{V_{\text{ref}}}, \quad c_{\text{b}}^* = \frac{c_{\text{b}}}{\sqrt{L_{\text{ref}} V_{\text{ref}}}}$$

在对方程组无量纲化的过程中，磁马赫数、磁雷诺数、马赫数、雷诺数、普朗特数的无量纲数如下：

$$Ma_{\text{m}} = \frac{V_{\text{ref}}}{\sqrt{B_{\text{ref}}^2 / (\mu_0 \rho_{\text{ref}})}} \tag{6.28}$$

$$Re_{\text{m}} = \sigma_{\text{e,ref}} \mu_0 V_{\text{ref}} L_{\text{ref}} \tag{6.29}$$

$$Ma = \frac{V_{\text{ref}}}{\sqrt{\gamma p (\rho_{\text{ref}}, T_{\text{ref}}) / \rho_{\text{ref}}}} \tag{6.30}$$

$$Re = \frac{\rho_{\text{ref}} V_{\text{ref}} L_{\text{ref}}}{\mu_{\text{f,ref}}} \tag{6.31}$$

$$Pr = \frac{c_{\text{p,ref}} \mu_{\text{f,ref}}}{k_{\text{B,ref}}} \tag{6.32}$$

去掉无量纲量的上角标，无量纲形式的磁流体方程组可以写成如下守恒形式：

$$\frac{\partial \boldsymbol{Q}}{\partial t} + \frac{\partial \boldsymbol{E}}{\partial x} + \frac{\partial \boldsymbol{F}}{\partial y} + \frac{\partial \boldsymbol{G}}{\partial z} = \frac{\partial \boldsymbol{E}_{\text{v}}}{\partial x} + \frac{\partial \boldsymbol{F}_{\text{v}}}{\partial y} + \frac{\partial \boldsymbol{G}_{\text{v}}}{\partial z} + \boldsymbol{H} \tag{6.33}$$

式中，$\boldsymbol{Q}$ 为守恒变量矢量；$\boldsymbol{E}$、$\boldsymbol{F}$、$\boldsymbol{G}$ 和 $\boldsymbol{E}_{\text{v}}$、$\boldsymbol{F}_{\text{v}}$、$\boldsymbol{G}_{\text{v}}$ 分别为直角坐标系中 x、y、z 三个方向的无黏通量和黏性通量矢量；$\boldsymbol{H}$ 为源项。它们的具体形式为

$$Q = \begin{bmatrix} \rho & \rho u & \rho v & \rho w & B_x & B_y & B_z & \rho e_t & \psi \end{bmatrix}^{\mathrm{T}} \tag{6.34}$$

$$E = \begin{bmatrix} \rho u \\ \rho u^2 + p + \dfrac{-B_x^2 + B_y^2 + B_z^2}{2M_{\mathrm{m}}^2} \\ \rho uv - \dfrac{B_x B_y}{M_{\mathrm{m}}^2} \\ \rho uw - \dfrac{B_x B_z}{M_{\mathrm{m}}^2} \\ \psi \\ uB_y - vB_x \\ uB_z - wB_x \\ \left(\rho e_t + p + \dfrac{B_x^2 + B_y^2 + B_z^2}{2M_{\mathrm{m}}^2} \right) u - \dfrac{B_x \left(uB_x + vB_y + wB_z \right)}{M_{\mathrm{m}}^2} \\ c_{\mathrm{h}}^2 B_x \end{bmatrix} \tag{6.35}$$

$$F = \begin{bmatrix} \rho v \\ \rho vu - \dfrac{B_y B_x}{M_{\mathrm{m}}^2} \\ \rho v^2 + p + \dfrac{B_x^2 - B_y^2 + B_z^2}{2M_{\mathrm{m}}^2} \\ \rho vw - \dfrac{B_y B_z}{M_{\mathrm{m}}^2} \\ vB_x - uB_y \\ \psi \\ vB_z - wB_y \\ \left(\rho e_t + p + \dfrac{B_x^2 + B_y^2 + B_z^2}{2M_{\mathrm{m}}^2} \right) v - \dfrac{B_y \left(uB_x + vB_y + wB_z \right)}{M_{\mathrm{m}}^2} \\ c_{\mathrm{h}}^2 B_y \end{bmatrix} \tag{6.36}$$

$$
\boldsymbol{G} = \begin{bmatrix}
\rho w \\[4pt]
\rho w u - \dfrac{B_z B_x}{M_{\mathrm{m}}^2} \\[10pt]
\rho w v - \dfrac{B_z B_y}{M_{\mathrm{m}}^2} \\[10pt]
\rho w^2 + p + \dfrac{B_x^2 + B_y^2 - B_z^2}{2 M_{\mathrm{m}}^2} \\[10pt]
w B_x - u B_z \\[4pt]
w B_y - v B_z \\[4pt]
\psi \\[4pt]
\left(\rho e_{\mathrm{t}} + p + \dfrac{B_x^2 + B_y^2 + B_z^2}{2 M_{\mathrm{m}}^2} \right) w - \dfrac{B_z \left(u B_x + v B_y + w B_z \right)}{M_{\mathrm{m}}^2} \\[10pt]
c_{\mathrm{h}}^2 B_z
\end{bmatrix}
\tag{6.37}
$$

$$
\overline{\overline{\boldsymbol{\tau}}} = \begin{bmatrix}
\tau_{xx} & \tau_{xy} & \tau_{xz} \\
\tau_{yx} & \tau_{yy} & \tau_{yz} \\
\tau_{zx} & \tau_{zy} & \tau_{zz}
\end{bmatrix}
$$

$$
= \mu_{\mathrm{f}} \begin{bmatrix}
\dfrac{4}{3}\dfrac{\partial u}{\partial x} - \dfrac{2}{3}\left(\dfrac{\partial v}{\partial y} + \dfrac{\partial w}{\partial z} \right) & \dfrac{\partial u}{\partial y} + \dfrac{\partial v}{\partial x} & \dfrac{\partial u}{\partial z} + \dfrac{\partial w}{\partial x} \\[12pt]
\dfrac{\partial u}{\partial y} + \dfrac{\partial v}{\partial x} & \dfrac{4}{3}\dfrac{\partial v}{\partial y} - \dfrac{2}{3}\left(\dfrac{\partial w}{\partial z} + \dfrac{\partial u}{\partial x} \right) & \dfrac{\partial v}{\partial z} + \dfrac{\partial w}{\partial y} \\[12pt]
\dfrac{\partial u}{\partial z} + \dfrac{\partial w}{\partial x} & \dfrac{\partial v}{\partial z} + \dfrac{\partial w}{\partial y} & \dfrac{4}{3}\dfrac{\partial w}{\partial z} - \dfrac{2}{3}\left(\dfrac{\partial u}{\partial x} + \dfrac{\partial v}{\partial y} \right)
\end{bmatrix}
\tag{6.38}
$$

$$
\boldsymbol{q} = \begin{pmatrix} q_{\mathrm{J}x} \\ q_{\mathrm{J}y} \\ q_{\mathrm{J}z} \end{pmatrix} = \dfrac{1}{\sigma_{\mathrm{e}}} \begin{pmatrix}
B_y \left(\dfrac{\partial B_y}{\partial x} - \dfrac{\partial B_x}{\partial y} \right) + B_z \left(\dfrac{\partial B_z}{\partial x} - \dfrac{\partial B_x}{\partial z} \right) \\[12pt]
B_z \left(\dfrac{\partial B_z}{\partial y} - \dfrac{\partial B_y}{\partial z} \right) + B_x \left(\dfrac{\partial B_x}{\partial y} - \dfrac{\partial B_y}{\partial x} \right) \\[12pt]
B_x \left(\dfrac{\partial B_x}{\partial z} - \dfrac{\partial B_z}{\partial x} \right) + B_y \left(\dfrac{\partial B_y}{\partial z} - \dfrac{\partial B_z}{\partial y} \right)
\end{pmatrix}
\tag{6.39}
$$

$$
\boldsymbol{E}_{\mathrm{v}} =
\begin{bmatrix}
0 \\[2mm]
\dfrac{1}{Re}\tau_{xx} \\[3mm]
\dfrac{1}{Re}\tau_{xy} \\[3mm]
\dfrac{1}{Re}\tau_{xz} \\[3mm]
0 \\[3mm]
-\dfrac{1}{Re_{\mathrm{m}}\sigma_{\mathrm{e}}}\left(\dfrac{\partial B_x}{\partial y}-\dfrac{\partial B_y}{\partial x}\right)-\dfrac{B_y}{Re_{\mathrm{m}}n_{\mathrm{e}}}\left(\dfrac{\partial B_y}{\partial z}-\dfrac{\partial B_z}{\partial y}\right)+\dfrac{B_x}{Re_{\mathrm{m}}n_{\mathrm{e}}}\left(\dfrac{\partial B_z}{\partial x}-\dfrac{\partial B_x}{\partial z}\right) \\[4mm]
\dfrac{1}{Re_{\mathrm{m}}\sigma_{\mathrm{e}}}\left(\dfrac{\partial B_z}{\partial x}-\dfrac{\partial B_x}{\partial z}\right)+\dfrac{B_x}{Re_{\mathrm{m}}n_{\mathrm{e}}}\left(\dfrac{\partial B_x}{\partial y}-\dfrac{\partial B_y}{\partial x}\right)-\dfrac{B_z}{Re_{\mathrm{m}}n_{\mathrm{e}}}\left(\dfrac{\partial B_y}{\partial z}-\dfrac{\partial B_z}{\partial y}\right) \\[4mm]
\dfrac{1}{Re}\left(u\tau_{xx}+v\tau_{xy}+w\tau_{xz}\right)-\dfrac{1}{RePr(\gamma-1)Ma^2}q_x+\dfrac{1}{Re_{\mathrm{m}}Ma_{\mathrm{m}}^2}q_{\mathrm{J}x} \\[4mm]
0
\end{bmatrix}
\tag{6.40}
$$

$$
\boldsymbol{F}_{\mathrm{v}} =
\begin{bmatrix}
0 \\[2mm]
\dfrac{1}{Re}\tau_{yx} \\[3mm]
\dfrac{1}{Re}\tau_{yy} \\[3mm]
\dfrac{1}{Re}\tau_{yz} \\[3mm]
\dfrac{1}{Re_{\mathrm{m}}\sigma_{\mathrm{e}}}\left(\dfrac{\partial B_x}{\partial y}-\dfrac{\partial B_y}{\partial x}\right)-\dfrac{B_x}{Re_{\mathrm{m}}n_{\mathrm{e}}}\left(\dfrac{\partial B_z}{\partial x}-\dfrac{\partial B_x}{\partial z}\right)+\dfrac{B_y}{Re_{\mathrm{m}}n_{\mathrm{e}}}\left(\dfrac{\partial B_y}{\partial z}-\dfrac{\partial B_z}{\partial y}\right) \\[4mm]
0 \\[3mm]
-\dfrac{1}{Re_{\mathrm{m}}\sigma_{\mathrm{e}}}\left(\dfrac{\partial B_y}{\partial z}-\dfrac{\partial B_z}{\partial y}\right)-\dfrac{B_z}{Re_{\mathrm{m}}n_{\mathrm{e}}}\left(\dfrac{\partial B_z}{\partial x}-\dfrac{\partial B_x}{\partial z}\right)+\dfrac{B_y}{Re_{\mathrm{m}}n_{\mathrm{e}}}\left(\dfrac{\partial B_x}{\partial y}-\dfrac{\partial B_y}{\partial x}\right) \\[4mm]
\dfrac{1}{Re}\left(u\tau_{yx}+v\tau_{yy}+w\tau_{yz}\right)-\dfrac{1}{RePr(\gamma-1)Ma^2}q_y+\dfrac{1}{Re_{\mathrm{m}}Ma_{\mathrm{m}}^2}q_{\mathrm{J}y} \\[4mm]
0
\end{bmatrix}
\tag{6.41}
$$

$$
\boldsymbol{G}_{\mathrm{v}} = \begin{bmatrix} 0 \\[4pt] \dfrac{1}{Re}\tau_{zx} \\[8pt] \dfrac{1}{Re}\tau_{zy} \\[8pt] \dfrac{1}{Re}\tau_{zz} \\[8pt] -\dfrac{1}{Re_{\mathrm{m}}\sigma_{\mathrm{e}}}\left(\dfrac{\partial B_z}{\partial x}-\dfrac{\partial B_x}{\partial z}\right)-\dfrac{B_x}{Re_{\mathrm{m}}n_{\mathrm{e}}}\left(\dfrac{\partial B_x}{\partial y}-\dfrac{\partial B_y}{\partial x}\right)+\dfrac{B_z}{Re_{\mathrm{m}}n_{\mathrm{e}}}\left(\dfrac{\partial B_y}{\partial z}-\dfrac{\partial B_z}{\partial y}\right) \\[12pt] \dfrac{1}{Re_{\mathrm{m}}\sigma_{\mathrm{e}}}\left(\dfrac{\partial B_y}{\partial z}-\dfrac{\partial B_z}{\partial y}\right)+\dfrac{B_z}{Re_{\mathrm{m}}n_{\mathrm{e}}}\left(\dfrac{\partial B_z}{\partial x}-\dfrac{\partial B_x}{\partial z}\right)-\dfrac{B_y}{Re_{\mathrm{m}}n_{\mathrm{e}}}\left(\dfrac{\partial B_x}{\partial y}-\dfrac{\partial B_y}{\partial x}\right) \\[12pt] 0 \\[6pt] \dfrac{1}{Re}\left(u\tau_{zx}+v\tau_{zy}+w\tau_{zz}\right)-\dfrac{1}{RePr(\gamma-1)Ma^2}q_z+\dfrac{1}{Re_{\mathrm{m}}Ma_{\mathrm{m}}^2}q_{Jz} \\[10pt] 0 \end{bmatrix} \tag{6.42}
$$

$$
\boldsymbol{H} = \begin{bmatrix} 0 & 0 & 0 & 0 & 0 & 0 & 0 & 0 & -\dfrac{c_{\mathrm{h}}^2}{c_{\mathrm{b}}^2}\psi \end{bmatrix}^{\mathrm{T}} \tag{6.43}
$$

6.1.4　热化学模型

为了封闭求解磁流体控制方程组,必须计算出相关的等离子体物性参数,这就需要首先确定等离子体的组成成分。对于 PTFE 烧蚀产生的等离子体,Kovitya[14]、Schmahl[15]、Cassibry[16]、Sonoda[17]采用最小自由能方法或平衡常数法计算了包括电子、碳氟原子、分子及离子在内的二十余种组分的状态参数。本节通过发射光谱诊断没有观测到碳氟化合物的特征谱线,而且相关分子的基本数据比较缺乏,这里假设等离子体中只包含最基本的电子、碳氟原子及其电离产生的离子,即组分为 e^-、C、C^+、$C^{N_{C^+}}$、$\cdots$、F、F^+、$\cdots$、$F^{N_{F^+}}$,其中 N_C 和 N_F 表示碳氟离子的最高价次,由此根据沙哈方程可以建立计算量较小的等离子体热化学模型。

当各组分粒子的热运动速度满足麦克斯韦速度分布时,等离子体中的每种组分都满足完全气体状态方程,于是由 Dalton 分压定律有

$$
p = \left(\sum_{j=0}^{N_C} n_{C^{j+}} + \sum_{j=0}^{N_F} n_{F^{j+}}\right)\kappa T_{\mathrm{h}} + n_{\mathrm{e}}\kappa T_{\mathrm{e}} \tag{6.44}
$$

以 m_C 和 m_F 表示碳氟原子的质量，等离子体密度 ρ 可以表示为

$$\rho = m_C \sum_{j=0}^{N_C} n_{C^{j+}} + m_F \sum_{j=0}^{N_F} n_{F^{j+}} + m_e n_e \approx m_C \sum_{j=0}^{N_C} n_{C^{j+}} + m_F \sum_{j=0}^{N_F} n_{F^{j+}} \tag{6.45}$$

根据 PTFE 的分子结构，由元素守恒条件可以得到

$$\sum_{j=0}^{N_C} n_{C^{j+}} \bigg/ \sum_{j=0}^{N_F} n_{F^{j+}} = \frac{1}{2} \tag{6.46}$$

根据等离子体准中性假设：

$$n_e = \sum_{j=1}^{N_C} j n_{C^{j+}} + \sum_{j=1}^{N_F} j n_{F^{j+}} \tag{6.47}$$

在局域热力学平衡假设下，等离子体中发生反应的各组分的数密度满足质量作用定律，在电离反应中该定律即表示为沙哈方程[18]：

$$\frac{n_{M^{(j+1)+}} n_e}{n_{M^{j+}}} = \frac{2Z_{j+1}}{Z_j} \left(\frac{2\pi m_e k_B T_e}{h^2} \right)^{3/2} \exp\left(-\frac{E_j}{k_B T_e} \right) \tag{6.48}$$

式中，M 表示组分元素；Z_j 与 Z_{j+1} 分别为 j 次和 $j+1$ 次电离的粒子的配分函数；h 为普朗克(Planck)常数；E_j 为该电离反应的电离能。

重粒子的配分函数等于平动配分函数、转动配分函数、振动配分函数和电子配分函数之积[19]，对于本节中的碳氟原子或离子，由于没有转动能和振动能，Z_j 与 Z_{j+1} 仅根据平动配分函数 Q_{tr} 和电子配分函数 Q_{el} 计算，其形式分别为

$$Q_{tr} = \left(\frac{2\pi m \kappa T}{h^2} \right)^{3/2} V_s \tag{6.49}$$

$$Q_{el} = \sum_{l=0}^{\infty} g_l \exp\left(-\frac{\varepsilon_l}{\kappa T_e} \right) \tag{6.50}$$

式中，V_s 为系统体积；g_l 为电子简并度；ε_l 为能级。联立上述公式，首先容易根据元素守恒求出重粒子数密度 n_h，定义各组分数密度与重粒子数密度之比，即 $\alpha_e = n_e/n_h$，$\alpha_M^j = n_{mj+}/n_h$，记沙哈方程右端项为 f_M^{j+1}，则有

$$f(\alpha_e) = \frac{\sum\limits_{j=1}^{N_C} \dfrac{j\prod\limits_{j=1}^{N_C} f_C^j}{(\alpha_e n_h)^j}}{1 + \sum\limits_{j=1}^{N_C} \dfrac{\prod\limits_{j=1}^{N_C} f_C^j}{(\alpha_e n_h)^j}} + \frac{2\sum\limits_{j=1}^{N_F} \dfrac{j\prod\limits_{j=1}^{N_F} f_F^j}{(\alpha_e n_h)^j}}{1 + \sum\limits_{j=1}^{N_F} \dfrac{\prod\limits_{j=1}^{N_F} f_F^j}{(\alpha_e n_h)^j}} - \frac{(m_C + 2m_F)\alpha_e n_h}{\rho} = 0 \tag{6.51}$$

通过反复迭代求出 α_e 就可以计算出给定状态参数下等离子体中各组分的粒子数密度，再利用配分函数可以方便地计算得到等离子体的热力学特性。

6.1.5　输运系数

在处于非平衡态的等离子体中，参量分布不均、体系内部的速度梯度、温度梯度、电势梯度等因素会引起动量传递、热量传递和电荷迁移等输运过程，这些过程的强弱程度由输运系数来表征，包括黏性系数、热导率和电导率等[20]。输运系数严格的理论公式是从玻尔兹曼方程出发，利用 Chapman-Enskog 展开推导得到的，计算中需要各种粒子间碰撞截面的数据。由于碰撞截面的测量数据常有较大误差，采用理论计算又因缺乏对粒子间相互作用势的精确知识而带来不确定性，同时鉴于计算烦琐复杂，本节采用简化模型进行计算。

1. 黏性系数

流体层之间存在相对运动时会产生剪切应力，单位速度梯度引起的剪切应力用黏性系数表示。等离子体的动量主要集中在重粒子上，因此可以忽略电子的作用。根据 Braginskii 公式[21]，用 ν_h 表示重粒子的碰撞频率，黏性系数为

$$\mu_f = 0.96 \frac{n k_B T_h}{\nu_h} \tag{6.52}$$

2. 热导率

热导率表示单位温度梯度引起的热流密度。对于重粒子和电子，以 ν_e 和 ν_{ei} 表示电子碰撞频率和电子-离子碰撞频率，其热导率计算公式[22]分别为

$$\lambda_h = \frac{\mu_f c_p}{Pr} \tag{6.53}$$

$$\lambda_e = \frac{2.4}{1 + \nu_{ei}/(\sqrt{2}\nu_e)} \frac{k_B^2 n_e T_e}{m_e \nu_e} \tag{6.54}$$

3. 电导率

在电场作用下，等离子体中的电子和离子会发生相对运动，电流不断增加，同时电子与离子之间的 Coulomb 碰撞又会阻碍它们的加速过程。当电子与离子的运动趋于平衡时，电流密度与电场强度成正比，其比例系数定义为等离子体的电导率。对于弱电离等离子体，电导率可以根据 Krook 碰撞模型[23]表示为

$$\sigma_e = \frac{e^2 n_e}{m_e \nu_e} \tag{6.55}$$

6.2 数值计算方法

6.2.1 坐标变换

1. 烧蚀传热方程坐标变换

在工质的烧蚀过程中，烧蚀表面和相变界面的位置是不断变化的，这给烧蚀过程的数值计算带来很大困难。为了解决这一问题，进行如下坐标变换：

$$\chi = \frac{x - s(y,z,t)}{\ell(y,z,t)} \tag{6.56}$$

$$\xi = \frac{x - s(y,z,t) - \ell(y,z,t)}{l(y,z,t)} \tag{6.57}$$

经过变换后，新的坐标 χ 在无定形体区域的取值范围和 ξ 在晶体区域的取值范围均为 $[0,1]$。在新的坐标系中，烧蚀传热方程 (6.7) 和方程 (6.8) 变换后的形式分别为

$$
\begin{aligned}
\rho_c c_c \frac{\partial T_c}{\partial t} = {} & \frac{\lambda_c \left(A_y{}^2 + A_z{}^2 + 1 \right)}{l^2} \frac{\partial^2 T_c}{\partial \xi^2} + \lambda_c \frac{\partial^2 T_c}{\partial y^2} + \lambda_c \frac{\partial^2 T_c}{\partial z^2} - \frac{2\lambda_c A_y}{l} \frac{\partial^2 T_c}{\partial \xi \partial y} - \frac{2\lambda_c A_z}{l} \frac{\partial^2 T_c}{\partial \xi \partial z} \\
& + \frac{1}{l} \frac{\partial T_c}{\partial \xi} \left(\rho_c c_c A_t + \frac{A_y{}^2 + A_z{}^2 + 1}{l} \frac{\partial \lambda_c}{\partial \xi} - A_y \frac{\partial \lambda_c}{\partial y} - A_z \frac{\partial \lambda_c}{\partial z} + \frac{2\lambda_c A_y}{l} \frac{\partial l}{\partial y} + \frac{2\lambda_c A_z}{l} \frac{\partial l}{\partial z} \right. \\
& \left. - \lambda_c \frac{\partial A_y}{\partial y} - \lambda_c \frac{\partial A_z}{\partial z} \right) + \frac{\partial T_c}{\partial y} \left(\frac{\partial \lambda_c}{\partial y} - \frac{A_y}{l} \frac{\partial \lambda_c}{\partial \xi} \right) + \frac{\partial T_c}{\partial z} \left(\frac{\partial \lambda_c}{\partial z} - \frac{A_z}{l} \frac{\partial \lambda_c}{\partial \xi} \right)
\end{aligned}
$$

$$\tag{6.58}$$

$$\rho_a c_a \frac{\partial T_a}{\partial t} = \frac{\lambda_a \left(A_y{}^2 + A_z{}^2 + 1 \right)}{\ell^2} \frac{\partial^2 T_a}{\partial \chi^2} + \lambda_a \frac{\partial^2 T_a}{\partial y^2} + \lambda_a \frac{\partial^2 T_a}{\partial z^2} - \frac{2\lambda_a A_y}{\ell} \frac{\partial^2 T_a}{\partial \chi \partial y} - \frac{2\lambda_a A_z}{\ell} \frac{\partial^2 T_a}{\partial \chi \partial z}$$

$$+ \frac{1}{\ell} \frac{\partial T_a}{\partial \chi} \left(\rho_a c_a A_t + \frac{A_y{}^2 + A_z{}^2 + 1}{\ell} \frac{\partial \lambda_a}{\partial \chi} - A_y \frac{\partial \lambda_a}{\partial y} - A_z \frac{\partial \lambda_a}{\partial z} + \frac{2\lambda_a A_y}{\ell} \frac{\partial \ell}{\partial y} + \frac{2\lambda_a A_z}{\ell} \frac{\partial \ell}{\partial z} \right.$$

$$\left. - \lambda_a \frac{\partial A_y}{\partial y} - \lambda_a \frac{\partial A_z}{\partial z} \right) + \frac{\partial T_a}{\partial y} \left(\frac{\partial \lambda_a}{\partial y} - \frac{A_y}{\ell} \frac{\partial \lambda_a}{\partial \chi} \right) + \frac{\partial T_a}{\partial z} \left(\frac{\partial \lambda_a}{\partial z} - \frac{A_z}{\ell} \frac{\partial \lambda_a}{\partial \chi} \right) + Q_p \left(T_a \right)$$

$$\tag{6.59}$$

其中,

$$A_{(y,z,t)} = \begin{cases} (1-\xi)\left(\dfrac{\partial s(y,z,t)}{\partial (y,z,t)} + \dfrac{\partial \ell(y,z,t)}{\partial (y,z,t)} \right), & \text{晶体区域} \\[4mm] \dfrac{\partial s(y,z,t)}{\partial (y,z,t)} + \chi \dfrac{\partial \ell(y,z,t)}{\partial (y,z,t)}, & \text{无定形体区域} \end{cases} \tag{6.60}$$

2. 磁流体控制方程组坐标变换

为便于计算,通常需要经坐标变换将物理域转换到计算域,无量纲形式的 GLM-MHD 方程组(6.33)在一般曲线坐标系(ξ, η, ζ)下的形式为

$$\frac{\partial \bar{Q}}{\partial t} + \frac{\partial \bar{E}}{\partial \xi} + \frac{\partial \bar{F}}{\partial \eta} + \frac{\partial \bar{G}}{\partial \zeta} = \frac{\partial \bar{E}_v}{\partial \xi} + \frac{\partial \bar{F}_v}{\partial \eta} + \frac{\partial \bar{G}_v}{\partial \zeta} + \bar{H} \tag{6.61}$$

以 J^{-1} 表示坐标变换矩阵的行列式为

$$J^{-1} = \left| \frac{\partial (x,y,z)}{\partial (\xi,\eta,\zeta)} \right| = x_\xi \left(y_\eta z_\zeta - y_\zeta z_\eta \right) + x_\eta \left(y_\zeta z_\xi - y_\xi z_\zeta \right) + x_\zeta \left(y_\xi z_\eta - y_\eta z_\xi \right) \tag{6.62}$$

则式(6.61)中的各通量可以表示为

$$\bar{Q} = J^{-1} Q, \quad \bar{H} = J^{-1} H$$

$$\bar{E} = J^{-1}(\xi_x E + \xi_y F + \xi_z G), \quad \bar{E}_v = J^{-1}(\xi_x E_v + \xi_y F_v + \xi_z G_v)$$

$$\bar{F} = J^{-1}(\eta_x E + \eta_y F + \eta_z G), \quad \bar{F}_v = J^{-1}(\eta_x E_v + \eta_y F_v + \eta_z G_v) \tag{6.63}$$

$$\bar{G} = J^{-1}(\zeta_x E + \zeta_y F + \zeta_z G), \quad \bar{G}_v = J^{-1}(\zeta_x E_v + \zeta_y F_v + \zeta_z G_v)$$

定义无黏通量的 Jacobi 矩阵，磁流体控制方程组 (6.61) 可以写为

$$\frac{\partial \bar{\boldsymbol{Q}}}{\partial t} + \bar{\boldsymbol{A}}\frac{\partial \bar{\boldsymbol{Q}}}{\partial \xi} + \bar{\boldsymbol{B}}\frac{\partial \bar{\boldsymbol{Q}}}{\partial \eta} + \bar{\boldsymbol{C}}\frac{\partial \bar{\boldsymbol{Q}}}{\partial \zeta} = \frac{\partial \bar{\boldsymbol{E}}_\mathrm{v}}{\partial \xi} + \frac{\partial \bar{\boldsymbol{F}}_\mathrm{v}}{\partial \eta} + \frac{\partial \bar{\boldsymbol{G}}_\mathrm{v}}{\partial \zeta} + \bar{\boldsymbol{H}} \tag{6.64}$$

式中的 Jacobi 矩阵计算为

$$\begin{aligned}
\bar{\boldsymbol{A}} &= \frac{\partial \bar{\boldsymbol{E}}}{\partial \bar{\boldsymbol{Q}}} = \xi_x \frac{\partial \boldsymbol{E}}{\partial \boldsymbol{Q}} + \xi_y \frac{\partial \boldsymbol{F}}{\partial \boldsymbol{Q}} + \xi_z \frac{\partial \boldsymbol{G}}{\partial \boldsymbol{Q}} \\
\bar{\boldsymbol{B}} &= \frac{\partial \bar{\boldsymbol{F}}}{\partial \bar{\boldsymbol{Q}}} = \eta_x \frac{\partial \boldsymbol{E}}{\partial \boldsymbol{Q}} + \eta_y \frac{\partial \boldsymbol{F}}{\partial \boldsymbol{Q}} + \eta_z \frac{\partial \boldsymbol{G}}{\partial \boldsymbol{Q}} \\
\bar{\boldsymbol{C}} &= \frac{\partial \bar{\boldsymbol{G}}}{\partial \bar{\boldsymbol{Q}}} = \zeta_x \frac{\partial \boldsymbol{E}}{\partial \boldsymbol{Q}} + \zeta_y \frac{\partial \boldsymbol{F}}{\partial \boldsymbol{Q}} + \zeta_z \frac{\partial \boldsymbol{G}}{\partial \boldsymbol{Q}}
\end{aligned} \tag{6.65}$$

6.2.2　Jacobi 矩阵与特征值

求解磁流体控制方程组需要确定 Jacobi 矩阵 $\bar{\boldsymbol{A}}$、$\bar{\boldsymbol{B}}$、$\bar{\boldsymbol{C}}$ 的具体形式及其特征值，由于方程组极其复杂，其 Jacobi 矩阵无法直接求出，为此引入原始变量：

$$\boldsymbol{\Phi} = \begin{bmatrix} \rho & u & v & w & B_x & B_y & B_z & p & \psi \end{bmatrix}^{\mathrm{T}} \tag{6.66}$$

于是可以得到

$$A_\Phi = \frac{\partial \boldsymbol{\Phi}}{\partial \boldsymbol{Q}}\frac{\partial \boldsymbol{E}}{\partial \boldsymbol{\Phi}} = \begin{bmatrix}
u & \rho & 0 & 0 & 0 & 0 & 0 & 0 & 0 \\
0 & u & 0 & 0 & -\dfrac{B_x}{\rho M_\mathrm{m}^2} & \dfrac{B_y}{\rho M_\mathrm{m}^2} & \dfrac{B_z}{\rho M_\mathrm{m}^2} & \dfrac{1}{\rho} & 0 \\
0 & 0 & u & 0 & -\dfrac{B_y}{\rho M_\mathrm{m}^2} & -\dfrac{B_x}{\rho M_\mathrm{m}^2} & 0 & 0 & 0 \\
0 & 0 & 0 & u & -\dfrac{B_z}{\rho M_\mathrm{m}^2} & 0 & -\dfrac{B_x}{\rho M_\mathrm{m}^2} & 0 & 0 \\
0 & 0 & 0 & 0 & 0 & 0 & 0 & 0 & 1 \\
0 & B_y & -B_x & 0 & -v & u & 0 & 0 & 0 \\
0 & B_z & 0 & -B_x & -w & 0 & u & 0 & 0 \\
0 & \gamma p & 0 & 0 & \dfrac{\bar{\gamma}}{M_\mathrm{m}^2}\boldsymbol{V}\cdot\boldsymbol{B} & 0 & 0 & u & -\dfrac{\bar{\gamma}B_x}{M_\mathrm{m}^2} \\
0 & 0 & 0 & 0 & c_\mathrm{h}^2 & 0 & 0 & 0 & 0
\end{bmatrix} \tag{6.67}$$

其中，$\bar{\gamma}=\gamma-1$，由此可以求出无黏通量 E 对应的 Jacobi 矩阵为

$$A=\frac{\partial E}{\partial Q}=\left(\frac{\partial Q}{\partial \Phi}\right)A_{\Phi}\left(\frac{\partial Q}{\partial \Phi}\right)^{-1}$$

$$=\begin{bmatrix} 0 & 1 & 0 & 0 & 0 & 0 & 0 & 0 & 0 \\ \dfrac{\bar{\gamma}V^2}{2}-u^2 & 2u-\bar{\gamma}u & -\bar{\gamma}v & -\bar{\gamma}w & -\dfrac{\gamma B_x}{M_m^2} & \dfrac{(1-\bar{\gamma})B_y}{M_m^2} & \dfrac{(1-\bar{\gamma})B_z}{M_m^2} & \bar{\gamma} & 0 \\ -uv & v & u & 0 & -\dfrac{B_y}{M_m^2} & -\dfrac{B_x}{M_m^2} & 0 & 0 & 0 \\ -uw & w & 0 & u & -\dfrac{B_z}{M_m^2} & 0 & -\dfrac{B_x}{M_m^2} & 0 & 0 \\ 0 & 0 & 0 & 0 & 0 & 0 & 0 & 0 & 1 \\ \dfrac{vB_x-uB_y}{\rho} & \dfrac{B_y}{\rho} & -\dfrac{B_x}{\rho} & 0 & -v & u & 0 & 0 & 0 \\ \dfrac{wB_x-uB_z}{\rho} & \dfrac{B_z}{\rho} & 0 & \dfrac{-B_x}{\rho} & -w & 0 & u & 0 & 0 \\ \Xi & \Omega & -uv\bar{\gamma}-\dfrac{B_xB_y}{\rho M_m^2} & -uw\bar{\gamma}-\dfrac{B_xB_z}{\rho M_m^2} & \Lambda & \Theta & \Upsilon & \gamma u & 0 \\ 0 & 0 & 0 & 0 & c_h^2 & 0 & 0 & 0 & 0 \end{bmatrix}$$

$$(6.68)$$

其中，

$$\Xi=\frac{(\gamma-2)V^2u}{2}-\frac{\gamma pu}{\bar{\gamma}\rho}+\frac{B_x(vB_y+wB_z)-u(B_y^2+B_z^2)}{\rho M_m^2}$$

$$\Omega=\frac{\gamma p}{\bar{\gamma}\rho}+\frac{V^2}{2}-\bar{\gamma}u^2+\frac{B_y^2+B_z^2}{\rho M_m^2},\quad \Lambda=-\frac{\gamma uB_x+vB_y+wB_z}{M_m^2} \qquad (6.69)$$

$$\Theta=\frac{(1-\bar{\gamma})uB_y-vB_x}{M_m^2},\quad \Upsilon=\frac{(1-\bar{\gamma})uB_z-wB_x}{M_m^2}$$

采用相同的方法可以得到无黏通量 F、G 对应的 Jacobi 矩阵 B、C，于是由式 (6.65) 可以求出 Jacobi 矩阵 $\bar{A}$、$\bar{B}$、$\bar{C}$。由于 A 与 A_{Φ} 具有相同的特征值，根据 A_{Φ} 以及具有相似形式的 B_{Φ} 和 C_{Φ} 即可求出 $\bar{A}$、$\bar{B}$、$\bar{C}$ 的特征值。$\bar{A}$、$\bar{B}$、$\bar{C}$ 的特征值也具有相似的表达式，以 $\bar{A}$ 为例，其 9 个特征值为

$$\lambda_1=V_\varsigma,\quad \lambda_{2,3}=V_\varsigma\pm v_{a\varsigma},\quad \lambda_{4,5}=V_\varsigma\pm v_{p+},\quad \lambda_{6,7}=V_\varsigma\pm v_{p-},\quad \lambda_{8,9}=\pm\varsigma c_h \qquad (6.70)$$

其中，

$$V_\varsigma = \xi_x u + \xi_y v + \xi_z w, \quad \varsigma = \sqrt{\xi_x^2 + \xi_y^2 + \xi_z^2} \tag{6.71}$$

$$c_s = \sqrt{\frac{\gamma p}{\rho}}, \quad v_a = \frac{B}{\sqrt{\rho M_m^2}}, \quad v_{a\varsigma} = \frac{B_\varsigma}{\sqrt{\rho M_m^2}}$$

$$v_{p+} = \sqrt{\frac{1}{2}\left[\varsigma^2\left(c_s^2 + v_a^2\right) + \sqrt{\varsigma^4\left(c_s^2 + v_a^2\right)^2 - 4\varsigma^2 c_s^2 v_{a\varsigma}^2}\right]} \tag{6.72}$$

$$v_{p-} = \sqrt{\frac{1}{2}\left[\varsigma^2\left(c_s^2 + v_a^2\right) - \sqrt{\varsigma^4\left(c_s^2 + v_a^2\right)^2 - 4\varsigma^2 c_s^2 v_{a\varsigma}^2}\right]}$$

式中，c_s 为热力学声速；v_a 和 $v_{a\varsigma}$ 为阿尔芬速度；v_{p+} 和 v_{p-} 分别为快磁声波和慢磁声波的相速度，反映了等离子体气动压力和磁压力的共同作用。特征值 $\lambda_{8,9}$ 表明参数 c_h 的物理意义在于使磁场散度向周边传播，从而避免了伪磁场散度在局部位置的累积。上面 9 个特征值都是非零的，可见九波形式的 GLM-MHD 方程组在消减伪磁场散度和保持 MHD 方程组守恒形式的同时也解决了奇异性问题，因此具有很大的优异性。

6.2.3　时间离散方法

1. WSSOR 算法

本书采用有限差分方法对烧蚀传热方程进行离散求解。在 PTFE 烧蚀过程中，无定形体区域的厚度非常小，只有微米量级，为避免显式格式计算时因稳定性限制带来的时间步长过小、计算时间过长的问题，这里采用隐式格式进行计算。对烧蚀传热方程的时间导数项采用一阶前向差分，空间导数项采用二阶中心差分，对内热源项进行 Taylor 级数展开，坐标变换后的烧蚀传热方程可以离散成具有如下形式的十五点格式：

$$\begin{aligned}
&a_0 T_{i,j,k}^{n+1} + a_1 T_{i+1,j,k}^{n+1} + a_2 T_{i-1,j,k}^{n+1} + a_3 T_{i,j+1,k}^{n+1} + a_4 T_{i,j-1,k}^{n+1} + a_5 T_{i,j,k+1}^{n+1} \\
&+ a_6 T_{i,j,k-1}^{n+1} + a_7 T_{i+1,j+1,k}^{n+1} + a_8 T_{i+1,j-1,k}^{n+1} + a_9 T_{i-1,j+1,k}^{n+1} + a_{10} T_{i-1,j-1,k}^{n+1} \\
&+ a_{11} T_{i+1,j,k+1}^{n+1} + a_{12} T_{i+1,j,k-1}^{n+1} + a_{13} T_{i-1,j,k+1}^{n+1} + a_{14} T_{i-1,j,k-1}^{n+1} = f\left(T_{i,j,k}^n\right)
\end{aligned} \tag{6.73}$$

式中，a_0，a_1，$\cdots$，a_{14} 为系数。直接求解式(6.73)需要对一个大型稀疏矩阵代数方程组进行矩阵求逆运算，难度很大，这种线性代数方程组通常采用迭代求解的方法。目前的迭代解法主要有 Jacobi 迭代、Gauss-Siedel 迭代、SOR 迭代、SSOR 迭代[24]，这几种方法都是通过对线性方程组的系数矩阵进行分裂得到的。本节采用由 SOR 迭代算法和 SSOR 迭代算法改进的加权-对称超松弛迭代算法（WSSOR）进行求解。WSSOR 算法将 SOR 迭代和 SSOR 迭代生成的向量进行加权平均[25]，具有更快的收敛速度和更高的计算精度，其迭代格式为

$$T^{n+1} = \theta\left(\boldsymbol{H}_{\text{SOR}}\boldsymbol{T}^n + \boldsymbol{V}_{\text{SOR}}\right) + (1-\theta)\left(\boldsymbol{H}_{\text{SSOR}}\boldsymbol{T}^n + \boldsymbol{V}_{\text{SSOR}}\right) \tag{6.74}$$

式中，θ 为加权因子；$\boldsymbol{H}_{\text{SOR}}$ 和 $\boldsymbol{H}_{\text{SSOR}}$ 分别为 SOR 迭代算法和 SSOR 迭代算法的迭代矩阵；$\boldsymbol{V}_{\text{SOR}}$ 和 $\boldsymbol{V}_{\text{SSOR}}$ 为两种迭代格式中的右端向量。

2. 双时间步方法

除了奇异性和伪磁场散度问题，数值求解磁流体方程组还面临着严重的刚性问题。当流场局部等离子体的电导率较小时，流场中的磁雷诺数也较小，使得磁感应方程中的磁扩散项明显大于对流项，造成磁流体方程组求解非常困难。当磁感应方程中包括霍尔效应项时，磁流体方程组的刚性问题更为突出，给数值求解带来更大的挑战。由于方程组的刚性源于磁黏滞项，通常处理刚性问题所用的点隐法、松弛法、解耦法等方法并不适用，一般只能减小时间步长，这对计算量本身就比同网格量级 CFD 模拟大几倍的 MHD 模拟来说是极为不利的。为了尽量避免刚性问题带来的不良影响，本节采用隐式双时间步方法对磁流体控制方程组进行离散求解，以增强计算稳定性，提高计算效率。

双时间步方法的基本思想是，在冻结的真实时刻点上引入虚拟时间迭代过程，通过这种内迭代过程来提高时间精度[26]。对磁流体控制方程组（6.61）的时间导数项采用具有二阶精度的三点后差离散，对无黏项和源项进行隐式处理，可以得到

$$J^{-1}\frac{3\boldsymbol{Q}^{n+1} - 4\boldsymbol{Q}^n + \boldsymbol{Q}^{n-1}}{2\Delta t} + (\delta_\xi\bar{\boldsymbol{E}} + \delta_\eta\bar{\boldsymbol{F}} + \delta_\zeta\bar{\boldsymbol{G}})^{n+1} = (\bar{\delta}_\xi\bar{\boldsymbol{E}}_{\text{v}} + \bar{\delta}_\eta\bar{\boldsymbol{F}}_{\text{v}} + \bar{\delta}_\zeta\bar{\boldsymbol{G}}_{\text{v}})^n + J^{-1}\boldsymbol{H}^{n+1}$$

$$\tag{6.75}$$

式中，Δt 为真实时间步长；δ 为无黏项差分算子；$\bar{\delta}$ 为中心差分算子；n 为真实时间推进步数。引入虚拟时间迭代过程，以 $\Delta\tau$ 表示虚拟时间步长，以 p 表示虚拟时间迭代步数，有

$$J^{-1}\frac{\boldsymbol{Q}^{p+1} - \boldsymbol{Q}^p}{\Delta\tau} + J^{-1}\frac{3\boldsymbol{Q}^{p+1} - 4\boldsymbol{Q}^n + \boldsymbol{Q}^{n-1}}{2\Delta t} + (\delta_\xi\bar{\boldsymbol{E}} + \delta_\eta\bar{\boldsymbol{F}} + \delta_\zeta\bar{\boldsymbol{G}})^{p+1}$$
$$= (\bar{\delta}_\xi\bar{\boldsymbol{E}}_{\text{v}} + \bar{\delta}_\eta\bar{\boldsymbol{F}}_{\text{v}} + \bar{\delta}_\zeta\bar{\boldsymbol{G}}_{\text{v}})^p + J^{-1}\boldsymbol{H}^{p+1} \tag{6.76}$$

应用无黏通量的 Jacobi 矩阵，对源项取一阶 Taylor 展开，通过整理可以得到

$$\left[\left(\frac{J^{-1}}{\Delta\tau}+\frac{3J^{-1}}{2\Delta t}\right)\boldsymbol{I}-J^{-1}\left(\frac{\partial\boldsymbol{H}}{\partial\boldsymbol{Q}}\right)^{p}+J^{-1}(\delta_{\xi}\overline{\boldsymbol{A}}+\delta_{\eta}\overline{\boldsymbol{B}}+\delta_{\zeta}\overline{\boldsymbol{C}})^{p}\right]\Delta\boldsymbol{Q}^{p}=\boldsymbol{RHS}^{p}$$

$$=-\left[J^{-1}\frac{3\boldsymbol{Q}^{p}-4\boldsymbol{Q}^{n}+\boldsymbol{Q}^{n-1}}{2\Delta t}+(\delta_{\xi}\overline{\boldsymbol{E}}+\delta_{\eta}\overline{\boldsymbol{F}}+\delta_{\zeta}\overline{\boldsymbol{G}}-\delta_{\xi}\overline{\boldsymbol{E}}_{\mathrm{v}}-\delta_{\eta}\overline{\boldsymbol{F}}_{\mathrm{v}}-\delta_{\zeta}\overline{\boldsymbol{G}}_{\mathrm{v}}-J^{-1}\boldsymbol{H})^{p}\right]$$

$$(6.77)$$

式中，$\boldsymbol{I}$ 为单位矩阵；$\Delta\boldsymbol{Q}^{p}=\boldsymbol{Q}^{p+1}-\boldsymbol{Q}^{p}$。当 $\Delta\boldsymbol{Q}^{p}\to 0$ 时，令 $\boldsymbol{Q}^{n+1}=\boldsymbol{Q}^{p+1}$ 即可得到相应时刻的非定常解。

3. LU-SGS 方法

在目前的隐式方法中，Yoon 和 Jameson 提出的 LU-SGS（lower-upper symmetric Gauss-Seidel）迭代方法应用非常广泛[26]。LU-SGS 方法应用谱半径分裂的方法构造 $\overline{\boldsymbol{A}}$、$\overline{\boldsymbol{B}}$、$\overline{\boldsymbol{C}}$ 的近似 Jacobi 矩阵 $\hat{\boldsymbol{A}}^{\pm}$、$\hat{\boldsymbol{B}}^{\pm}$、$\hat{\boldsymbol{C}}^{\pm}$，表达式为

$$\begin{cases}\hat{\boldsymbol{A}}^{\pm}=\dfrac{1}{2}[\overline{\boldsymbol{A}}\pm\rho(\overline{\boldsymbol{A}})\boldsymbol{I}]\\[2mm]\hat{\boldsymbol{B}}^{\pm}=\dfrac{1}{2}[\overline{\boldsymbol{B}}\pm\rho(\overline{\boldsymbol{B}})\boldsymbol{I}]\\[2mm]\hat{\boldsymbol{C}}^{\pm}=\dfrac{1}{2}[\overline{\boldsymbol{C}}\pm\rho(\overline{\boldsymbol{C}})\boldsymbol{I}]\end{cases}\qquad(6.78)$$

式中，$\rho(\overline{\boldsymbol{A}})=b\max[|\lambda(\overline{\boldsymbol{A}})|]$，其中 b 是用来调节稳定性的大于或等于 1 的常数，$\lambda(\overline{\boldsymbol{A}})$ 为矩阵的特征值；$\rho(\overline{\boldsymbol{B}})$ 和 $\rho(\overline{\boldsymbol{C}})$ 的表达式类似。将采用上述近似 Jacobi 矩阵改写后的式(6.77)进行近似 LU 分解，其形式为

$$\boldsymbol{LD}^{-1}\boldsymbol{U}\Delta\boldsymbol{Q}^{p}=\boldsymbol{RHS}^{p}\qquad(6.79)$$

其中，$\boldsymbol{D}$ 为对角阵，$\boldsymbol{L}$、$\boldsymbol{U}$ 为三角阵，其表达式分别为

$$\boldsymbol{D}=\left(\frac{1}{\Delta\tau}+\frac{3}{2\Delta t}+\rho(\overline{\boldsymbol{A}})+\rho(\overline{\boldsymbol{B}})+\rho(\overline{\boldsymbol{C}})\right)J^{-1}\boldsymbol{I}-J^{-1}\left(\frac{\partial\boldsymbol{H}}{\partial\boldsymbol{Q}}\right)^{p}$$

$$\boldsymbol{L}=\boldsymbol{D}+J^{-1}\left(\delta_{\xi}^{-}\hat{\boldsymbol{A}}^{+}+\delta_{\eta}^{-}\hat{\boldsymbol{B}}^{+}+\delta_{\zeta}^{-}\hat{\boldsymbol{C}}^{+}-\hat{\boldsymbol{A}}^{+}-\hat{\boldsymbol{B}}^{+}-\hat{\boldsymbol{C}}^{+}\right)^{p}\qquad(6.80)$$

$$\boldsymbol{U}=\boldsymbol{D}+J^{-1}\left(\delta_{\xi}^{+}\hat{\boldsymbol{A}}^{-}+\delta_{\eta}^{+}\hat{\boldsymbol{B}}^{-}+\delta_{\zeta}^{+}\hat{\boldsymbol{C}}^{-}+\hat{\boldsymbol{A}}^{-}+\hat{\boldsymbol{B}}^{-}+\hat{\boldsymbol{C}}^{-}\right)^{p}$$

在分解完成之后，通过两次扫描和一次标量求逆即可求得 $\Delta\boldsymbol{Q}^{p}$，计算步骤为

$$\begin{cases} L\Delta Q^* = RHS^p \\ \Delta Q^{**} = D\Delta Q^* \\ U\Delta Q^p = \Delta Q^{**} \end{cases} \quad (6.81)$$

LU-SGS 方法的计算稳定性和收敛性好，并且无须进行复杂的矩阵求逆，因此极大地简化了矩阵运算，提高了计算效率。

6.2.4　空间离散方法

1. M-AUSMPW+格式

GLM-MHD 方程组是纯双曲型的，因此对其无黏项采用迎风型格式进行差分。迎风型格式通常可以分为矢量通量分裂(flux vector splitting, FVS)和通量差分分裂(flux difference splitting, FDS)格式，这两种格式在数值耗散和计算精度方面各有优缺点，于是 Liou 提出了 AUSM 格式[27]。从格式构造上来看，AUSM 格式是 Van Leer 格式的一种发展改进，但从其耗散项来分析，它是一种 FVS 与 FDS 的复合格式。经过多年发展，目前已经发展出了一系列的 AUSM 类格式，其中 M-AUSMPW+格式计算效率高、分辨率高、鲁棒性好、数值振荡小、网格适应性强，特别适合多维流动计算。结合考虑到 AUSM 格式无须计算九波形式 GLM-MHD 方程组过于复杂的特征向量，本节选用 M-AUSMPW+格式对无黏通量进行空间离散。这一格式将流动对流特征中的线性场和非线性场分别进行处理，以数值通量项 $\bar{E}$ 为例，它构造为

$$\bar{E}_{1/2} = \bar{M}_{\rm L}^+ c_{1/2} \Psi_{\rm L,1/2} + \bar{M}_{\rm R}^- c_{1/2} \Psi_{\rm R,1/2} + P_{\rm L}^+ P_{\rm L} + P_{\rm R}^- P_{\rm R} + \frac{1}{2}\left(F_{\rm B,L} + F_{\rm B,R}\right) \quad (6.82)$$

式中，$\bar{M}_{\rm L,R}^\pm$ 为马赫数分裂函数；$c_{1/2}$ 为单元界面统一声速；$P_{\rm L,R}^\pm$ 为压力分裂函数；向量 Ψ、P、$F_{\rm B}$ 具有如下形式：

$$\Psi = \begin{bmatrix} \rho \\ \rho u \\ \rho v \\ \rho w \\ B_x \\ B_y \\ B_z \\ \rho e_{\rm t} + p_{\rm t} \\ 0 \end{bmatrix}, \quad P = \begin{bmatrix} 0 \\ J^{-1}\xi_x p_{\rm t} \\ J^{-1}\xi_y p_{\rm t} \\ J^{-1}\xi_z p_{\rm t} \\ -\bar{B}_{\rm n,1/2} u \\ -\bar{B}_{\rm n,1/2} v \\ -\bar{B}_{\rm n,1/2} w \\ -\bar{B}_{\rm n,1/2}(V \cdot B) \\ 0 \end{bmatrix}, \quad F_{\rm B} = \begin{bmatrix} 0 \\ -B_x \bar{B}_{\rm n,1/2}/M_{\rm m}^2 \\ -B_y \bar{B}_{\rm n,1/2}/M_{\rm m}^2 \\ -B_z \bar{B}_{\rm n,1/2}/M_{\rm m}^2 \\ J^{-1}\xi_x \psi \\ J^{-1}\xi_y \psi \\ J^{-1}\xi_z \psi \\ 0 \\ c_{\rm h}^2 \bar{B}_{\rm n} \end{bmatrix} \quad (6.83)$$

式中，$p_t=p+B^2/(2M_m^2)$ 为总压；$\bar{B}=J^{-1}B_\zeta$，$\bar{B}_{n,1/2}=1/2(\bar{B}_{n,L}+\bar{B}_{n,R})$。

记 $\bar{V}_n=J^{-1}V_\zeta$，则单元界面统一声速定义为

$$c_{1/2}=\begin{cases}\dfrac{c_a^2}{\max\left(\left|\bar{V}_{n,L}\right|,c_a\right)}, & \bar{V}_{n,L}+\bar{V}_{n,R}\geqslant 0\\[4mm]\dfrac{c_a^2}{\max\left(\left|\bar{V}_{n,R}\right|,c_a\right)}, & \bar{V}_{n,L}+\bar{V}_{n,R}<0\end{cases}\tag{6.84}$$

其中，

$$c_a=\sqrt{2(\gamma-1)/(\gamma+1)H_{normal}}$$

$$H_{normal}=\min\left(\left(\frac{\gamma}{\gamma-1}\frac{p}{\rho}+\frac{B^2}{\rho M_m^2}\right)_L,\quad\left(\frac{\gamma}{\gamma-1}\frac{p}{\rho}+\frac{B^2}{\rho M_m^2}\right)_R\right)\tag{6.85}$$

定义界面两侧的马赫数为 $M_{L,R}=\bar{V}_{n,L,R}/C_{1/2}$，则压力分裂函数为

$$P_{L,R}^{\pm}=\begin{cases}\dfrac{1}{4}\left(M_{L,R}\pm1\right)^2\left(2\mp M_{L,R}\right), & \left|M_{L,R}\right|\leqslant 1\\[4mm]\dfrac{1}{2}\left(1\pm\text{sgn}\left(M_{L,R}\right)\right), & \left|M_{L,R}\right|>1\end{cases}\tag{6.86}$$

记 $P_{ts}=P_L^+p_{t,L}+P_R^-p_{t,R}$，引入压力修正权函数：

$$f_{L,R}=\begin{cases}\dfrac{p_{t,L,R}}{p_{ts}}-1, & p_{ts}\neq 0\\[4mm]0, & p_{ts}=0\end{cases}\tag{6.87}$$

$$w=1-\min\left(\frac{p_{t,L}}{p_{t,R}},\frac{p_{t,R}}{p_{t,L}}\right)^3\tag{6.88}$$

马赫数分裂函数计算为

$$
\begin{cases}
M_{L,R}^{\pm} = \begin{cases}
\pm\dfrac{1}{4}\left(M_{L,R}\pm 1\right)^{2}, & \left|M_{L,R}\right|\leqslant 1 \\[3mm]
\dfrac{1}{2}\left(M_{L,R}\pm\left|M_{L,R}\right|\right), & \left|M_{L,R}\right|>1
\end{cases} \\[8mm]
\bar{M}_{L}^{+} = \begin{cases}
M_{L}^{+}+M_{R}^{-}\left[\left(1-w\right)\left(1+f_{R}\right)-f_{L}\right], & M_{L}^{+}+M_{R}^{-}\geqslant 0 \\[2mm]
M_{L}^{+}w\left(1+f_{L}\right), & M_{L}^{+}+M_{R}^{-}<0
\end{cases} \\[8mm]
\bar{M}_{R}^{-} = \begin{cases}
M_{R}^{-}w\left(1+f_{R}\right), & M_{L}^{+}+M_{R}^{-}\geqslant 0 \\[2mm]
M_{R}^{-}+M_{L}^{+}\left[\left(1-w\right)\left(1+f_{L}\right)-f_{R}\right], & M_{L}^{+}+M_{R}^{-}<0
\end{cases}
\end{cases}
\tag{6.89}
$$

在 M-AUSMPW+格式的计算过程中,单元界面处的对流向量 $\varPsi_{L,R,1/2}$ 根据原始变量 $\varPhi_{L,R,1/2}$ 进行计算:

$$
\begin{aligned}
\varPhi_{L,1/2} &= \varPhi_{L}+\frac{\max\left[0,\left(\varPhi_{R}-\varPhi_{L}\right)\left(\varPhi_{L,\text{superbee}}-\varPhi_{L}\right)\right]}{\left(\varPhi_{R}-\varPhi_{L}\right)\left|\varPhi_{L,\text{superbee}}-\varPhi_{L}\right|}\min\left[a\frac{\left|\varPhi_{R}-\varPhi_{L}\right|}{2},\left|\varPhi_{L,\text{superbee}}-\varPhi_{L}\right|\right] \\[3mm]
\varPhi_{R,1/2} &= \varPhi_{R}+\frac{\max\left[0,\left(\varPhi_{L}-\varPhi_{R}\right)\left(\varPhi_{R,\text{superbee}}-\varPhi_{R}\right)\right]}{\left(\varPhi_{L}-\varPhi_{R}\right)\left|\varPhi_{R,\text{superbee}}-\varPhi_{R}\right|}\min\left[a\frac{\left|\varPhi_{L}-\varPhi_{R}\right|}{2},\left|\varPhi_{R,\text{superbee}}-\varPhi_{R}\right|\right]
\end{aligned}
\tag{6.90}
$$

式中, $a=1-\min\left(1,\ \max\left(\left|M_{L}\right|,\left|M_{R}\right|\right)\right)^{2}$;下标 superbee 表示利用 superbee 限制器计算的界面处的变量值:

$$
\varPhi_{\text{superbee}}(r) = \max\left(0,\min\left(2r,1\right),\min\left(r,2\right)\right)
\tag{6.91}
$$

2. MLP 方法

通过构造限制器,多维限制处理(multi-dimensional limiting process, MLP)方法将控制数值振荡的一维单调性条件扩展到多维情况[28]。以 ξ 方向为例,MLP 方法单元界面处的 $\varPhi_{L,R}$ 计算为

$$
\begin{aligned}
\varPhi_{L,i+1/2,j,k} &= \varPhi_{i,j,k}+\frac{1}{2}\max\left(0,\min\left(\alpha_{L},\alpha_{L}r_{L,i,j,k}^{\xi},\beta_{L}\right)\right)\Delta\varPhi_{i-1/2,j,k} \\[3mm]
\varPhi_{R,i+1/2,j,k} &= \varPhi_{i+1,j,k}-\frac{1}{2}\max\left(0,\min\left(\alpha_{R},\alpha_{R}r_{R,i+1,j,k}^{\xi},\beta_{R}\right)\right)\Delta\varPhi_{i+3/2,j,k}
\end{aligned}
\tag{6.92}
$$

式中, $r_{L,R}^{\xi}$ 为 ξ 方向上的参数变化量之比; $\alpha_{L,R}$ 为多维限制系数; $\beta_{L,R}$ 为插值系数,

表达式分别为

$$r_{\mathrm{L},i,j,k}^{\xi} = \frac{\Delta \Phi_{i+1/2,j,k}}{\Delta \Phi_{i-1/2,j,k}}, \quad r_{\mathrm{R},i+1,j,k}^{\xi} = \frac{\Delta \Phi_{i+1/2,j,k}}{\Delta \Phi_{i+3/2,j,k}}$$

$$\alpha_{\mathrm{L}} = g\left[\frac{2\max\left(1, r_{\mathrm{L},i,j,k}^{\xi}\right)\left(\Phi_{p,q,r}^{\max} - \Phi_{i,j,k}\right)}{\left(1 + \dfrac{\Delta \Phi_{\xi}^{q}}{\Delta \Phi_{\xi}^{p}} + \dfrac{\Delta \Phi_{\xi}^{r}}{\Delta \Phi_{\xi}^{p}}\right)_{i,j,k} \Delta \Phi_{i+1/2,j,k}} \right] \tag{6.93}$$

$$\alpha_{\mathrm{R}} = g\left[\frac{2\max\left(1, 1/r_{\mathrm{R},i+1,j,k}^{\xi}\right)\left(\Phi_{p,q,r}^{\min} - \Phi_{i+1,j,k}\right)}{\left(1 + \dfrac{\Delta \Phi_{\xi}^{q}}{\Delta \Phi_{\xi}^{p}} + \dfrac{\Delta \Phi_{\xi}^{r}}{\Delta \Phi_{\xi}^{p}}\right)_{i+1,j,k} \Delta \Phi_{i+3/2,j,k}} \right]$$

式中，$g(x) = \max(1, \min(2, x))$；$(p, q, r)$ 表示网格点 (i, j, k) 周围网格的几何中心。为获取高阶计算精度，将 MLP 方法与三阶多项式插值相结合（MLP3），式 (6.92) 中的插值系数取为

$$\beta_{\mathrm{L}} = \frac{1 + 2r_{\mathrm{L},i,j,k}^{\xi}}{3}, \quad \beta_{\mathrm{R}} = \frac{1 + 2r_{\mathrm{R},i+1,j,k}^{\xi}}{3} \tag{6.94}$$

6.2.5 边界条件

边界条件是构成一个具体流动传热问题完整数学描述的重要组成部分。针对 PPT 中的工质烧蚀过程和等离子体流动过程，边界条件可以划分为工质传热边界条件、入流/出流边界条件和电极表面边界条件三类。

1. 工质传热边界条件

在 PTFE 的烧蚀表面上需要确定外部传入热流密度 q_{in}，大量的计算结果表明，放电能量较低时热传导是 PPT 中等离子体向工质传递热量的主要方式[29]，因此忽略对流和辐射传热，以 $\boldsymbol{n}$ 表示表面的单位外法向矢量，则传递给工质表面的热流密度由表面附近重粒子和电子的热导率及等离子体的温度梯度确定为

$$q_{\mathrm{in}} = -\boldsymbol{n} \cdot (\lambda_{\mathrm{h}} \nabla T_{\mathrm{h}} + \lambda_{\mathrm{e}} \nabla T_{\mathrm{e}}) \tag{6.95}$$

对 PTFE 的其余表面运用绝热边界条件，有

$$\boldsymbol{n} \cdot \nabla T_{\mathrm{c}} = 0, \quad \boldsymbol{n} \cdot \nabla T_{\mathrm{a}} = 0 \tag{6.96}$$

2. 入流/出流边界条件

在入流边界处，PTFE 烧蚀产物离开烧蚀表面进入等离子体流动计算区域，其温度取为工质表面温度 T_{s}，入流边界处的压强根据 Clausius-Clapeyron 方程[30]计算为

$$p = p_{\mathrm{c}} \exp\left[\frac{h_{\mathrm{eff}}}{R_{\mathrm{s}}} \left(\frac{1}{T_{\mathrm{c}}} - \frac{1}{T_{\mathrm{s}}} \right) \right] \tag{6.97}$$

其中，p_{c}=1333.2Pa，T_{c}=748K，h_{eff}=1.768×10^{6}J/kg，R_{s}=83.1J/(kg·K)。入流边界的密度和速度根据理想气体定律和烧蚀速率给出：

$$\rho = p / (R_{\mathrm{s}} T_{\mathrm{s}}), \quad V = \dot{m}(y,z,t) / \rho \tag{6.98}$$

PTFE 是绝缘的，没有法向电流流过，因此入流边界处的磁感应强度只取 B_z 分量。以 w_{e} 表示电极的宽度，根据安培定律有

$$B_z = \mu_0 \frac{I(t)}{w_{\mathrm{e}}} \tag{6.99}$$

对于出流边界，认为流动是超声速的，同时考虑到实际磁场的散度为零，对守恒变量矢量 $\boldsymbol{Q}$ 采用如下外推边界条件：

$$\boldsymbol{n} \cdot \nabla \boldsymbol{Q} = 0 \tag{6.100}$$

3. 电极表面边界条件

电极表面是无穿透的，等离子体速度满足

$$\boldsymbol{n} \cdot V = 0 \tag{6.101}$$

克努森数处于 $10^{-3} \sim 10^{-1}$，在这一范围内物体表面附近会出现速度滑移和温度跳跃[31]，速度和温度的边界条件为

$$u - u_{\mathrm{w}} = \frac{2 - \sigma_{\mathrm{v}}}{\sigma_{\mathrm{v}}} \frac{Kn}{1 - bKn} \frac{\partial u}{\partial n} \tag{6.102}$$

$$T - T_{\mathrm{w}} = \frac{2 - \sigma_{\mathrm{a}}}{\sigma_{\mathrm{a}}} \frac{2\gamma}{\gamma + 1} \frac{Kn}{Pr} \frac{\partial T}{\partial n} \tag{6.103}$$

式中，u_w 为物面自身的速度（对电极固壁该速度为零）；T_w 为物面的实际温度；σ_v 和 σ_a 分别为切向动量适应系数和热适应系数；b 为设定参数。

将电极视为理想导体，由于磁场渗透到理想导体内部的趋肤深度接近于零，而且理想导体是等电势体，电极表面的电磁场满足[32]

$$n \cdot B = 0 \tag{6.104}$$

$$n \times E = 0 \tag{6.105}$$

利用广义欧姆定律和安培定律，式(6.105)可以写为

$$n \times [\eta \nabla \times B - V \times B + \nu(\nabla \times B) \times B] = 0 \tag{6.106}$$

电极表面处的速度 V 是很小的滑移速度，若近似处理为无滑移流动，且忽略霍尔效应项，则根据矢量运算法则容易得出

$$(n \cdot \nabla)B = 0 \tag{6.107}$$

式(6.104)和式(6.107)共同构成了理想导电壁的磁场边界条件。如果考虑霍尔效应，可以得到

$$\left[n \cdot \left(\nabla + \frac{\nu}{\eta}(\nabla \times B) \right) \right] B = 0 \tag{6.108}$$

此时的磁场边界条件是混合边界条件：

$$\begin{cases} B_x = B_z \dfrac{\partial B_x}{\partial y}\left(\dfrac{\partial B_z}{\partial y}\right)^{-1} \\ B_y = 0 \\ B_z = \dfrac{\eta}{\nu}\dfrac{\partial B_z}{\partial y}\left(\dfrac{\partial B_z}{\partial x}\right)^{-1} \end{cases} \tag{6.109}$$

6.3　数值模拟结果与分析

6.3.1　算例验证

1. PTFE 烧蚀算例

1）导热过程

考虑单相物体内的一维非稳态导热问题。假设物性参数恒定，初始温度为 T_0，

当热流密度 q 保持恒定时，物体的温度分布存在解析解[33]：

$$T(x,t) = \frac{q}{k}\sqrt{\frac{4\alpha t}{\pi}}\exp\left(-\frac{x^2}{4\alpha t}\right) - \frac{qx}{k}\mathrm{erfc}\left(\frac{x}{\sqrt{4\alpha t}}\right) + T_0 \tag{6.110}$$

式中，α 为热扩散率。采用 Fortran 程序进行一维计算，计算结果如图 6.2 所示。图中三个时刻的数值解与解析解的温度分布曲线均高度重合，表明程序能够对非稳态热传导过程进行准确模拟。

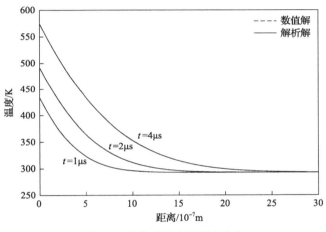

图 6.2　导热过程中的温度分布

2）相变过程

考虑相变界面运动和相变潜热对温度分布的影响，假设 PTFE 在初始时刻处于晶状固相，初始温度为相变温度 T_m，$t > 0$ 时在其前端表面施加一个热流密度保持为 q 的外部热源。忽略 PTFE 的分解吸热，假设相变后的区域内的温度分布是坐标的二次方函数，则温度分布在物性参数保持恒定的条件下存在近似解[34]：

$$T(x,t) = \frac{h_m}{2c_a x_m}\left(1 - \sqrt{1 + 4\mu_m}\right)\left(x - x_m\right) + \frac{h_m}{8c_a x_m^2}\left(1 - \sqrt{1 + 4\mu_m}\right)^2\left(x - x_m\right)^2 + T_m$$

$$\tag{6.111}$$

式中，系数 μ_m 和相变界面的位置 x_m 由式（6.112）计算：

$$\frac{\mu_m}{6}\left(\mu_m + 5 + \sqrt{1 + 4\mu_m}\right) = \frac{q^2 t}{\alpha \rho^2 h_m^2}, \quad x_m = \frac{\mu_m \alpha \rho h_m}{q} \tag{6.112}$$

图 6.3 给出了考虑相变过程的温度分布曲线。图中的数值解和近似解比较接

近，说明程序能够较好地对 PTFE 的相变过程进行模拟。

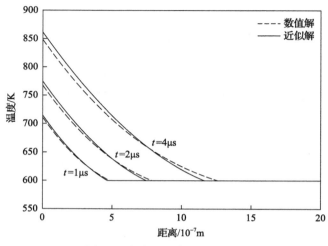

图 6.3　相变过程中的温度分布

3）烧蚀过程

假设烧蚀表面附近的温度呈线性分布，PTFE 的密度保持恒定，Kemp[35]给出了稳态烧蚀情况下由烧蚀表面温度 T_s 确定烧蚀质量流率和烧蚀表面退行速度的近似计算公式：

$$\dot{m} = \sqrt{\frac{A_p \rho k_B T_s^2}{B_p (h_s - h_{-\infty})} \exp\left(-\frac{B_p}{T_s}\right)} \qquad (6.113)$$

$$v = \sqrt{\frac{A_p k_B T_s^2}{B_p \rho (h_s - h_{-\infty})} \exp\left(-\frac{B_p}{T_s}\right)} \qquad (6.114)$$

式中，B_p 为活化温度；$h_s - h_{-\infty}$ 为工质烧蚀前后的焓差。

利用所编写的程序计算 PTFE 在恒定热流密度作用下烧蚀过程达到稳定状态时的烧蚀特征参数，将计算结果与根据式（6.113）和式（6.114）得到的近似值进行比较，结果如图 6.4 所示。图中的数值解与近似解符合较好，表明程序能够较为准确地计算出 PTFE 的烧蚀特性。

2. 磁流体流动算例

1）Orszag-Tang 涡问题

为了检验 MHD 模拟的数值算法和计算程序的可靠性，本节对 Orszag-Tang 涡问题这一著名算例进行验算。Orszag-Tang 涡问题[36]考虑的是初始光滑的流场随着时间推移产生激波并向 MHD 湍流演化的过程，对该问题的计算能够检验程序模拟磁流体中各波系之间复杂相互作用的能力。

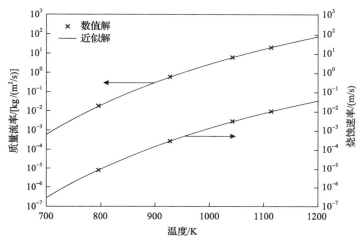

图 6.4 稳态烧蚀质量流率和烧蚀速率

在 Orszag-Tang 涡问题中，流场的初始条件为

$$\rho(x,y,0) = \gamma^2, \quad u(x,y,0) = -\sin y, \quad v(x,y,0) = \sin x$$
$$p(x,y,0) = \gamma, \quad B_x(x,y,0) = -\sin y, \quad B_y(x,y,0) = \sin 2x \tag{6.115}$$

式中，$\gamma = 5/3$。取计算区域为 yx，$y \in [0, 2\pi]$ 采用周期性边界条件，不考虑流体黏性项，利用所发展的三维程序进行二维计算得到各时刻点的密度等值线如图 6.5 所示。图中清晰地反映了流场中的激波形成与相互干扰，其流场结构与 Li 和 Shu[37] 采用非连续 Galerkin 方法得到的计算结果是一致的，表明本节中所采用的数值算法是正确的，计算程序能够对复杂 MHD 流动进行有效计算。

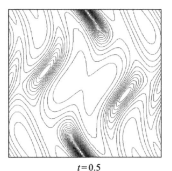
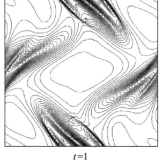

$t = 0.5$ $t = 1$

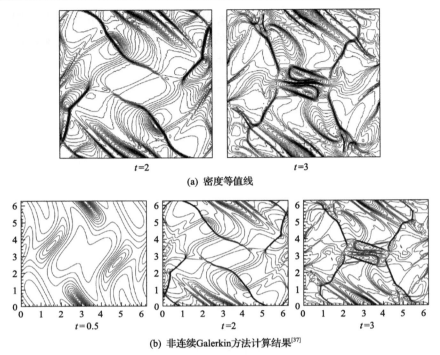

图 6.5　Orszag-Tang 涡问题计算结果

2）Rayleigh 问题

磁流体 Rayleigh 问题是 MHD 非定常流动的一个重要的基本问题[38]，它考虑了分子黏性、磁场扩散及波的传播，可用于检验磁流体边界层流动的模拟精度。磁流体 Rayleigh 问题是指对无限长的平板外加垂直于平板的 y 方向上的均匀磁场 B_0，$t=0$ 时刻平板突然以速度 U_0 沿 x 向做匀速运动，带动附近黏性系数为 μ_f、电导率为 σ_e 的导电流体加速流动。当磁普朗特数 $Pr_m = \mu_f / (\mu_0 \sigma_e \rho) = 1$ 时，磁流体 Rayleigh 问题存在解析解，对于绝缘平板，流体速度和感应磁场强度的表达式分别为

$$\frac{u}{U_0} = \frac{1}{4}\left[2.0 - \left(\mathrm{erf}(\lambda_+) + \mathrm{erf}(\lambda_-)\right) + \mathrm{e}^{\frac{-A_0 y}{\mu_f}}\mathrm{erfc}(\lambda_-) + \mathrm{e}^{\frac{A_0 y}{\mu_f}}\mathrm{erfc}(\lambda_+) \right]$$

$$\frac{B_x}{B_{ref}} = \frac{1}{4}\left[\mathrm{erf}(\lambda_-) - \mathrm{erf}(\lambda_+) + \mathrm{e}^{\frac{-A_0 y}{\mu_f}}\mathrm{erfc}(\lambda_-) - \mathrm{e}^{\frac{A_0 y}{\mu_f}}\mathrm{erfc}(\lambda_+) \right]$$

（6.116）

式中，erf( ) 和 erfc( ) 分别表示误差函数和余误差函数；A_0 为阿尔芬速度；μ_f 为

运动学黏性系数；B_{ref} 为参考磁感应强度；$\lambda_\pm$ 为由位置和时间确定的参数。

给定 $B_0=1.5\times10^{-4}T$，$\rho=4\times10^{-5}kg/m^3$，$\sigma_e=1/\mu_0$，$y$ 方向的计算长度取为 2.5m，均分为 100 个网格单元，图 6.6 和图 6.7 给出了速度型分布和感应磁场强度分布的解析解与数值模拟结果的比较。可以看出，计算结果与解析解比较接近，表明程序能够较好地对黏性流动和磁场扩散进行模拟。

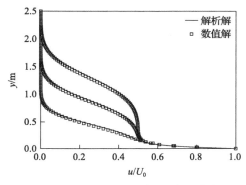
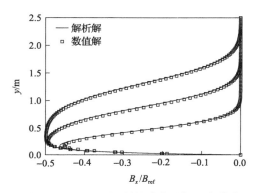

图 6.6　Rayleigh 问题的速度型分布　　　图 6.7　Rayleigh 问题的感应磁场强度分布

6.3.2　放电通道内等离子体流动过程的分析

PPT 是依靠将放电烧蚀产生的等离子体高速喷出放电通道产生反作用推力的，等离子体的流动过程直接关系到推力性能的优劣。目前针对 PPT 中等离子体流动过程的研究大部分是基于简单的机电模型或一维 MHD 模型，并不能反映出 PPT 工作过程中呈现的多维特征，即使是以 MACH2 二维模拟程序为代表的更高维数的 MHD 研究工作也还比较初步，尚不足以揭示 PPT 中复杂的流动状况。为了更深入地理解 PPT 放电通道内等离子体的流动过程，本节首先分析 PPT 中等离子体在忽略霍尔效应情况下的三维流动特征和加速过程，然后探讨霍尔效应对 PPT 中等离子体运动的影响。对于在 z 方向上变化不大的物理量，本节只给出在展向中心面($z=0.5w_e$，w_e 为电极宽度)内的分析结果。

数值模拟的计算区域分为两部分，包括 PTFE 烧蚀传热区 A 和由放电通道 B1 及推力器出口下游延伸区 B2 组成的等离子体流动计算区域，如图 6.8 所示。对 A 区 PTFE 烧蚀过程的计算采用均匀结构网格，传热距离 l_0 取为 20μm，初始温度取为 300K，PTFE 的密度、比热容、热导率和解聚能都取为温度的函数，其物性参数参见表 3.1。对等离子体流动区域采用结构化网格进行计算，在烧蚀表面和电极表面附近适当加密网格。APPT 通常会连续工作多个脉冲，因此可以认为流场中初始时就存在一定质量的等离子体，设等离子体初始质量为 0.1μg，温度为 0.2 eV，初始速度和磁感应强度均取为零。考虑到价次特别高的组分的密度非常小，在实际的数值模拟过程中碳氟组分仅分别计算到最高四价和五价离子，即组分为 e^-、C、C^+、C^{2+}、C^{3+}、C^{4+}、F、F^+、F^{2+}、F^{3+}、F^{4+}、F^{5+} 共 12 种。

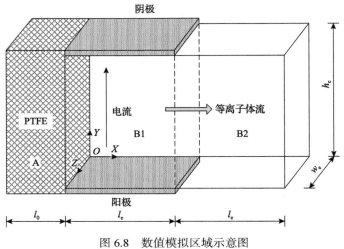

图 6.8　数值模拟区域示意图

1. 流场结构

1）密度分布

PPT 放电通道内等离子体的密度分布如图 6.9 所示。可以看出，在放电的前 2μs 内随着大量工质烧蚀，工质表面附近聚集了高密度的等离子体，并且在靠近电极的工质表面温度较高的位置等离子体的密度也更高。受放电初期强烈的电磁和气动加速作用，工质表面附近高密度的等离子体开始向下游膨胀和运动，形成图 6.9（a）和（b）中等值面向下游凸出的形状。到放电中后期，由于工质烧蚀速率减小及等离子体不断向通道下游的推力器喷口运动，放电通道内等离子体的密度不断减小。PPT 放电通道中心区域的等离子体能够迅速向外膨胀加速喷出推力器，而电极附近的等离子体受黏性作用运动速度较慢，导致放电后期密度分布的等值面凹向上游。PPT 放电后期的电流较小，推力器对等离子体的电磁加速作用很弱，导致不少等离子体长时间滞留在放电通道内，因此图中等离子体密度的变化在这一时期显得非常缓慢。

2）速度分布

在等离子体的流向速度分布图（图 6.10）中，在前 2μs 内由于存在强烈的脉冲放电，等离子体受到很大的电磁作用力，被迅速加速到约 20km/s 的高速而很快喷出电极间的放电通道。在经过 PPT 放电的前半个振荡周期之后，电流开始反向，在 $t = 5μs$ 之前反向电流达到峰值，等离子体再次受到相对较强的电磁加速作用，在放电通道中间靠下游位置形成一个具有较高速度的区域。由于大部分的电容器初始储能在放电前半个振荡周期已经被释放，$t = 5\mu s$ 时刻等离子体的速度明显小于放电初期的速度，最大只有约 5.5km/s。随着放电趋于结束，放电后期等离子体的速度进一步减小到 1～2km/s 以下，而根据对等离子体密度的分析，此时放电通道内尚有不少等离子体，且多处于速度只有几百米每秒的区域，因此这部分等离子体产生的冲量和推力很小，极大地降低了 PPT 的推力效率。

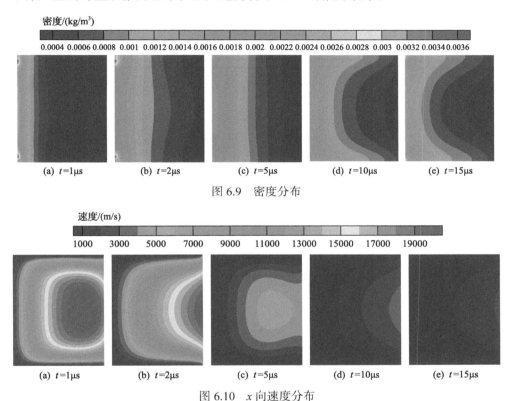

图 6.9　密度分布

图 6.10　x 向速度分布

由等离子体 y 向速度分量的分布图 6.11 可以看出，上下两电极间的等离子体流动具有对称性，等离子体在垂直于电极方向上的运动速度明显小于流向速度。在 PPT 放电初期，等离子体从工质烧蚀表面附近靠近电极处的高密度区域向具有很高流向速度的放电通道的中心区域运动，而在推力器喷口附近的等离子体由中心位置向两侧电极末端外的自由流动区域膨胀。到放电中后期，工质烧蚀速率迅速减小，烧蚀表面附近的流动过程并不明显，整个放电通道内的等离子体靠着距离更近的电极一侧向下游缓慢流动。

图 6.12 给出了等离子体在展向（z 向）上的速度分布。可以看到，等离子体从电极间的放电通道向展向两侧缓慢膨胀，运动速度远小于在 x 和 y 方向上的速度，反映出等离子体在 z 方向上受到的作用力可以忽略。

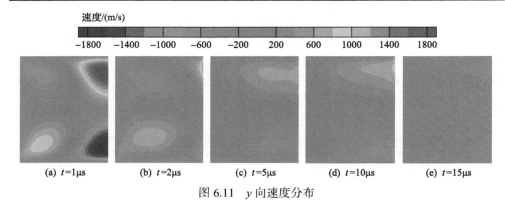

图 6.11　y 向速度分布

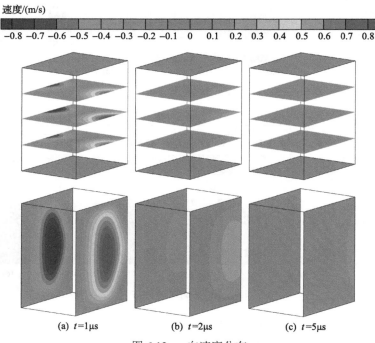

图 6.12　z 向速度分布

3）温度分布

在局域热力学平衡假设下计算得到的等离子体温度分布如图 6.13 所示。计算表明，在脉冲放电初期，等离子体受到 PPT 大放电电流强烈的焦耳加热作用，温度迅速升高，之后随着放电电流的振荡衰减而逐渐降低。对照图 6.10 可以看出，等离子体温度分布与流向速度分布具有相似的变化规律，这一方面是因为等离子体温度和 $J \times B$ 电磁力都与放电电流有直接关系，另一方面是因为等离子体温度越高，电离度越大，等离子体也就越容易受电磁力作用而被加速到很高的运动速度。

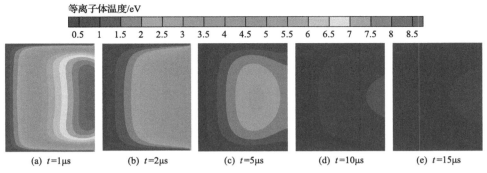

(a) $t=1\mu s$　　(b) $t=2\mu s$　　(c) $t=5\mu s$　　(d) $t=10\mu s$　　(e) $t=15\mu s$

图 6.13　等离子体温度分布

4) 磁场分布

PPT 工作时会在两电极间产生强烈的放电，电流流向主要沿垂直于电极表面的 y 方向，由此产生指向 z 方向的感应磁场，其磁感应强度分布如图 6.14 所示。火花塞点火诱发电容器沿工质表面放电之后，放电电流很快增大到数千安，而根据边界条件，工质烧蚀表面附近的磁感应强度 B_z 正比于放电电流，因此 B_z 也迅速增大，于是在工质表面附近形成很大的磁场梯度。由于磁扩散和磁冻结效应，磁场一方面从强度大的区域向强度小的区域扩散，另一方面磁感线随着等离子体一起向下游运动，形成如图 6.14(b) 所示的分布。由图 6.14(b) 容易看出，电极附近的磁感应强度大于放电通道中心位置的场强，这与文献[39]的实验测量结果一致。在 $t=5\mu s$ 时，由于电流反向，工质表面附近的磁场也跟着反向。到了放电后期，随着放电电流的振荡衰减，整个放电通道内的磁感应强度也趋于零。

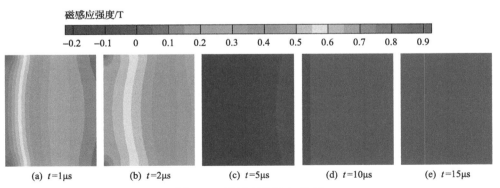

(a) $t=1\mu s$　　(b) $t=2\mu s$　　(c) $t=5\mu s$　　(d) $t=10\mu s$　　(e) $t=15\mu s$

图 6.14　磁感应强度 B_z 分布

图 6.15 和图 6.16 分别给出了磁感应强度在 x、y 方向上的切片云图。可以看到，磁感应强度分量 B_x 和 B_y 的分布呈现出明显的三维特征，B_x 在工质烧蚀表面的值较大，B_y 在推力器喷口附近的值较大，B_x 和 B_y 具有同等量级大小，但是均远小于 B_z 的大小。

磁感应强度/10⁻⁶T

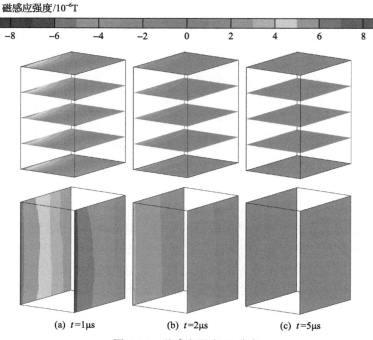

(a) $t=1\mu s$　　　　(b) $t=2\mu s$　　　　(c) $t=5\mu s$

图 6.15　磁感应强度 B_x 分布

磁感应强度/10⁻⁶T

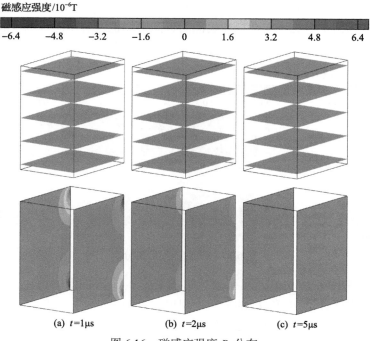

(a) $t=1\mu s$　　　　(b) $t=2\mu s$　　　　(c) $t=5\mu s$

图 6.16　磁感应强度 B_y 分布

5) 压强分布

应用安培定律和磁通连续定理，利用矢量计算公式，单位体积等离子体受到的热压力和 $\boldsymbol{J} \times \boldsymbol{B}$ 电磁力可以表示为

$$\boldsymbol{f} = -\nabla p + \boldsymbol{J} \times \boldsymbol{B} = \nabla \cdot \left[-\left(p + \frac{B^2}{2\mu_0} \right) \overline{\overline{\boldsymbol{I}}} + \frac{\boldsymbol{B}\boldsymbol{B}}{\mu_0} \right] = \nabla \cdot \overline{\overline{\boldsymbol{P}}}_{\mathrm{MHD}} \tag{6.117}$$

式中，$\overline{\overline{\boldsymbol{P}}}_{\mathrm{MHD}}$ 为磁流体压力张量。由于 B_z 远大于 B_x 和 B_y，磁感线基本沿着 z 方向，设直角坐标系三个坐标轴方向的单位矢量分别为 $\boldsymbol{e}_x$、$\boldsymbol{e}_y$、$\boldsymbol{e}_z$，则 $\overline{\overline{\boldsymbol{P}}}_{\mathrm{MHD}}$ 可以写为

$$\overline{\overline{\boldsymbol{P}}}_{\mathrm{MHD}} = \left(p + \frac{B^2}{2\mu_0} \right) \boldsymbol{e}_x \boldsymbol{e}_x + \left(p + \frac{B^2}{2\mu_0} \right) \boldsymbol{e}_y \boldsymbol{e}_y + \left(p - \frac{B^2}{2\mu_0} \right) \boldsymbol{e}_z \boldsymbol{e}_z \tag{6.118}$$

可以看出，等离子体在流向方向加速受到的作用力等于总的压强 $p + B^2/(2\mu_0)$ 的变化梯度，其中磁压强 $B^2/(2\mu_0)$ 的分布可以根据磁感应强度分布图 6.14 得到。为了获取等离子体受到的热压力和磁压力的相对大小变化，定义等离子体的比压为

$$\beta_{\mathrm{p}} = \frac{p}{p + B^2/(2\mu_0)} \tag{6.119}$$

其变化规律如图 6.17 所示。由图可知，在 PPT 放电的前 2μs，流场大部分区域的等离子体比压都很小，特别是在磁感应强度很大的工质表面附近有 $\beta_{\mathrm{p}} < 0.1$，表明这一区域的磁压强远大于等离子体压强，等离子体受到很强的电磁加速作用。在 $t = 5$μs 时流场大部分区域的磁压强与等离子体压强大小相当，而在放电后期很长的时间里，磁感应强度很小，等离子体比压接近于 1，此时气动力对等离子体的加速过程起着主导作用。由于气动力较小，等离子体的运动变得非常缓慢。

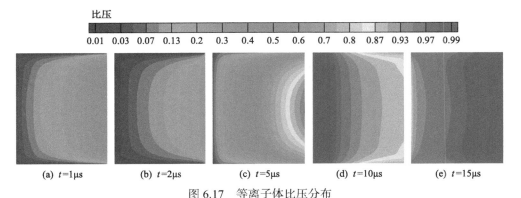

比压

0.01 0.03 0.07 0.13 0.2 0.3 0.4 0.5 0.6 0.7 0.8 0.87 0.93 0.97 0.99

(a) $t=1$μs   (b) $t=2$μs   (c) $t=5$μs   (d) $t=10$μs   (e) $t=15$μs

图 6.17 等离子体比压分布

2. 组分属性变化

图6.18和图6.19分别给出了放电通道展向中心面内的中性粒子和电子的数密度变化情况。对比可以发现，PPT放电前期中性粒子主要分布在工质烧蚀表面和电极表面附近，正好对应图6.13中等离子体温度较低的位置，而在放电通道中心区域电子数密度远大于中性粒子数密度，表明中心区域等离子体的电离度很高。在图 6.13(a)和(b)中电极出口处的等离子体温度更高，但是由于此处的等离子体密度较低，电子数密度在放电通道中心区域喷口上游的位置更大。到PPT脉冲放电的后期，中性粒子由放电通道上游的高密度区缓慢向下游运动，由于电离度较高的等离子体团以高速喷出推力器以及放电后期流场中等离子体密度和温度同时降低，电子数密度迅速减小，此时放电通道内的等离子体中绝大部分是中性粒子。在图6.19(d)中喷口附近存在一个电子数密度较高的区域，结合之前多个时刻的电子数密度分布可以判断出这一区域的电子主要产生于放电电流达到反向峰值前后。根据对流场速度分布的分析，这一区域等离子体的速度约为 2km/s，因此在放电脉冲结束前就能运动到喷口之外，使得图6.19(e)中只在工质和电极表面附近

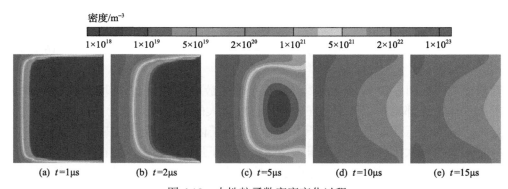

(a) $t=1\mu s$ (b) $t=2\mu s$ (c) $t=5\mu s$ (d) $t=10\mu s$ (e) $t=15\mu s$

图 6.18 中性粒子数密度变化过程

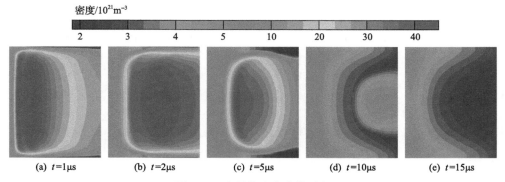

(a) $t=1\mu s$ (b) $t=2\mu s$ (c) $t=5\mu s$ (d) $t=10\mu s$ (e) $t=15\mu s$

图 6.19 电子数密度变化过程

存在较低密度的电子分布。

对 PPT 中等离子体流动过程的模拟考虑了十二种组分，为了方便地了解各组分的数密度变化，取放电过程中典型的密度 ρ =0.001kg/m³，可以得到如图 6.20 所示的各组分摩尔分数随等离子体温度的变化关系。由图可知，等离子体温度小于 1eV 时中性的碳氟原子是主要组分，等离子体的电离度较低。随着温度的升高，碳氟原子电离成为单价离子，在更高温度下低价离子继续电离，成为更高价离子。同等价次下氟元素的电离能比碳元素高，因此使其明显电离所需达到的温度也更高。由于放电初期的等离子体温度较高，这一时期流场中大部分区域的等离子体是高度电离的，包括本节发射光谱诊断在内的许多实验都测量到多价离子的存在也证明了这一点。

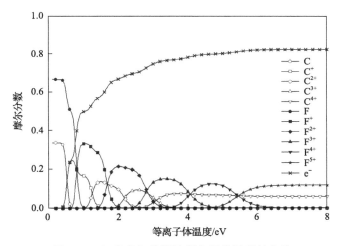

图 6.20　组分摩尔分数随等离子体温度的变化

3. 推力作用过程与工作性能分析

PPT 是利用脉冲放电将等离子体喷出推力器产生等效反作用推力的。等离子体的加速过程是电磁力和气动力共同作用的结果。为了方便评估 PPT 的推力性能，许多研究者提出了电磁冲量、气动冲量或元冲量的经验估算公式。Vondra 等最早建立了电磁冲量 I_{em} 的理论计算公式[40]，可以表示为

$$I_{em} = \frac{\mu_0}{2} \frac{h_e}{w_e} \int_0^{t_f} I^2 dt \qquad (6.120)$$

式中，电磁冲量正比于工质烧蚀端面的高宽比。采用与其相似的形式，Burton 等[41]通过引入电感梯度提出了另一个电磁冲量的估算公式：

$$I_{em} = \frac{1}{2} L' \int_0^{t_f} I^2 dt \tag{6.121}$$

对于平行电极型尾部馈送式 PPT，电感梯度 L' 计算公式为

$$L' = 0.6 + 0.4 \ln \frac{h_e}{w_e + d_e} \tag{6.122}$$

式中，L' 的单位是 μH/m；d_e 为电极的厚度。对于气动冲量，Guman[42] 在等熵准稳态流动等假设下经过推导得出表达式：

$$I_{gas} = \sqrt{\frac{8(\gamma - 1)}{\gamma^2 (\gamma + 1)} m_p E_0} \tag{6.123}$$

式中，m_p 为工质脉冲烧蚀质量，经验计算公式为

$$m_p = 1.32 \times 10^{-6} A_p^{0.65} E_0^{0.35} \tag{6.124}$$

其中，A_p 为工质烧蚀端面面积。通过将固体火箭发动机中装药燃烧的指数燃速定律应用到 PTFE 的烧蚀过程中，Henrikson[43] 在一维等熵准稳态高磁雷诺数流动假设下推导了气动冲量的计算公式为

$$I_{gas} = 1.255 A_p \left(\frac{\mu_0}{4.404 a_0 w_e^2 \rho_c V_{crit}} \right)^{1/n} \int_0^{t_f} I^{2/n} dt \tag{6.125}$$

式中，V_{crit} 为阿尔芬临界速度；a_0 和 n 分别为根据实验结果拟合的燃速系数和燃速压强指数。根据上述电磁冲量和气动冲量的表达式，即可估算出 PPT 工作时的元冲量：

$$I_{bit} = I_{em} + I_{gas} \tag{6.126}$$

Guman[44] 在大量实验数据的基础上提出了尾部馈送式 PPT 比冲的经验公式：

$$I_{sp} = 317.5 \left(\frac{E_0}{A_p} \right)^{0.585} \tag{6.127}$$

将式 (6.127) 与烧蚀质量的经验公式相结合，可以推出元冲量的另一个经验公式为

$$I_{bit} = 317.5 \left(\frac{E_0}{A_p} \right)^{0.585} m_p g \tag{6.128}$$

　　李自然[39]在研究中指出,根据电感梯度公式(6.121)和经验公式(6.128)计算的冲量较为接近,但是两者都比电磁冲量的理论值和 Guman 气动冲量的估算值小得多。之后进一步的验证表明电磁冲量的理论计算公式(6.120)和 Guman 气动冲量公式(6.125)的估算结果是不准确的,可能导致计算的推力效率大于 1。由电感梯度公式(6.121)和理论公式(6.120)计算的电磁冲量分别为 73.2μN·s、203.1μN·s,利用 Guman 的公式(6.123)和 Henrikson 的公式(6.125)计算的气动冲量分别为 356.2μN·s、161.8μN·s,由经验公式(6.128)计算的元冲量为 108.1μN·s。由这些计算结果可以看出,气动冲量的估算值明显较大,因此利用在大量简化假设下得出的估算公式和由特定条件下的实验测量结果拟合的燃速参数计算气动冲量可能存在较大误差。上述数据中电磁冲量的理论值也较大,实际上,式(6.120)的推导过程体现的是对工质烧蚀表面的磁压力进行时间积分,数值模拟中这一压力作用产生的冲量是 206.8μN·s,与式(6.120)计算的理论值相吻合。Thomas[45]在用 MACH2 程序进行数值计算的过程中将工质和电极表面的气动力及整个放电通道内的 $J \times B$ 体积力对时间积分,以计算气动冲量和电磁冲量,如果选取放电通道为控制体积,考察其中的电磁力,根据 MHD 方程组中的动量方程式(6.21)和散度定理有

$$F_L = \iiint\limits_{\Omega} (\boldsymbol{J} \times \boldsymbol{B}) \mathrm{d}\Omega = \iiint\limits_{\Omega} \nabla \cdot \left(\frac{\boldsymbol{BB}}{\mu_0} - \frac{B^2}{2\mu_0} \bar{\bar{\boldsymbol{I}}} \right) \mathrm{d}\Omega = \oiint\limits_{\Sigma} \left(\frac{\boldsymbol{BB}}{\mu_0} - \frac{B^2}{2\mu_0} \bar{\bar{\boldsymbol{I}}} \right) \cdot \boldsymbol{e}_n \mathrm{d}S$$

$$(6.129)$$

式中,Σ 为控制体积 Ω 的边界;$\mathrm{d}S$ 为边界上的面元;$\boldsymbol{e}_n$ 为面元的单位外法线矢量。磁感线基本沿着 z 方向,因此沿流向方向的电磁力为

$$F_{Lx} = \iint\limits_{A_p} \frac{B^2}{2\mu_0} \mathrm{d}S - \iint\limits_{A_e} \frac{B^2}{2\mu_0} \mathrm{d}S \qquad (6.130)$$

式中,A_e 表示推力器喷口面。式(6.130)表明,放电通道内的等离子体受到的流向方向的电磁力等于工质烧蚀表面处的磁压力与推力器喷口处的磁压力之差,而计算发现喷口处的磁压力约比工质烧蚀表面小一个量级,可见电磁冲量的理论计算公式实际上是将整个放电通道内等离子体受到的作用力对时间积分。放电通道中的等离子体不是初始即存在的质量等于 m_p 的绝热刚体,电磁力做功的作用效果不仅是使等离子体加速,还会通过焦耳加热传递能量给等离子体和工质、导线等推力器部件,因此式(6.130)预测的电磁冲量必然大幅高于实际值,这也说明 Thomas 计算冲量的方法是不恰当的。

　　为了准确计算 PPT 工作产生的推力冲量,对控制体积 Ω 应用牛顿第三定律和

动量定理，忽略工质烧蚀产物进入放电通道时极小的动量输入，推力器产生的瞬时推力为

$$F_{\mathrm{T}} = \iint\limits_{A_{\mathrm{e}}} \left(\rho u^2 + p + \frac{B^2}{2\mu_0} \right) \mathrm{d}S \qquad (6.131)$$

式中，瞬时推力 F_{T} 包括动量推力、喷口处的气动力和磁压力三项，将其对时间积分，可以得到 PPT 脉冲工作产生的总冲量和上述三项对应的冲量，如图 6.21 所示。可以看到，PPT 放电开始不久后推力器产生的冲量即迅速增大，占放电脉冲内元冲量的大部分，在放电电流达到反向峰值后冲量又有小幅提升，之后总冲量增长变缓，喷口处磁压力作用产生的冲量接近保持恒定，而气动压力作用产生的冲量一直持续增长。整个放电脉冲内计算的元冲量为 109.9μN·s，与由比冲经验公式估算的元冲量相差 1.6%，这反映出根据式(6.131)和 Guman 给出的元冲量的经验公式(6.128)计算的冲量结果是合理可信的。

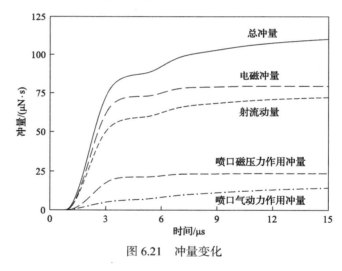

图 6.21　冲量变化

式(6.131)中等离子体射流的动量项包含电磁力和气动力的共同作用，因此无法准确计算出元冲量中电磁冲量和气动冲量所占的比例，但是可以对其进行估计。根据对磁场和等离子体比压的分析，放电后期流场中的磁感应强度接近于零，电磁加速作用很弱，这一时间段内产生的冲量可以认为全部是气动力作用的结果。鉴于此，将等离子体射流的动量和喷口处的磁压力作用冲量相加，再减去根据其在放电后期增加的速率拟合出的气动力冲量部分即可估计出 PPT 工作过程中电磁冲量的大小。据此计算得到的放电脉冲内的电磁冲量为 79.2μN·s，占元冲量的 72.1%。如果采用电感梯度公式估算电磁冲量，这一比例为 66.6%。可见，对于典

型工况电磁力产生的冲量约占 70%,而气动冲量只有约 30%,表明平行电极型 PPT 是以电磁加速为主的电推力器。

利用计算得到的元冲量可以求出所研究工况下的推力器比冲为 614.1s,推力效率为 2.94%。这在证实目前的推力器性能很低的同时也表明其性能还有很大的提升空间。根据计算,经电磁加速产生大部分推力和冲量的离子的质量仅占工质脉冲烧蚀质量的 10%,而剩下的绝大部分烧蚀质量没有被有效加速,可见将推力器的比冲和推力效率提升数倍是完全可能的。根据基本性能关系式,比冲和推力效率分别正比于元冲量的一次方和二次方,而反比于工质脉冲烧蚀质量。因此,要提高推力器的性能,一方面需要设法增大电磁冲量和气动冲量,特别是通过增强电磁加速作用以进一步提高电磁冲量所占比例;另一方面是要提高工质利用率,减小滞后烧蚀和粒子发射效应。

4. 霍尔效应对等离子体运动的影响

目前的文献中对 PPT 等离子体流动过程的数值研究实际上都忽略了霍尔效应,为了全面了解 PPT 的工作特性,本节采用包括霍尔效应项的广义欧姆定律 (6.4) 和磁感应方程(6.19)进行数值模拟,以考察其影响。当流场局部等离子体的电导率较低时,控制方程组中磁扩散项的刚性很大,要求计算的时间步取得很小。为了减小计算量,考虑到等离子体在 PPT 放电通道内的流动主要呈现出二维特征,本节对 PPT 放电最主要阶段的前半个振荡周期的工作过程进行二维模拟。

图 6.22 为流场在 y 方向上速度分布云图。图 6.22 表明,不考虑霍尔效应时上下两电极间的等离子体流动具有对称性,工质表面附近靠近电极处的等离子体流向放电通道的中心区域,在电极出口附近的等离子体则由中心位置向两电极外侧膨胀。当考虑霍尔效应时,电极出口附近的等离子体仍然向两侧电极膨胀,但是放电通道内大部分区域的等离子体的 y 向速度为正值,这说明放电通道内的等离子体会偏向阴极一侧喷出,从而产生偏向阳极一侧的推力,造成推力损失。图 6.22 (d) 对应的时刻放电电流接近最大值,图中大部分区域的等离子体 y 向速度在 2km/s 以上,约为流向速度的 1/10,由此可以估计出 PPT 产生的推力偏离 x 方向的角度约为 5.7°。与此相对应的是,Arrington 和 Haag[46]在对应用于 EO-1 卫星的 PPT 进行性能验证时测量到一个明显的指向阳极的推力分量,推力矢量偏离放电通道中心线的最大角度达 5.3°,接近于所估计的角度。偏向阴极一侧喷出的等离子体不但会造成推力性能的下降,而且会在阴极一侧空间造成较阳极一侧更为严重的羽流污染,从而对处于这一范围的太阳电池阵及星载光学仪器非常不利。PPT 羽流的这种非均匀分布特性在文献[47]和[48]中均被提及,Langmuir 三探针诊断结果也证实了这一点。

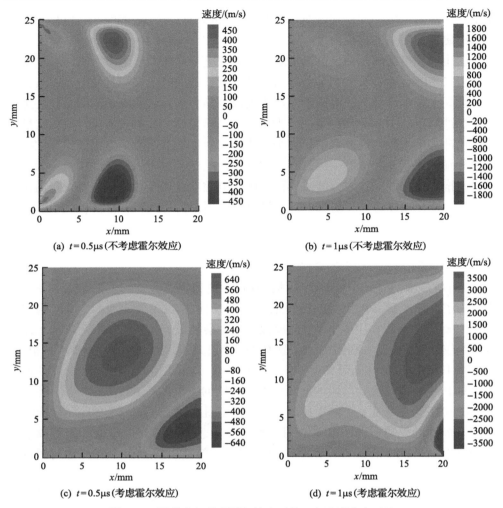

图 6.22 不考虑与考虑霍尔效应时的 y 向速度分布对比

与磁感应强度在 x 和 y 方向上的分量相比，计算表明，在 PPT 的放电通道内 z 方向上的分量 B_z 的幅值要高出数个量级，而等离子体受到的电磁力正比于 $(\nabla \times B) \times B$，因此 B_z 的分布演化情况决定了等离子体沿放电通道的加速运动，其分布如图 6.23 所示。由图可以看出，磁感应强度 B_z 在放电通道始端的工质表面附近最大，并且随着流向距离的增加而不断减小，形成负的磁场梯度，从而产生 x 方向上的电磁力，将等离子体从放电通道加速喷出。磁场的梯度变化对应电流密度，图 6.23(a) 和(b) 中磁感应强度分布关于放电通道中心线对称，在工质表面附近特别是靠近电极的位置沿流向迅速减小，可见不考虑霍尔效应时的推力器放电主要存在于工质表面，并且在靠近电极位置具有最大的电流密度。不同于忽略霍尔效应的情况, 图 6.23 (c) 和 (d) 中工质表面附近的磁感应强度主要随流向距离而变化, 因此此处的电流流向近似与电极垂直, 而在放电通道的下游区域磁感应强度的分布呈现出明显的非对称性。在 $t = 0.5\mu s$ 时, 阴极表面的磁场扩散距离大于阳极表面, 这样电流密度就会存在一个流向方向上的分量, 即电流密度矢量不再与电极垂直, 而是从阳极指向阴极下游。随着放电的进行, 等离子体不断向放电通道下游膨胀加速, 磁场也随之不断扩散。在 $t = 1\mu s$ 时, 磁场扩散到电极末端之外, 由图 6.23 (d) 的磁感应强度分布可以看出, 此时的电流流向由之前的偏斜变得向下游扭曲起来。Kumagai 等[49]用高速摄影仪拍摄 PPT 放电过程时就观察到工质表面存在着垂直于电极的弧柱及从阳极向下游阴极延伸的放电通路, Taro 等[50]采用发射光谱和高速摄影的手段也观测到了相似的离子发射图像。此外, Palumbo 和 Guman[51]

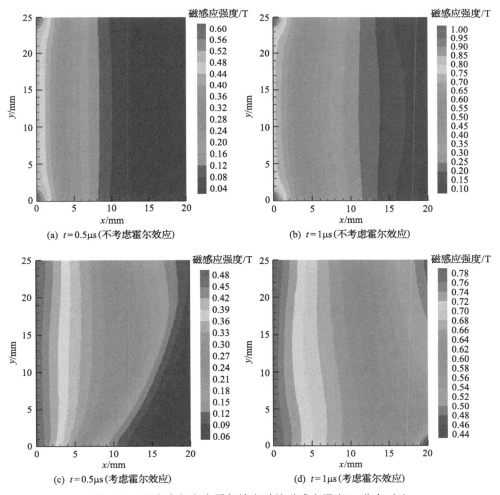

图 6.23　不考虑与考虑霍尔效应时的磁感应强度 B_z 分布对比

利用电流线圈测量到工质表面附近近似与电极垂直以及下游位置扭曲拐向放电通道中间的两条放电通路,因此包含 Hall 效应项的计算结果与国外的实验测量结果是相符的。

事实上,记 $E^*=E+V\times B$ 为等效电场,选磁场方向为 z 轴方向,则广义欧姆定律可以写成 $J=\bar{\bar{\sigma}}_e\cdot E^*$,其中 $\bar{\bar{\sigma}}_e$ 为电导率张量,表达式为

$$\bar{\bar{\sigma}}_e=\frac{\sigma_e}{1+\omega_{ce}^2/\nu_{ei}^2}\begin{bmatrix} 1 & -\dfrac{\omega_{ce}}{\nu_{ei}} & 0 \\ \dfrac{\omega_{ce}}{\nu_{ei}} & 1 & 0 \\ 0 & 0 & 1+\dfrac{\omega_{ce}^2}{\nu_{ei}^2} \end{bmatrix} \tag{6.132}$$

式中,ω_{ce} 为电子回旋频率。电导率呈张量形式表现了等离子体各向异性的特点,由式(6.132)可以看出,在平行于磁场的方向上电导率等于 σ_e,但是在垂直于磁场的方向上电导率发生了改变,而且在垂直于磁场的平面内的电场会导致产生一个垂直于电场方向的电流分量,即霍尔电流。这表明垂直于电极方向上的等效电场会引起流向方向的电流,流向方向上的等效电场也会在垂直于电极的方向上产生电流分量,从而使放电通道内的电流方向产生偏斜和扭曲。霍尔效应引起的霍尔电流的大小取决于 ω_{ce} 与 ν_{ei} 之比,当 $\omega_{ce}\leqslant\nu_{ei}$ 时霍尔电流可以忽略不计。取 PPT 放电过程中的特征参数为 $B=0.1\text{T}$,$n_e=10^{22}\text{m}^{-3}$,$T_e=3\text{eV}$,则计算得到的 ω_{ce} 与 ν_{ei} 都在 10^{10}s^{-1} 量级,可见霍尔效应的影响比较显著,在研究等离子体的加速运动时需要将其考虑在内,在开展推力器设计时需要对电极构型进行优化以减小其影响,降低推力损失。

6.3.3　放电电流对推力器性能的影响

1. 电流振荡特性分析

PPT 的工作过程实际上就是储能电容器的放电释能过程,放电电流的大小直接影响推力器的性能,推力器的冲量估算公式清楚地表明了这一点。为了分析推力器的放电特性及其影响,将 PPT 的放电回路用等效的 RLC 电路表示,如图 6.24 所示。图中的回路等效电容近似等于电容器电容 C,而等效电阻 R 和等效电感 L 包括储能电容器的内阻内感以及传输导线、电极和等离子体的电阻电感。对于给定的推力器,电容器、导线和电极的电阻电感是恒定的,只有等离子体的电阻电感在放电过程中随时间变化。为简化分析,假定等效电阻 R 和等效电感 L

是常数，根据电路理论可以得到如下关于电流的二阶常系数齐次微分方程：

$$LC\frac{\mathrm{d}^2 I}{\mathrm{d}t^2} + RC\frac{\mathrm{d}I}{\mathrm{d}t} + I = 0 \qquad (6.133)$$

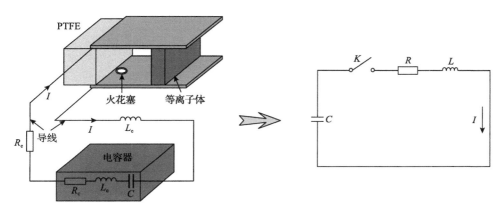

图 6.24　放电回路的等效电路

这一方程的两个特征根为

$$p_{1,2} = \frac{-R}{2L} \pm \sqrt{\frac{R^2}{4L^2} - \frac{1}{LC}} = -\delta \pm \sqrt{\delta^2 - \omega_0^2} \qquad (6.134)$$

式中，$\delta = R/(2L)$，$\omega_0 = 1/\sqrt{LC}$，根据特征根的值放电回路存在以下三种情况。

(1) 过阻尼。

当 $\delta > \omega_0$，即 $L < CR^2/4$ 时，特征根 p_1 和 p_2 为不等的实根，放电电流为

$$I(t) = \frac{V_0}{2L\sqrt{\delta^2 - \omega_0^2}}\left(\mathrm{e}^{p_1 t} - \mathrm{e}^{p_2 t}\right) \qquad (6.135)$$

(2) 临界阻尼。

当 $\delta = \omega_0$，即 $L = CR^2/4$ 时，特征根 p_1 和 p_2 为相等的实根，放电电流为

$$I(t) = \frac{V_0}{L}t\mathrm{e}^{-\delta t} \qquad (6.136)$$

(3) 欠阻尼。

当 $\delta < \omega_0$，即 $L > CR^2/4$ 时，特征根 p_1 和 p_2 为共轭复根，令 $\omega = \sqrt{\omega_0^2 - \delta^2}$，则放电电流的表达式为

$$I(t) = \frac{V_0}{\omega L} e^{-\delta t} \sin \omega t \tag{6.137}$$

图 6.25 给出了三种阻尼情况下电流波形的示意图。可以看出，欠阻尼情况下的放电电流呈减幅振荡，根据式(6.137)，电流幅值的衰减系数为 δ，振荡周期为 $2\pi/\omega$。对于过阻尼和临界阻尼情况，电流波形为非振荡波，此时的放电为非周期放电。

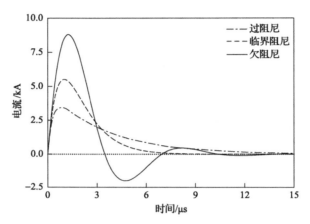

图 6.25　三种阻尼情况下的电流波形

放电电流发生周期性振荡一方面意味着储能电容器在反复充放电，这会导致其工作寿命缩短；另一方面也意味着有能量在电能和磁能之间多次转换，这必然会增大在回路电阻上的能量损耗，降低能量传输效率。结合对工质烧蚀过程和等离子体流动过程的分析，电流反向振荡之后的能量利用率较低，产生的冲量有限，据此可以设想如果减小电流振荡甚至使放电呈非周期放电的形式，则 PPT 的性能有望得到改善。非周期放电要求满足 $L \leqslant CR^2/4$，在推力器设计过程中电容大小是确定的，而电路的阻性损耗又要尽量小，因此减小电流振荡必须尽量减少回路电感。在欠阻尼情况下，如果 $R \ll 2\sqrt{LC}$，则电流的最大上升斜率和最大幅值为

$$\left(\frac{\mathrm{d}I}{\mathrm{d}t}\right)_{\max} = \frac{V_0}{L}, \quad I_{\max} = V_0\sqrt{C/L} = \sqrt{\frac{2E_0}{L}} \tag{6.138}$$

可见，放电电流的上升斜率和幅值都随着电感的减小而增大，为了增强推力器的 $J \times B$ 加速作用，同样要求尽量减少回路电感。减少电感的措施主要有选用电感较小的电容器、多个电容器并联运行、连线应尽可能短，并且同向电流的连线应尽可能远离以减小互感，异向电流的连线应尽可能靠近以增大互感[52]。然而，受制于电容器内感等因素，即使是精心设计的推力器，其回路电感也有数十纳亨

之多, 难以满足非周期放电的条件, 因此放电电流通常都是呈衰减振荡形式, 如图 6.26 所示。

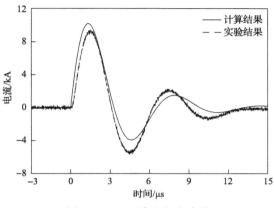

图 6.26　PPT 放电电流波形

2. 非周期放电波形评估

在简单改变电感、电阻等电路参数仍无法满足非周期放电条件的情况下, 为了使推力器产生非周期放电电流, 需要考虑改变电路设计。实现非周期放电的设计电路主要有三种, 分别为在电路中加入有高压硅堆的整流电路、用电感线圈承接电容器储能的电感驱动电路, 以及利用脉冲成形网络(pulse forming network, PFN)产生方波冲击电流的集中参数链型设计电路, 如图 6.27～图 6.29 所示。在这三种电路中, 由于电感驱动电路产生的电流波形与硅堆整流后的电流波形相似, 且已分析指出电感驱动型 PPT 的推力和推进效率会下降, 本节仅对其中的硅堆整流电路和 PFN 放电电路的输出电流进行分析。为了便于比较, 同时对 RLC 电路的欠阻尼振荡电流和低电感下的过阻尼电流波形进行仿真分析, 图 6.30 给出了在相同电容器储能和相同负载电阻下的欠阻尼电流和三种非周期电流的波形。

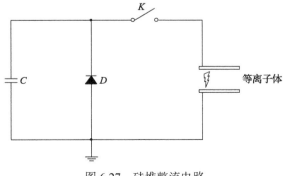

图 6.27　硅堆整流电路

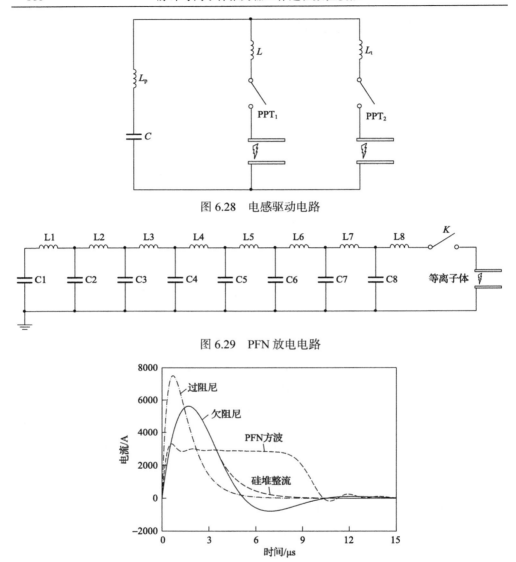

图 6.28　电感驱动电路

图 6.29　PFN 放电电路

图 6.30　欠阻尼电流与非周期电流波形

　　对四种不同电流波形下的推力器工作过程进行模拟,可以得到如图 6.31 所示的推力器冲量随时间的变化曲线。由图可知,放电开始时电流迅速增大,等离子体很快膨胀加速喷出 PPT 电极出口,而到放电后期随着放电电流衰减到零值附近,推力器冲量仅缓慢增加。在这四种电流波形中,过阻尼电流的初期上升斜率和峰值最大,其作用产生冲量的增加速率也最大,然而由于其峰值时间较短,冲量的增加很快趋缓。与之形成鲜明对比,PFN 方波电流的峰值持续时间最长,所产生冲量的持续大幅增加时间也最长。PFN 方波电流的初期上升斜率不是最小的,但是由于其电流幅值最小，冲量的增加速率在放电开始后很快小于其他电流波形对应冲量的增加速率。小的电流幅值也减小了工质的消耗量，使得 PFN 方波电流产生的元冲量不大。与过阻尼电流和 PFN 方波电流相比，欠阻尼电流和硅堆整流电流的幅值和峰值持续时间适中，推力器冲量获得了较大幅度和较长时间的增长。

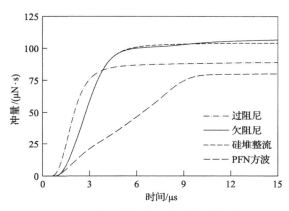

图 6.31　四种电流波形对应的冲量变化

　　不同电流波形作用下的等离子体阻抗并不相等，尚不能对各种电流波形下的推力器性能进行简单比较。为此，本节对不同放电电流作用下电磁冲量占元冲量的比例进行估算，结果如表 6.1 所示。可以看到，欠阻尼振荡电流对应的电磁冲量所占比例最小，这表明非周期放电电流能够增强电磁加速作用，提高电磁冲量占元冲量的比例。四种电流波形的仿真结果显示出欠阻尼电流下的工质脉冲烧蚀质量最大，比冲最小。这也在一定意义上证实了采用非周期放电能够提高推力器的性能。

表 6.1　不同电流下的性能参数计算结果[53]

参数	电流波形			
	欠阻尼	过阻尼	硅堆整流	PFN 方波
元冲量/(μN·s)	106.7	89.1	104.1	80.2
电磁冲量比例/%	80.5	82.1	87.2	83.5
比冲/s	596.2	608.0	650.2	1077.3
推力效率/%	2.77	2.36	2.95	3.76

　　在仿真分析的三种非周期电流波形中，过阻尼电流虽然提高了电磁冲量比例，但是由于其峰值时间过短，元冲量和工质脉冲烧蚀质量均较小，计算出的推力效

率反而有所降低。加入高压硅堆整流后的 PPT 性能有一定程度的提高，但是还需考虑到硅堆本身的阻性损耗，以及在实际应用中因硅堆较大的质量和体积带来的不利影响。PFN 方波电流只在波尾处有很小的振荡，而且电流在放电快结束时迅速减小，这正是减小放电结束后的工质烧蚀量和粒子发射损耗所期望的，表 6.1 中计算的比冲和推力效率也是四种波形中最高的，推力器性能的提升幅度非常明显。需注意的是，采用 PFN 放电电路时 PPT 工作性能的大幅改善是在负载电阻与链型网络阻抗相匹配的条件下计算得到的。由于 PPT 工作过程中的等离子体阻抗是随时间变化的，等离子体阻抗和链型网络阻抗只在一定范围内匹配，这就可能导致方波电流产生多次同极性或异极性反射，需要对网络链数及每链的电容和电感量进行优化设计，以求增大匹配范围，获得适当的电流幅值和峰值持续时间，抑制波头过冲，减少方波持续期间的平顶降落，增大电流波尾的下降速率，从而使推力器性能最优，这些问题还有待于进一步的研究。

参 考 文 献

[1] 秦曾煌. 电工学[M]. 5 版. 北京: 高等教育出版社, 1999.

[2] Keidar M, Boyd I D, Beilis I I. Electrical discharge in the Teflon cavity of a coaxial pulsed plasma thruster[J]. IEEE Transactions on Plasma Science, 2000, 28(2): 376-385.

[3] Kubota K, Funaki I, Okuno Y. Hall effect on the magnetoplasmadynamic thruster flowfields[C]. The 38th Plasmadynamics and Lasers Conference, Miami, 2007: 4385.

[4] Arai N. Transient ablation of Teflon in intense radiative and convective environments[J]. American Institute of Aeronautics and Astronautics Journal, 1979, 17(6): 634-640.

[5] 吴其芬, 李桦. 磁流体力学[M]. 长沙: 国防科技大学出版社, 2007.

[6] 陈秉乾, 舒幼生, 胡望雨. 电磁学专题研究[M]. 北京: 高等教育出版社, 2001.

[7] 田正雨. 高超声速流动的磁流体力学控制数值模拟研究[D]. 长沙: 国防科技大学, 2008.

[8] 李桦, 田正雨. 高超声速流动磁流体力学控制的数值模拟研究[M]. 长沙: 国防科技大学出版社, 2010.

[9] Powell K G. An approximate Riemann solver for magnetohydrodynamics[R]. Langley: ICASE Report, 1994.

[10] Tóth G. The $\nabla \cdot B = 0$ constraint in shock-capturing magnetohydrodynamics codes[J]. Journal of Computational Physics, 2000, 161(2): 605-652.

[11] Evans C R, Hawley J F. Simulation of magnetohydrodynamic flows—A constrained transport method[J]. The Astrophysical Journal, 1988, 332: 659.

[12] Brackbill J U, Barnes D C. The Effect of Nonzero $\nabla \cdot B$ on the numerical solution of the magnetohydrodynamic equations[J]. Journal of Computational Physics, 1980, 35(3): 426-430.

[13] Dedner A, Kemm F, Kröner D, et al. Hyperbolic divergence cleaning for the MHD equations[J].

Journal of Computational Physics, 2002, 175 (2): 645-673.

[14] Kovitya P. Thermodynamic and transport properties of ablated vapors of PTFE, alumina, perspex, and PVC in the temperature range 5000-30000K[J]. IEEE Transactions on Plasma Science, 1984, 12 (1): 38-42.

[15] Schmahl C S. Thermochemical and transport processes in pulsed plasma microthrusters: A two-temperature analysis[D]. Columbus: The Ohio State University, 2002.

[16] Cassibry J T. Numerical modeling studies of a coaxial plasma accelerator as a standoff driver for magnetized target fussion[D]. Tuscaloosa: The University of Alabama, 2004.

[17] Sonoda S. A polytetrafluoroethylene thermochemical model for the study of pulsed plasma thrusters[D]. Phoenix: Arizona State University, 2009.

[18] Corpening J H. Computational analysis of a pulsed inductive plasma accelerator[D]. West Lafayette: Purdue University West Lafayette, 2008.

[19] 卜荫贵, 徐立功. 气动热力学[M]. 2 版. 合肥: 中国科学技术大学出版社, 2011.

[20] 黄祖洽, 丁鄂江. 输运理论[M]. 2 版. 北京: 科学出版社, 2008.

[21] Braginskii S I. Transport processes in a plasma[J]. Reviews of Plasma Physics, 1965, 1: 205-311.

[22] Kubota K, Funaki I, Okuno Y. Comparison of simulated plasma flow field in a two-dimensional magnetoplasmadynamic thruster with experimental data[J]. IEEE Transactions on Plasma Science, 2009, 37 (12): 2390-2398.

[23] Bittencourt J A. Fundamentals of Plasma Physics[M]. New York: Springer, 2004.

[24] 李爱芹. 线性方程组的迭代解法[J]. 科学技术与工程, 2007, 7 (14): 3357-3364.

[25] 曾闽丽. 加权-对称超松弛迭代法[J]. 莆田学院学报, 2008, 15 (2): 29-31.

[26] 阎超. 计算流体力学方法及应用[M]. 北京: 北京航空航天大学出版社, 2006.

[27] Liou M S. A sequel to AUSM, part II: AUSM+-up for all speeds[J]. Journal of Computational Physics, 2006, 214: 137-170.

[28] Yoon S H, Kim C, Kim K H. Multi-dimensional limiting process for three-dimensional flow physics analyses[J]. Journal of Computational Physics, 2008, 227 (12): 6001-6043.

[29] Mikellides Y G. Theoretical modeling and optimization of ablation-fed pulsed plasma thrusters[D]. Columbus: The Ohio State University, 1999.

[30] Cassibry J T, Francis Thio Y C, Markusic T E, et al. Numerical modeling of a pulsed electromagnetic plasma thruster experiment[J]. Journal of Propulsion and Power, 2006, 22 (3): 628-636.

[31] 陈熙. 热等离子体传热与流动[M]. 北京: 科学出版社, 2009.

[32] Peterson K J. Computational magnetohydrodynamic investigation of flux compression and implosion dynamics in a Z-pinch plasma with an azimuthally opposed magnetic field

configuration[D]. Knoxville: The University of Tennessee, 2003.

[33] Gatsonis N A, Juric D, Stechmann D P, et al. Numerical analysis of Teflon ablation in pulsed plasma thrusters[C]. The 43rd AIAA/ASME/SAE/ASEE Joint Propulsion Conference & Exhibit, Cincinnati, 2007: 5227.

[34] Stechmann D P. Numerical analysis of transient Teflon ablation in pulsed plasma thrusters[D]. Worcester: Worcester Polytechnic Institute, 2007.

[35] Kemp N H. Surface recession rate of an ablating polymer[J]. American Institute of Aeronautics and Astronautics Journal, 1968, 6(9): 1790-1791.

[36] Orszag S A, Tang C M. Small-scale structure of two-dimensional magnetohydrodynamic turbulence[J]. Journal of Fluid Mechanics, 1979, 90(1): 129-143.

[37] Li F Y, Shu C W. Locally divergence-free discontinuous Galerkin methods for MHD equations[J]. Journal of Scientific Computing, 2005, 22(1): 413-442.

[38] Hoffmann K A. An integrated computational tool for hypersonic flow simulation[R]. Washington DC: US Government Technology Report, 2004.

[39] 李自然. 脉冲等离子体推力器设计与性能的理论与实验研究[D]. 长沙: 国防科技大学, 2008.

[40] Solbes A, Thomassen K, Vondra R J. Analysis of solid Teflon pulsed plasma thruster[J]. Journal of Spacecraft and Rockets, 1970, 7(12): 1402-1406.

[41] Burton R, Wilson M, Bushman S. Energy balance and efficiency of the pulsed plasma thruster[C]. The 34th AIAA/ASME/SAE/ASEE Joint Propulsion Conference and Exhibit, Cleveland, 1998: 3808.

[42] Guman W J. Pulsed plasma technology in microthrusters[R]. Farmingdale: Fairchil Hiller Corp, 1968.

[43] Henrikson E M. An experimental and theoretical study towards performance improvements of the ablation fed pulsed plasma thruster[D]. Phoenix: Arizona State University, 2010.

[44] Guman W J. Designing solid propellant pulsed plasma thrusters[C]. The 11th Electric Propulsion Conference, New Orleans, 1975: 410.

[45] Thomas H D. Numerical simulation of pulsed plasma thrusters[D]. Knoxville: The University of Tennessee, 2000.

[46] Arrington L, Haag T. Multi-axis thrust measurements of the EO-1 pulsed plasma thruster[C]. The 35th Joint Propulsion Conference and Exhibit, Los Angeles, 1999: 2290.

[47] Gatsonis N, Byrne L, Eckman R, et al. Pulsed Plasma Thruster plumes—Experimental investigations and numerical modeling[C]. The 38th Aerospace Sciences Meeting and Exhibit, Reno, 2000: 464.

[48] Zhang R, Zhang D X, Li Y, et al. Distribution and optical properties of the pulsed plasma

thruster plume deposition[C]. The 2nd International Conference on Electronic and Mechanical Engineering and Information Technology, Shenyang, 2012: 26-28.

[49] Kumagai N, Igarashi M, Sato K, et al. Plume diagnostics in pulsed plasma thruster[C]. The 38th AIAA/ASME/SAE/ASEE Joint Propulsion Conference & Exhibit, Indianapolis, 2002: 4124.

[50] Taro H, Atsushi N, Toshinori I, et al. Development of highly durable pulsed plasma thruster for active flare satellite constellation[C]. The 63rd International Astronautical Congress, Naples, 2012: 1-8.

[51] Palumbo D, Guman W. Continuing development of the short-pulsed ablative space propulsionsystem[C]. The 8th Joint Propulsion Specialist Conference, NewOrleans, 1972: 1154.

[52] 陈景亮, 姚学玲, 孙伟. 脉冲电流技术[M]. 西安: 西安交通大学出版社, 2008.

[53] 谢泽华. 固体烧蚀型脉冲等离子体推力器工作特性研究[D]. 长沙: 国防科技大学, 2013.

第三篇　羽　流　篇

第 7 章　基于粒子-流体混合模型的 PPT 羽流过程数值模拟

作为一种微推进系统，PPT 以其在结构质量与尺寸、工作性能以及电源功率需求等方面的优势广泛应用于微小卫星的姿态控制、阻力补偿、轨道提升和星座相位控制等任务。随着空间探测技术的发展，人们要求现代微小卫星具有更大的功能密度、更低的制造成本和更长的工作寿命，而 PPT 羽流可能对卫星产生严重的溅射腐蚀、沉积污染、化学污染、热负荷和电磁干扰等不良效应，这就需要在集成更多高度精密的有效载荷、减小设计裕度以降低成本的同时深入研究推力器羽流流动特性，准确评估羽流与航天器的相互作用效应，进而采取防护措施以确保航天器在寿命期间的正常运行。

PPT 羽流是包含多种等离子体组分的稀薄流体，采用基于连续介质假设的磁流体力学模拟方法对其进行数值模拟已不再适合，通常需要采用基于动力学的粒子模拟方法，以 DSMC 方法处理中性粒子的运动和重粒子之间的碰撞，以 PIC 方法模拟带电粒子在外加及自洽电磁场中的运动。结合 DSMC 和 PIC 方法的优势[1,2]，粒子模拟方法可以较为准确地描述出等离子体羽流的流场特征及其变化过程，因此在羽流数值研究中得到了广泛的应用。

采用 PIC 方法跟踪带电粒子在电磁场中的运动需要在德拜长度以下的尺度求解麦克斯韦方程组，时间步长要小于等离子体振荡频率对应的特征时间，并且还要满足方程组的稳定性条件，在模拟具有较高等离子体密度的 PPT 羽流时所需的计算资源巨大。为避免这些限制，通常都是将电子处理为流体。为了获取较为准确的羽流流场信息，深入揭示羽流流动规律，本章综合考虑羽流场的电磁加速作用，采用结合 DSMC 和 PIC 模拟以及流体电子模型的粒子-流体混合算法对 PPT 羽流开展三维数值研究。本章主要阐述 DSMC 和 PIC 方法的基本思想、计算流程和关键技术，建立考虑磁场影响的 PPT 等离子体羽流流动模型，并对粒子-流体混合模拟的数值算法开展研究。

7.1　DSMC 方法和 DSMC-PIC 流体混合方法

PPT 羽流运动情况非常复杂，包括核心区的连续介质流、外围的过渡流及分子自由流，同时羽流中带电成分的碰撞过程也不同于普通气体。PPT 羽流的求解主要采用的基于动力学方法包括：DSMC 方法、PIC 方法及其混合方法等。DSMC 方法[1,3]是依赖物理的概率模拟方法，来源于分子动力学方法，采用概率论方法判断分子间是否发生碰撞。PIC 方法为等离子体粒子模拟方法，该方法不考虑等离子体粒子间的碰撞作用，利用计算机通过模拟粒子，跟踪大量的带电粒子在其自洽场和外加电磁场中的运动，模拟等离子体动力学特性。Gatsonis[4]提出的 DSMC-PIC 流体混合方法能够对电推进羽流进行模拟，在该方法中，中性粒子和离子的运动分别通过 DSMC 方法和 PIC 方法进行模拟，将电子近似为无质量流体，假设电子为平衡状态，通过电荷守恒关系式获得电场分布。

7.1.1 DSMC 方法

DSMC 方法[1]发源于分子动力学方法，该方法并不直接求解玻尔兹曼方程，而是模拟该方程所描述的物理过程。DSMC 方法采用概率论而不是决定论的方法计算仿真分子间的碰撞，是一种物理模拟的方法，也是数值求解稀薄气体力学问题最有效的方法之一。

1. DSMC 方法的一般步骤

DSMC 模拟程序大致可以分为以下六个步骤，其流程如图 7.1 所示。

(1)在无碰撞假设下，按照匀速直线运动求出各模拟分子以各自速度在Δt_m内运动的距离，确定模拟分子新的位置坐标。

(2)模拟区域总是有限的，模拟分子在经历迁移运动后有可能与边界发生相互作用，此时必须进行相应处理。若边界是对称线(面)，则模拟分子在边界上做镜面反射；若边界是固壁表面，常用的处理方法是基于镜面反射和漫反射以及这两种反射模式的组合模式反射；若边界外区域是真空，则将模拟分子做逸出处理；对于入口边界，则需要确定 Δt_m 内进入计算区域的模拟分子数及运动状态。

(3)根据模拟分子新的空间位置坐标调整模拟分子所在的网格编号，并对模拟分子进行排序。

(4)计算 Δt_m 内模拟分子之间的碰撞。碰撞计算是 DSMC 方法中至关重要的计算，后续将进行详细讨论。这里仅以 Bird 的无时间计数器(no time-counter)方法为例阐明模拟时的计算步骤：①计算 Δt_m 内模拟分子的碰撞次数 N_t；②在模拟分子中随机抽样，选取可能的碰撞对；③对于选取的模拟分子对，计算$\sigma_T g$ 与 $(\sigma_T g)_{max}$ 的比值，并将其与随机数 R 进行比较，若 $\sigma_T g/(\sigma_T g)_{max} > R$，则保留该模拟分子对，认为形成了碰撞分子对，否则重复步骤②；④判断实际碰撞次数 $N_{col} \leqslant N_t$ 是否成立，如果成立，则重复步骤②~④继续进行网格内的碰撞计算，如果不成

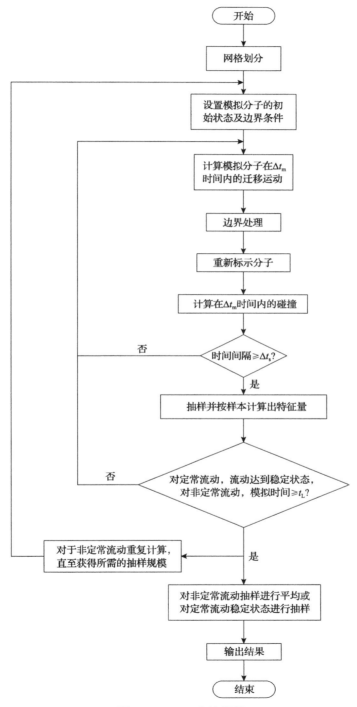

图 7.1　DSMC 方法流程

立，则表明该网格内的碰撞计算已经结束，可以转到下一个网格进行碰撞计算；⑤按照步骤①～④对所有网格单元实现 Δt_{m} 内的碰撞计算。

(5)按照步骤(1)～(4)的做法，使程序重复运行 N 个时间步长，然后判断模拟时间间隔 $\sum\limits_{i=1}^{N}\Delta t_{\mathrm{m}i}$ 是否达到抽样时间 Δt_{s}，以及判断条件是否成立。若条件成立，则对网格单元内的模拟分子实施统计计算，求得流场各宏观物理量的值；若所模拟的流动在宏观上是定常的，则需判明流动处于定常状态后再进行流场各物理量的统计运算。

(6)受计算机内存的限制，每个网格内能够布置的模拟分子数有限，因此一次统计运算得到的流场各物理量存在较大涨落。为提高计算精度，一般采用重复运算的方法来增加统计的样本数，减小流场各物理量的统计误差。

在真实气体流动中，气体分子的运动与碰撞总是同时进行的，它们相互耦合、相互影响。在计算机模拟中真实反映这一物理现象是困难的，这主要是由于当今计算机的发展水平所限制。因此，在 DSMC 方法中实际上采用了将气体分子运动与碰撞解耦的方法，认为分子间的碰撞是瞬时完成的，它不改变气体的运动轨迹，而在相邻两次碰撞之间分子做匀速直线运动大大提高了 DSMC 模拟的速度与效益。气体分子运动与碰撞解耦的假设也称为 DSMC 方法的理论基石，它一方面扩展了 DSMC 方法的应用范围，使得采用 DSMC 方法模拟复杂流场成为可能；另一方面相应地也给 DSMC 模拟的应用带来一定限制。

2. 混合气体宏观状态量的表示

速度分布函数 $f(t,\boldsymbol{X},\boldsymbol{\xi})$ 是分子动力论的基础，它不但给出了对气体分子运动状态的精确描述，还能够通过以速度分布函数为权函数平均得到所需求的宏观物理量。对任意一个气体分子速度的函数 $\varphi(\boldsymbol{\xi})$ 求平均，得到的平均值表达式为

$$\langle\varphi\rangle=\frac{1}{n}\int\varphi(\boldsymbol{\xi})f(\boldsymbol{\xi})\mathrm{d}\boldsymbol{\xi} \tag{7.1}$$

由此得到

$$
\begin{aligned}
n(t,\boldsymbol{x}) &= \int f(t,\boldsymbol{X},\boldsymbol{\xi})\mathrm{d}\boldsymbol{\xi}\\
P_{ij} &= m\int c_i c_j f(t,\boldsymbol{X},\boldsymbol{\xi})\mathrm{d}\boldsymbol{\xi}\\
q_i &= \frac{1}{2}m\int c^2 c_j f(t,\boldsymbol{X},\boldsymbol{\xi})\mathrm{d}\boldsymbol{\xi}
\end{aligned}
\tag{7.2}
$$

式中，n、P_{ij}、q_i 分别为单位体积中气体的分子数或称分子数密度、应力张量和能量通量。定义 $\boldsymbol{c}=\boldsymbol{\xi}-\boldsymbol{u}$ 为分子的热运动速度或称固有速度，则分子动力论中温度 T 定义为

$$\frac{3}{2}k_B T = \frac{1}{n}\int \frac{1}{2}mc^2 f(t,\boldsymbol{X},\boldsymbol{\xi})\mathrm{d}\boldsymbol{\xi} \tag{7.3}$$

式中，k_B 为玻尔兹曼常数。这一定义表明能量是按自由度均分的，即每一个平均自由度方向上能量分数等于 $k_B T/2$。这里仅考虑了分子的平均自由度，而未考虑其他自由度温度。分子动力论中还引入如下变量：

$$P = \frac{1}{3}(P_{11} + P_{22} + P_{33}) \tag{7.4}$$

定义为流体静压力或简称压力，这与经典的流体力学和热力学的压力概念相一致。显然，$\sum P_{ij}$ 是一个张量不变量，因此 P 是标量且 $P = P(\boldsymbol{X},t)$。根据以上关系式可得到关于压力 P 和温度 T 的关系式：

$$P = nk_B T = \rho RT \tag{7.5}$$

即理想气体的状态方程，其中 $R = k_B/m$ 称为气体常数。

混合气体通常认为由 S 种简单气体组成。其中任一种简单气体均可定义一个速度分布函数 $f_i(t,\boldsymbol{X},\boldsymbol{\xi})(i=1,2,\cdots,S)$，用来描述该简单气体分子的运动状态。因此，混合气体的流体力学宏观量被表示成各组分气体按自身速度分布函数加权平均的代数和，具体表达式如下：

$$n = \sum_{i=1}^{S} n_i$$

$$\rho = \sum_{i=1}^{S} m_i n_i$$

$$\boldsymbol{u} = \frac{\displaystyle\sum_{i=1}^{S} m_i \int \boldsymbol{\xi} f_i \mathrm{d}\boldsymbol{\xi}}{\displaystyle\sum_{i=1}^{S} m_i n_i}$$

$$\frac{3}{2}k_B T = \frac{1}{n}\sum_{i=1}^{S} \frac{1}{2}m_i \int c^2 f_i \mathrm{d}\boldsymbol{\xi} \tag{7.6}$$

$$P_{ij} = \sum_{i=1}^{S} m_i \int \boldsymbol{c}_i \boldsymbol{c}_j f_i \mathrm{d}\boldsymbol{\xi}$$

$$q_i = \sum_{i=1}^{S} \frac{1}{2}m_i \int c^2 \boldsymbol{c}_i f_i \mathrm{d}\boldsymbol{\xi}$$

式中，n、ρ、$\boldsymbol{u}$、T、P_{ij}、q_i 分别为混合气体的分子数密度、质量密度、宏观速度、温度、应力张量和能量通量。混合气体组元扩散速率定义为

$$W_i = u_i - u = \frac{1}{n_i} \int (\xi_i - u) f_i \mathrm{d}\xi \tag{7.7}$$

3. DSMC 方法中碰撞的计算

DSMC 方法中碰撞的计算包括碰撞对的抽样函数和碰撞后分子运动速度的确定。这里仅介绍几种相关的确定碰撞对抽样函数的方法。

1）Bird 的时间计数器方法

根据气体分子动力论，在平衡态时同组分气体分子的平均碰撞频率 ν 为

$$\nu = n \bar{\sigma}_T \bar{g} \tag{7.8}$$

式中，符号"$-$"表示平均值。式(7.8)表明两个特定的气体分子可能发生碰撞的概率 P_{col} 与分子对碰撞截面 σ_T 和相对运动速度 g 的乘积成正比：

$$P_{col} \propto g \sigma_T \tag{7.9}$$

因此在单元内模拟分子对的碰撞概率函数 P_{col} 可表示为

$$P_{col}(g) = \frac{\sigma_T g}{(\sigma_T g)_{max}} \tag{7.10}$$

对应不同的分子作用势模型，碰撞分子所具有的碰撞截面 σ_T 与相对运动速度 g 的关系式不同，因此由式(7.10)得到的不同分子模型的碰撞概率函数 P_{col} 的表达式也不同。对应于硬球分子模型，模拟分子对碰撞截面 σ_T 为常值，硬球分子碰撞对抽样概率函数为 $P_{col}(g) = g/g_{max}$，对应于负幂率分子模型，碰撞抽样概率函数为 $P_{col}(g) = g^{1-4\alpha}/g_{max}^{1-4\alpha}$。

由式(7.8)得到在时间步长 Δt_m 内单元内所有模拟分子的碰撞总数 N_t 为

$$N_t = \frac{1}{2} N_m n \bar{\sigma}_T \bar{g} \Delta t_m \tag{7.11}$$

式中，N_m 为网格中总的分子数；n 为网格内气体分子的数密度；1/2 是由于每次碰撞都有两个分子参加而得到的权因子。对于硬球分子模型，有

$$N_t = \frac{1}{2} N_m n \sigma_T \bar{g} \Delta t_m \tag{7.12}$$

对于负幂率分子模型，有

$$N_t = \frac{\sigma_T}{2} N_m n g^{-1-4/\alpha} \Delta t_m \tag{7.13}$$

采用上述关系式中的任何一式计算 N_t，都必须计算一个以气体分子相对运动速度 g 为自变量函数的平均值。这不仅给编程带来了麻烦，而且需要大量的机时。

为解决这一问题，Bird 提出了时间计数器方法。该方法在每个单元内都设置一个计时器，每当模拟分子在单元内发生一次碰撞，就在计时器上累加一个与碰撞分子相对应的时间间隔 Δt_{ci}。对于硬球分子和负幂率分子，Δt_{ci} 的计算式分别为

$$\Delta t_{ci} = \frac{2}{N_{\mathrm{m}} n \sigma_{\mathrm{T}} g} \tag{7.14}$$

$$\Delta t_{ci} = \frac{2}{N_{\mathrm{m}} n \sigma_{\mathrm{T}} g^{1-4/\alpha}} \tag{7.15}$$

一旦网格计时器显示的累加时间大于 Δt_{m}，即 $\sum_{i} \Delta t_{ci} > \Delta t_{\mathrm{m}}$，就停止该单元内模拟分子的碰撞计算，而进行下一步操作。

Bird 证明，如果对一定数目的模拟分子反复进行上述操作，就可以精确地模拟得到式 (7.8) 所表示的单个分子平均碰撞频率。因此，DSMC 方法不仅可以在单元内模拟分子数相对较小 (一般在单元内布置 20～30 个模拟分子) 的情况下正确模拟流动，而且可以使计算量仅与模拟分子数成正比。此外，由以上分析还可以看出，尽管这种抽样方法只需稍加修改即可推广应用于不同类分子碰撞情形，但这种抽样方法不适合向量化计算。

2）Baganoff 和 McDonald 的抽样方法

应用巨型计算机进行向量化计算已成为当今计算物理和计算力学的发展趋势。DSMC 方法在本质上就是同时跟踪大量模拟分子的运动轨迹，因此只要建立合适的模拟分子碰撞抽样模型，就能够实现向量化计算，大大提高计算效率并获取很高的加速比。Baganoff 和 McDonald 提出了一种可实现 DSMC 方法向量化计算的碰撞抽样模型。他们注意到量 $n_a n_b / (1+\delta_{ab})$ 为物理空间中的单位体积内数目为 n_a 的 a 类分子与数目为 n_b 的 b 类分子之间可能构成的碰撞对数；函数 $R(g)$ 为这些碰撞分子关于相对速度 g 的分布函数，于是量 $n_a n_b / (1+\delta_{ab}) R(g) \mathrm{d}g$ 是在物理空间单位体积内相对速度模值处于 g 到 $g+\mathrm{d}g$ 之间分子可能形成碰撞对数；$g \sigma_{\mathrm{T}} \Delta t_{\mathrm{m}}$ 则是一个碰撞截面为 σ_{T} 的分子以速度 g 在时间间隔 Δt_{m} 内扫过的物理空间的体积。如果这个体积相对于所考察的物理空间体积小，且将这个体积作为无量纲化参数，那么模拟分子扫过这个体积的数值 $g \sigma_{\mathrm{T}} \Delta t_{\mathrm{m}}$ 就可以被解释为气体分子在单位体积内发生碰撞的概率。按照这种解释，可将时间步长 Δt_{m} 内 a 类分子与 b 类分子在相对速度 g 到 $g+\mathrm{d}g$ 的范围内碰撞总数表示为

$$Z_{ab} \mathrm{d}g \Delta t_{\mathrm{m}} = S_{ab} R(g) \mathrm{d}g P_{\mathrm{col}} \tag{7.16}$$

$$S_{ab} = \frac{n_a n_b}{1+\delta_{ab}} \tag{7.17}$$

$$P_{col} = \sigma_T g \Delta t_m \qquad\qquad (7.18)$$

式中，S_{ab} 为单位体积内碰撞分子的样本数；P_{col} 为气体分子碰撞对抽样概率函数；函数 $R(g)$ 为碰撞分子相对速度 g 的分布函数。于是由式(7.17)给出了一种可实现向量化计算的碰撞分子抽样方法：首先在物理空间的单位体积内选取样本数为 S_{ab} 的碰撞分子，然后根据碰撞概率判断这些分子对是否确实发生了碰撞。

当气体处于平衡态时，仿照上述做法可以得出

$$Z_{ab} dg \Delta t_m = S_{ab} H(g) dg P_{col} \qquad\qquad (7.19)$$

$$S_{ab} = \frac{n_a n_b}{1 + \delta_{ab}} \qquad\qquad (7.20)$$

$$P_{col} = \sigma_T g \Delta t_m \qquad\qquad (7.21)$$

由分析可知，$H(g)$ 高度近似于正态函数，可用式(7.16)~式(7.18)代替式(7.19)~式(7.21)进行碰撞分子抽样。这种做法的意义在于，采用同一精度，大大减少了所需抽样次数。从实用的角度考察，在实施 DSMC 方法模拟时，总是将在时间步长 Δt_m 一个单元内的碰撞数限制在一个可允许的范围之内。对于小的抽样次数，仅从一维的光滑函数中抽样才是可行的。

为了实现宏观量的统计计算，在每个单元内必须设置足够的模拟分子，进而导致由式(7.20)计算得到的碰撞分子样本数 S_{ab} 变得非常大，大大降低了 DSMC 方法的计算效率。为了减少碰撞分子样本数 S_{ab}，同时按比例增大抽样概率 P_{col}，使得 S_{ab} 与 P_{col} 的积保持不变。一种合适的选择方法是，使 P_{col} 恰好等于碰撞概率。根据 DSMC 方法模拟经验，在网格内采用如下关系式确定 S_{ab} 是合适的：

$$S_{ab} = \frac{K}{2} \sqrt{n_a n_b} \qquad\qquad (7.22)$$

式中，K 为常数，由向量计算机容量确定。S_{ab} 正比于自然抽样维度 n，避免了对计算过程中其他数据的依赖关系。采用式(7.22)确定 S_{ab} 不仅使得单元内的抽样总数减少了一到两个量阶，而且在分子对抽样概率 P_{col} 中包含时间平均值 $\sqrt{n_a n_b}$ 低了碰撞抽样概率的涨落，降低了统计误差，提高了计算效率。

3）Bird 的无时间计数器方法

Bird 将时间计数器方法改造成无时间计数器方法，由此构造的 DSMC 方法适用于向量化计算。在该方法中，单元内模拟分子对的碰撞抽样概率函数 P_{col} 仍为式(7.10)，但事先给出了在时间步长 Δt_m 内单元中的模拟分子碰撞次数 N_t。同组分气体的 N_t 计算式为

$$N_{\mathrm{t}} = \frac{1}{2} N_{\mathrm{m}} n \left(\sigma_{\mathrm{T}} g \right)_{\max} \Delta t_{\mathrm{m}} \tag{7.23}$$

将它作为单元中的碰撞分子样本数 S_{ab}。它的优点在于采用单元内 $\sigma_{\mathrm{T}} g$ 的最大值对碰撞抽样概率函数 P_{col} 进行归一化处理,符合抽样概率定义。而在 Baganoff 和 McDonald 抽样方法中碰撞抽样概率 P_{col} 与抽样概率定义不相符,在 DSMC 方法模拟中要剔除 $P_{\mathrm{col}} > 1$ 的分子对。

4. 模拟中的关键技术

1)流动计算区域的网格划分

与计算流体力学相同,DSMC 方法程序初始化的一个重要内容就是对流场进行网格划分,以便在网格内进行碰撞计算及统计宏观物理量。为了进行网格划分,必须首先对计算流场的边界轮廓进行描述。当计算流场是内流场时,计算边界是物面、出口和入口;当计算流场是外流场时,必须按照一定的原则给出无限边界的合理截断。在确定计算流场的边界轮廓后,按照一定的规则将流场划分为计算网格。一般来说,计算流体力学中的网格生成技术都可以应用到 DSMC 方法模拟程序中。由于 DSMC 方法不存在离散化及计算不稳定性问题,网格划分具有更高的灵活性,不需要规整形状的网格。根据 Bird 的经验,网格维度 Δx 约为 $1/3 \, \overline{\lambda}$,$\overline{\lambda}$ 为网格内气体分子的平均自由程。

2)时间步长的选取

DSMC 方法中对时间步长 Δt_{m} 的选取有两个要求:①Δt_{m} 应小于仿真分子移动一个网格长度所需要的时间;②应使仿真分子的迁移运动与碰撞能够解耦处理,Δt_{m} 应远小于仿真分子发生一次碰撞所需要的时间。计算中对不同的计算区域选用不同的 Δt_{m},在各计算区域中,Δt_{m} 均应满足如下条件:

$$\Delta t_{\mathrm{m}} < \min \left[\min \left(\frac{\Delta x}{u} \right), \min \left(\frac{\Delta y}{v} \right) \right] \quad \text{且} \quad \Delta t_{\mathrm{m}} \ll \frac{1}{\nu} \tag{7.24}$$

式中,ν 为仿真分子的碰撞频率。

3)权函数

有些流动的网格划分并不是完全均匀的,若单元数密度是相近的,则仿真分子数在不同的网格内可能会有很大的差别。仿真分子数过大的网格将造成计算机时的浪费;仿真分子数较小的网格将造成大的统计涨落,使得计算失真。对于流场中密度变化非常大的区域,如倒流区,同样会出现各网格内仿真分子数差别很大的问题。在进行混合气体流动的计算时,若某种组分的数密度远小于其余组分,则相应于该组分的仿真分子数也大大减小,给模拟带来困难。

解决此类问题的方法是采用加权因子技术,这是蒙特卡罗方法中的一项重要技术。计算中对不同网格赋予不同的权因子 W_i，W_i 代表每个网格内仿真分子所包含的真实气体分子个数。如果网格体积为 V_i，那么该网格中仿真分子数为 $N_i = n_i \times V_i / W_i$，其中 n_i 为气体的真实分子数密度。权因子配置的基本原则是，应使流场中各计算网格所包含的仿真分子数差别不大，因此在配置时应结合网格划分进行，在保证计算精度的前提下，节省计算机时与内存。

在应用加权因子技术之后，当仿真分子从一个网格运动至另一个网格时，首先必须仔细鉴别实际分子数与加权分子数之间的差别，然后按照以下方法进行相应的处理。

删除-复制方法：为了保持通过网格边界的仿真分子数通量在统计意义上是守恒的，当仿真分子从权因子为 W_1 的网格运动至权因子为 W_2 的网格时，必须进行删除-复制处理。

若 $W_2 > W_1$，则该仿真分子被删除的概率为

$$P_{\text{removal}} = 1 - \frac{W_1}{W_2} \tag{7.25}$$

若 $W_2 < W_1$，则需要被复制的仿真分子数为

$$N_{\text{duplicate}} = \text{int}\left[\frac{W_1}{W_2} - 1\right] \tag{7.26}$$

式中，方括号 "[ ]" 表示取整数。需要额外复制一个仿真分子的概率为

$$P_{\text{duplicate}} = \frac{W_1}{W_2} - N_{\text{duplicate}} - 1 \tag{7.27}$$

理想的情况是 $N_{\text{duplicate}}$ 为零，这样每个时间步长内最多可能被复制的仿真分子数为 1。然而当 W_2 与 W_1 差别很大时将有大量仿真分子被复制，这会带来以下问题：一方面，抽样到碰撞概率为零的两个复制分子的概率随复制分子数的增加而增加，导致抽样所需时间浪费；另一方面，仿真分子的复制还将带来额外的统计涨落，从而影响计算效率。因此，在配置权因子时，应尽可能保证权因子变化的光滑性，避免出现大的梯度。

7.1.2 DSMC-PIC 流体混合方法

DSMC-PIC 流体混合方法可对 PPT 羽流进行轴对称模拟，算法中包含中性粒子和离子以及电子之间的相互作用，同时通过对泊松方程和电子能量方程的求解获得关于羽流中电场和温度场的信息。

1. DSMC-PIC 流体混合方法的一般步骤

DSMC-PIC 流体混合方法大致包括以下几个步骤，该算法流程如图 7.2 所示。

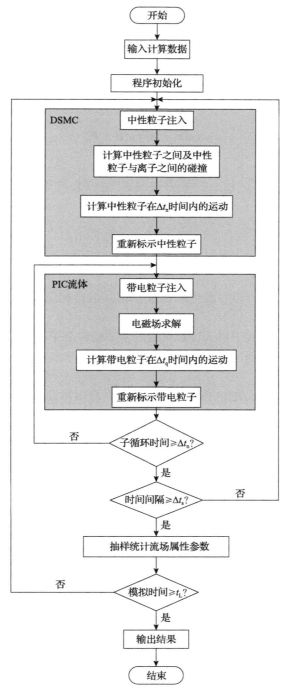

图 7.2　DSMC-PIC 流体混合算法流程

(1)在无碰撞假设下,求出各类模拟分子在各时间步长内运动的距离。中性粒子按匀速直线运动计算:

$$\Delta \boldsymbol{r} = \boldsymbol{v}\Delta t$$

式中, $\boldsymbol{v}$ 为速度。带电粒子在电场作用下获得加速,即

$$m_i \, \mathrm{d}\boldsymbol{v}_i \, / \, \mathrm{d}t = q_i \boldsymbol{E} + \boldsymbol{F}_{ie}$$

$$\boldsymbol{F}_{ie} = v_{ie}m_{ie}\left(\langle \boldsymbol{v}_e \rangle - \langle \boldsymbol{v}_i \rangle \right) - v_{ie}\frac{m_{ie}^2}{m_i}\frac{\left(\langle \boldsymbol{v}_e \rangle - \langle \boldsymbol{v}_i \rangle\right)^2}{\langle \boldsymbol{v}_i^2 \rangle - \langle \boldsymbol{v}_i \rangle^2}\left(\langle \boldsymbol{v}_i \rangle - \boldsymbol{v}_i\right) + v_{ie}^*\frac{k(T_i - T_e)}{\langle \boldsymbol{v}_i^2 \rangle - \langle \boldsymbol{v}_i \rangle^2}\left(\langle \boldsymbol{v}_i \rangle - \boldsymbol{v}_i\right)$$

$$v_{ie}^* = 16\sqrt{\pi}\left(\frac{Z_1 Z_2 e^2}{4\pi\varepsilon_0}\right)^2 \frac{n_e \ln \Lambda_{ie}}{m_i m_e v_{th}^3}\exp\left(-\frac{\Delta v^2}{v_{th}^2}\right)$$

$\boldsymbol{E}$ 为电场。判定可能与边界发生的相互作用并进行相应处理,确定模拟分子新的位置坐标。

(2)确定在当前时间下进入计算区域的各类模拟分子数及运动状态。

(3)根据模拟分子新的空间位置坐标调整模拟分子所在的网格编号,并对模拟分子进行排序。

(4)计算时间步长内模拟分子之间的碰撞,其中包括中性粒子-中性粒子、中性粒子-带电粒子之间的弹性碰撞以及中性粒子-带电粒子之间的电荷交换碰撞(charge-exchange(CEX)collisions)。碰撞对的抽样选取采用无时间计数器。

(5)对流场中的各个物理量进行统计计算,求得各宏观物理量,其中电荷基于网格点进行统计计算。

(6)运用差分方法,对电场和温度场进行更新计算。

2. DSMC-PIC 流体混合算法的碰撞计算

PPT 羽流中包括各种分子之间的碰撞,其中既有弹性碰撞,也有非弹性碰撞(包含电荷交换碰撞)。发生在离子间的库仑碰撞对于离子能量分布可以忽略,因此在大多数模拟等离子体羽流中可以不考虑这种碰撞。而在离子和离子之间的电荷交换碰撞,目前由于缺少实验和理论的碰撞截面,因此在模拟中没有考虑这种碰撞。此外,电子与各种分子之间的相互作用关系通过电子流体模型得以体现。本书中只考虑二体碰撞的情况。

1)中性粒子-中性粒子之间的弹性碰撞

Bird 于 1994 年提出了可变硬球(variable hard sphere, VHS)模型,粒子直径 d

服从相对运动速度 g 的函数：

$$\frac{d}{d_{\text{ref}}} = \left(\frac{g_{\text{ref}}}{g} \right)^{\omega} \tag{7.28}$$

式中，ω 为温度指数；d_{ref} 为参考直径。关于 PPT 羽流中组分的一些参考直径[4]如表 7.1 所示。

表 7.1　PPT 羽流中的 VHS 参数

组分	$d_{\text{ref}}/10^{-10}\,\text{m}$
F	3.0
C	2.5

对于混合气体，组分 p 和 q 之间的平均碰撞频率表达式为

$$\nu_{pq} = 2\sqrt{\pi}\,(d_{\text{ref}})_{pq}^{2}\,n_{q}\sqrt{\left[\frac{T}{(T_{\text{ref}})_{pq}}\right]^{1-\omega}\frac{2kk_{\text{B}}(T_{\text{ref}})_{pq}}{m_{\text{r}}}} \tag{7.29}$$

式中，$(T_{\text{ref}})_{pq}$ 为参考温度；$(d_{\text{ref}})_{pq}$ 为参考直径；m_{r} 为简并质量。

2)中性粒子-离子之间的碰撞

在弱电离等离子体中主要的碰撞过程发生在带电粒子和中性粒子之间。弹性碰撞主要发生在能量较低的情况下，而电荷交换碰撞主要发生在能量较高的情况下。

Lieberman 和 Lichtenberg[5]给出了中性粒子-离子之间的弹性碰撞的平均碰撞频率的表达式：

$$\nu_{\text{in}} = \frac{4}{3} n_{\text{n}} \bar{g}_{\text{in}} \bar{\sigma}_{\text{in}}^{M} \tag{7.30}$$

式中，$\bar{g}_{\text{in}}$ 为平均相对运动速度，表达式为

$$\bar{g}_{\text{in}} = \sqrt{\frac{8kk_{\text{B}}}{\pi}\left(\frac{T_{\text{i}}}{m_{\text{i}}} + \frac{T_{\text{e}}}{m_{\text{e}}}\right)} \tag{7.31}$$

平均动量交换截面为

$$\bar{\sigma}_{\text{in}}^{M} = \frac{1}{c^{6}} \int g^{5} \sigma_{\text{in}}^{M} \exp\left(-\frac{g^{2}}{c^{2}}\right) \mathrm{d}g \tag{7.32}$$

式中，c 为热速度。其中，

$$\sigma_{in}^{M} = \sqrt{\frac{\pi\alpha e^2}{\varepsilon_0 m_r}}\frac{1}{g} \tag{7.33}$$

α 为原子的极化率。通常，相对极化率为

$$\alpha_R = \frac{\alpha}{a_0^3} \tag{7.34}$$

式中，a_0 为玻尔半径，$a_0=5.2918\times10^{-11}$m。PPT 羽流中一些中性粒子的相对极化率如表 7.2 所示。

表 7.2　相对极化率

组分	α_R
F	3.8
C	12

在碰撞过程中，中性粒子与离子之间发生电荷交换反应：

$$X_{fast(slow)}^{+} + X_{slow(fast)}^{N} = X_{fast(slow)}^{N} + X_{slow(fast)}^{+} \tag{7.35}$$

Sakabe 和 Izawa[6]使用 PPT 羽流的实验数据得到其动量交换截面：

$$\sigma_{in}^{M,CEX} = A + B\lg(g) \tag{7.36}$$

式中，A 和 B 为动量交换截面的系数，取值如表 7.3 所示。

表 7.3　动量交换截面的系数

反应类型	A	B
F⁺—F	8.3343×10^{-19}	-1.2522×10^{-19}
C⁺—C	1.7771×10^{-18}	-2.6797×10^{-19}

于是，平均碰撞频率为

$$\bar{v}_{in} = \frac{4}{3}\bar{\sigma}_{in}^{M} n_n \sqrt{\frac{8k}{\pi m_{in}}(T_i + T_n)} \tag{7.37}$$

3)中性粒子-电子之间的碰撞

Mitchner 和 Kruger[7]给出了中性粒子和电子之间的平均动量交换截面：

$$\bar{\sigma}_{\text{en}}^{M} = \left(\frac{m_{\text{e}}}{2kT_{\text{e}}} \right)^3 \int_0^{\infty} \nu^5 \sigma_{\text{en}}^{M}(\nu) \exp\left(-\frac{m_{\text{e}}\nu^3}{2kT_{\text{e}}} \right) \text{d}\nu \tag{7.38}$$

对于大多数情况, 有

$$\frac{T_{\text{e}}}{m_{\text{e}}} \gg \frac{T_{\text{n}}}{m_{\text{n}}} \tag{7.39}$$

平均碰撞频率为

$$\bar{\nu}_{\text{en}} = \frac{3}{4} \bar{\sigma}_{\text{en}}^{M} n_{\text{n}} \sqrt{\frac{8kT_{\text{e}}}{\pi m_{\text{e}}}} \tag{7.40}$$

Bittencourt 给出了如下电子-中性粒子碰撞频率表达式:

$$\nu_{\text{en}} = 2.60 \times 10^4 \sigma_{\text{en}}^2 n_{\text{n}} \sqrt{T_{\text{e}}} \tag{7.41}$$

电子-中性粒子弹性碰撞截面通常等于 $10^{-1}(\pi a_0^2) \sim 10^3(\pi a_0^2)$。

4)离子-电子之间的碰撞

在不考虑相对运动的情况下, 对于麦克斯韦速度分布, 离子-电子之间的平均动量交换碰撞频率表达式为

$$\bar{\nu}_{\text{ie}} = \frac{16\sqrt{\pi}}{3} \left(\frac{Z_{\text{i}}e^2}{4\pi\varepsilon_0 m_{\text{ie}}} \right)^2 \frac{n_{\text{e}} \ln \Lambda_{\text{ie}}}{\upsilon_{\text{th}}^3} = \frac{4\sqrt{2\pi}}{3} \left(\frac{Z_{\text{i}}e^2}{4\pi\varepsilon_0 m_{\text{ie}}} \right)^2 \left(\frac{m_{\text{e}}}{kT_{\text{e}}} \right)^{3/2} n_{\text{e}} \ln \Lambda_{\text{ie}} \tag{7.42}$$

其中,

$$\upsilon_{\text{th}} = \sqrt{2k_{\text{B}} \left(\frac{T_{\text{i}}}{m_{\text{i}}} + \frac{T_{\text{e}}}{m_{\text{e}}} \right)} \tag{7.43}$$

当考虑相对运动的情况时, 以上的碰撞频率表达式变为

$$\bar{\nu}_{\text{ie}} = 8\sqrt{\pi} \left(\frac{Z_{\text{i}}e^2}{4\pi\varepsilon_0 m_{\text{ie}}} \right)^2 \frac{n_{\text{e}} \ln \Lambda_{\text{ie}}}{(\Delta\upsilon)^3} \left[\frac{\sqrt{\pi}}{2} \text{erf}\left(\frac{\Delta\upsilon}{\upsilon_{\text{th}}} \right) - \left(\frac{\Delta\upsilon}{\upsilon_{\text{th}}} \right) \exp\left(-\frac{\Delta\upsilon^2}{\upsilon_{\text{th}}^2} \right) \right] \tag{7.44}$$

其中,

$$\Delta\upsilon = \left| \langle v_{\text{i}} \rangle - \langle v_{\text{e}} \rangle \right| \tag{7.45}$$

当相对速度很小时, 即 $\Delta\upsilon/\upsilon_{\text{th}} \ll 1$, 可通过一系列的函数展开对式(7.44)进行

求解：

$$\text{erf}(x) = \frac{2}{\sqrt{\pi}} \sum_{n=0}^{\infty} \frac{(-1)^n x^{2n+1}}{n!(2n+1)} \tag{7.46}$$

$$\exp(x) = \frac{2}{\sqrt{\pi}} \sum_{n=0}^{\infty} \frac{(-1)^n x^n}{n!} \tag{7.47}$$

式(7.44)可以近似为

$$
\begin{aligned}
\bar{\nu}_{ie} &= 8\sqrt{\pi} \left(\frac{Z_1 Z_2 e^2}{4\pi \varepsilon_0 m_{ie}} \right)^2 n_e \ln \Lambda_{ie} \frac{1}{\upsilon_{th}^3} \left[\sum_{n=0}^{\infty} \frac{(-1)^n y^{2n-2}}{n!} \left(\frac{1}{2n+1} - 1 \right) \right] \\
&= 8\sqrt{\pi} \left(\frac{Z_1 Z_2 e^2}{4\pi \varepsilon_0 m_{ie}} \right)^2 n_e \ln \Lambda_{ie} \left[\frac{2}{3} \frac{1}{\upsilon_{th}^3} - \frac{4}{10} \frac{(\Delta\upsilon)^2}{\upsilon_{th}^5} + \frac{6}{42} \frac{(\Delta\upsilon)^4}{\upsilon_{th}^7} - \cdots \right]
\end{aligned}
\tag{7.48}
$$

3. 电子流体模型

使用流体模型对羽流中的电子进行模拟，电子动量方程为

$$\frac{\partial \boldsymbol{u}_e}{\partial t} + \boldsymbol{u}_e \nabla \cdot \boldsymbol{u}_e = -\frac{e}{m_e}(\boldsymbol{E} + \boldsymbol{u}_e \times \boldsymbol{B}) - \frac{\nabla p_e}{m_e n_e} - \sum_i \bar{\nu}_{ei}(\boldsymbol{u}_e - \boldsymbol{u}_i) - \sum_n \bar{\nu}_{en}(\boldsymbol{u}_e - \boldsymbol{u}_n)$$

$$\tag{7.49}$$

Gatsonis[4]针对 PPT 羽流的特征进行了量纲分析，忽略了非稳态和磁场的影响，得到

$$0 = -\frac{e}{m_e}\boldsymbol{E} - \frac{\nabla p_e}{m_e n_e} - \sum_i \bar{\nu}_{ei}(\boldsymbol{u}_e - \boldsymbol{u}_i) - \sum_n \bar{\nu}_{en}(\boldsymbol{u}_e - \boldsymbol{u}_n) \tag{7.50}$$

因此电子速度为

$$\boldsymbol{u}_e = -\frac{e}{m_e \bar{\nu}_e}\boldsymbol{E} - \frac{\nabla p_e}{m_e n_e \bar{\nu}_e} - \frac{\sum_i \bar{\nu}_{ei}(\boldsymbol{u}_e - \boldsymbol{u}_i)}{\bar{\nu}_e} - \frac{\sum_n \bar{\nu}_{en}(\boldsymbol{u}_e - \boldsymbol{u}_n)}{\bar{\nu}_e} \tag{7.51}$$

其中，

$$\bar{\nu}_e = \sum_i \bar{\nu}_{ei} + \sum_n \bar{\nu}_{en} \tag{7.52}$$

4. 电子动力学模型

使用麦克斯韦方程组对等离子体的电磁现象进行描述，包括电磁感应定律、安培定律、高斯定律和毕奥-萨伐尔定律。

$$\nabla \times \boldsymbol{E} = -\frac{\partial \boldsymbol{B}}{\partial t} \tag{7.53}$$

$$\nabla \times \boldsymbol{B} = \mu_0 \left(\boldsymbol{J} + \varepsilon_0 \frac{\partial \boldsymbol{E}}{\partial t} \right) \tag{7.54}$$

$$\nabla \cdot \boldsymbol{E} = \frac{\rho_e}{\varepsilon_0} \tag{7.55}$$

$$\nabla \cdot \boldsymbol{B} = 0 \tag{7.56}$$

进行准中性和忽略磁场假设，得到

$$\boldsymbol{E} = -\nabla \phi \tag{7.57}$$

$$\nabla \cdot \boldsymbol{J} = 0 \tag{7.58}$$

定义总的电流密度为

$$\boldsymbol{J} = \sum_s n_s q_s \boldsymbol{u}_s = \sum_i n_i q_i \boldsymbol{u}_i - e n_e \boldsymbol{u}_e \tag{7.59}$$

根据式(7.55)，式(7.59)可变为

$$\boldsymbol{J} = \sum_i n_i q_i \boldsymbol{u}_i - e n_e \left[-\frac{e}{m_e \bar{v}_e} \boldsymbol{E} - \frac{\nabla p_e}{m_e n_e \bar{v}_e} - \frac{\sum_i \bar{v}_{ei} (\boldsymbol{u}_e - \boldsymbol{u}_i)}{\bar{v}_e} - \frac{\sum_n \bar{v}_{en} (\boldsymbol{u}_e - \boldsymbol{u}_n)}{\bar{v}_e} \right] \tag{7.60}$$

将式(7.60)表示为

$$\boldsymbol{J} = \boldsymbol{J}_I + \boldsymbol{J}_E + \boldsymbol{J}_D + \boldsymbol{J}_{IC} + \boldsymbol{J}_{NC} \tag{7.61}$$

其中，

$$\boldsymbol{J}_I = \sum_i q_i n_i \boldsymbol{u}_i \tag{7.62}$$

$$\boldsymbol{J}_E = \frac{e^2 n_e}{m_e v_e} \boldsymbol{E} = \sigma \boldsymbol{E} \tag{7.63}$$

$$\boldsymbol{J}_{\mathrm{D}} = \frac{e}{m_{\mathrm{e}} \nu_{\mathrm{e}}} \nabla p_{\mathrm{e}} \tag{7.64}$$

$$\boldsymbol{J}_{\mathrm{IC}} = -\frac{e n_{\mathrm{e}}}{\nu_{\mathrm{e}}} \sum_{\mathrm{i}} \nu_{\mathrm{ei}} \boldsymbol{u}_{\mathrm{i}} \tag{7.65}$$

$$\boldsymbol{J}_{\mathrm{NC}} = -\frac{e n_{\mathrm{e}}}{\nu_{\mathrm{e}}} \sum_{\mathrm{n}} \nu_{\mathrm{en}} \boldsymbol{u}_{\mathrm{n}} \tag{7.66}$$

由式(7.63)得到

$$\nabla \cdot (\sigma \boldsymbol{E}) = -\nabla \cdot \left(\boldsymbol{J}_{\mathrm{I}} + \boldsymbol{J}_{\mathrm{D}} + \boldsymbol{J}_{\mathrm{IC}} + \boldsymbol{J}_{\mathrm{NC}} \right) \tag{7.67}$$

$$\nabla \cdot (\sigma \nabla \cdot \phi) = -\nabla \cdot \left(\boldsymbol{J}_{\mathrm{I}} + \boldsymbol{J}_{\mathrm{D}} + \boldsymbol{J}_{\mathrm{IC}} + \boldsymbol{J}_{\mathrm{NC}} \right) \tag{7.68}$$

5. 电子能量模型

引入电子能量方程对电子温度进行求解:

$$\frac{\partial \varepsilon_{\mathrm{e}}}{\partial t} + \nabla \cdot \left[\varepsilon_{\mathrm{e}} u \right] + p_{\mathrm{e}} \nabla \cdot u = -\Delta \dot{\varepsilon}_{\mathrm{ie}} + \nabla \cdot \left(\lambda_{\mathrm{e}} \cdot \nabla T_{\mathrm{e}} \right) \tag{7.69}$$

进行非稳态简化后有

$$0 = -\nabla \cdot \lambda_{\mathrm{e}} \nabla T_{\mathrm{e}} + \sum_{H=1}^{n} 3 \frac{m_{\mathrm{e}}}{m_H} \nu_{\mathrm{e}} n_{\mathrm{e}} k_{\mathrm{B}} (T_{\mathrm{e}} - T_H) \tag{7.70}$$

式中,λ_{e} 为电子的热导率,表达式为

$$\lambda_{\mathrm{e}} = \frac{2.4}{1 + \left(\nu_{\mathrm{ei}} / \sqrt{2} \nu_{eH} \right)} \frac{k_{\mathrm{B}}^2 n_{\mathrm{e}} T_{\mathrm{e}}}{m_{\mathrm{e}} \nu_{eH}} \tag{7.71}$$

式中,$\nu_{eH} = \sum_{H=1}^{n} \nu_{eH}$ 为电子与模拟分子总的碰撞频率。

6. 模拟中的关键技术

1)流动计算区域的网格划分

DSMC 和 PIC 划分网格的空间尺度不同。DSMC 网格划分尺度是分子自由程量级,而 PIC 网格划分尺度是德拜长度量级,因此在模拟时要用到两套网格。两套网格在同一坐标系下,粒子在两套网格中的网格地址通过粒子的空间位置

来判断。

2)时间步长的选取

羽流中的离子具有比中性粒子更高的碰撞频率,因此针对中性粒子-中性粒子和中性粒子-离子需要采用不同的时间步长。离子的时间步长小于中性粒子的时间步长,在计算时离子的运动时间在中性粒子的运动时间内形成子循环过程。

3)网格点物理量统计求解

Gatsonis 模型中在统计网格点物理量时,在轴向和径向采用了相同的权因子表达式,进行了一定的改进。

流场采用轴对称模拟,因此在求网格点上的电荷密度时,应用轴向和 Ruytan 发展的径向权重因子(图 7.3):

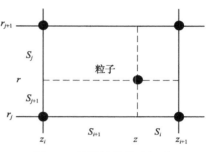

图 7.3　粒子网格分配权重

$$S_i = \frac{z_{i+1} - z}{z_{i+1} - z_i} \qquad (7.72)$$

$$S_{i+1} = \frac{z - z_i}{z_{i+1} - z_i} \qquad (7.73)$$

$$S_j = \frac{(r_{j+1} - r)(2r_{j+1} + 3r_j - r)}{2(r_{j+1}^2 - r_j^2)} \qquad (7.74)$$

$$S_{j+1} = \frac{(r - r_j)(3r_{j+1} + 2r_j - r)}{2(r_{j+1}^2 - r_j^2)} \qquad (7.75)$$

其中,z 表示轴向坐标;r 表示径向坐标。粒子在网格中分配到节点的权重比例为相应径向和轴向的乘积。

$$m_{i,j} = \sum_{p=1}^{s} m_p S_{pi} S_{pj} \qquad (7.76)$$

$$\boldsymbol{M}_{i,j} = \sum_{p=1}^{s} \boldsymbol{M}_p S_{pi} S_{pj} \qquad (7.77)$$

$$\overline{\boldsymbol{u}}_{i,j} = \frac{\boldsymbol{M}_{i,j}}{m_{i,j}} \qquad (7.78)$$

式中,$\boldsymbol{M}$ 为粒子动量。

4) 电势方程与温度方程的求解

电势方程与温度方程的求解相似，这里只介绍电势方程的求解过程。由式(7.68)有

$$\boldsymbol{J}^* = \boldsymbol{J}_{\mathrm{I}} + \boldsymbol{J}_{\mathrm{D}} + \boldsymbol{J}_{\mathrm{IC}} + \boldsymbol{J}_{\mathrm{NC}} \tag{7.79}$$

对式(7.68)进行差分离散，方程左边项为

$$[\nabla \cdot (\sigma \nabla \phi)]_{i,j} = A_{\mathrm{W}} \phi_{i-1,j} + A_{\mathrm{E}} \phi_{i+1,j} + A_{\mathrm{S}} \phi_{i,j-1} + A_{\mathrm{N}} \phi_{i,j+1} + A_{\mathrm{C}} \phi_{i,j} \tag{7.80}$$

其中，

$$A_{\mathrm{W}} = \frac{\sigma_{i,j} + \sigma_{i-1,j}}{\Delta z_i (\Delta z_i + \Delta z_{i+1})} \tag{7.81}$$

$$A_{\mathrm{E}} = \frac{\sigma_{i+1,j} + \sigma_{i,j}}{\Delta z_{i+1} (\Delta z_i + \Delta z_{i+1})} \tag{7.82}$$

$$A_{\mathrm{S}} = \frac{\sigma_{i,j} + \dfrac{r_{j-1}}{r_j} \sigma_{i,j-1}}{\Delta r_j (\Delta r_j + \Delta r_{j+1})} \tag{7.83}$$

$$A_{\mathrm{N}} = \frac{\sigma_{i,j} + \dfrac{r_{j+1}}{r_j} \sigma_{i,j+1}}{\Delta r_{j+1} (\Delta r_j + \Delta r_{j+1})} \tag{7.84}$$

$$A_{\mathrm{C}} = -(A_{\mathrm{W}} + A_{\mathrm{E}} + A_{\mathrm{S}} + A_{\mathrm{N}}) \tag{7.85}$$

方程右边项为

$$\mathrm{RHS}_{i,j} = \frac{1}{r_j} \frac{\left[r_{j+1} \left(J_r^* \right)_{i,j+1} - r_{j-1} \left(J_r^* \right)_{i,j-1} \right] \big/ 2}{\left(\Delta r_j + \Delta r_{j+1} \right) \big/ 2} + \frac{\left[\left(J_z^* \right)_{i+1,j} - \left(J_z^* \right)_{i-1,j} \right] \big/ 2}{\left(\Delta z_i + \Delta z_{i+1} \right) \big/ 2} \tag{7.86}$$

有

$$A_{\mathrm{W}} \phi_{i-1,j} + A_{\mathrm{E}} \phi_{i+1,j} + A_{\mathrm{S}} \phi_{i,j-1} + A_{\mathrm{N}} \phi_{i,j+1} + A_{\mathrm{C}} \phi_{i,j} = \mathrm{RHS}_{i,j} \tag{7.87}$$

通常采用极小残量剩余(generalized minimal RESidual, GMRES)方法对该五对角线矩阵的方程组进行求解，对其进行预条件处理非常重要，在这里运用文献[5]和[8]中的方法进行预条件处理，以提高运算效率。

7.2　PPT 羽流数值模拟

运用 DSMC-PIC 流体混合算法模拟二维轴对称模型 PPT 羽流，研究初始电压分别为 1100V、1500V 和 2000V（对应初始能量为 7.26J、13.5J 和 24J）时羽流的中组分、电场以及温度场的变化情况。同时在此基础之上计算初始电压为 1500V（初始能量为 13.5J）时的无 CEX 碰撞的流场情况，对 CEX 碰撞进行研究。

7.2.1　网格划分及边界条件

采用轴对称构形，模拟区域取 L_z=1m，L_R=1m。实验室 PPT 至于外罩（图 7.4）中，取此外罩长度 $Z_{S/C}$=0.2m，半径 $R_{S/C}$=0.05m，取出口处的等价半径 R_T=0.02m。

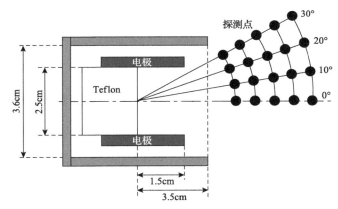

图 7.4　PPT 推力室及其外罩构型

计算域及边界条件的处理如图 7.5 所示。其中 AB 为轴对称边界，DE、CD、BC 都为真空边界，EF 为外罩表面。基于 DSMC 的网格划分为 320×150，基于 PIC 的网格划分为 640×300。

假设羽流中只含有 C、C^+、F 和 F^+，推力器入口模型采用 Gatsonis 所用模型。电子背景温度 T_e^{bg}=0.1eV，最大电子温度 T_e^{max}=5eV，离子背景数密度 n_i^{bg}=10^{12}m^{-3}，中性粒子背景数密度 n_n^{bg}=10^{15}m^{-3}。

$$n_s(r,z,t) = n_{s,max} \sin\left[\frac{\pi}{P}(t-t_1)\right]\left[1 - (1-C_c)\left(\frac{r}{R_T}\right)^2\right] \tag{7.88}$$

式中，P 为脉冲持续时间，$P=t_1-t_2$；C_c 为密度系数，取值为 0.1。因而有

$$n_{s,\max} = \frac{M_s}{1/4 W_s \overline{c}_s F(s_s) P(1 + C_c) R_T^2} \tag{7.89}$$

出口电子温度为

$$T_e = (T_e^{\max} - T_e^{bg}) \sin\left[\frac{\pi}{P}(t - t_1)\right] + T_e^{bg} \tag{7.90}$$

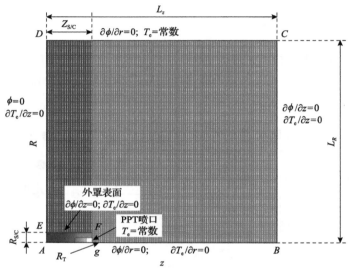

图 7.5　计算域及边界条件

具体入口参数如表 7.4 所示。各种组分的质量流率如图 7.6 所示。

表 7.4　实验室 PPT 羽流模拟参数

参数		数值		
已知参数	E_D/J	7.26	13.5	24
	P/μs	15	15	15
	I_{bit}/(μN·s)	72	193	343
	M_a/μg	11	25	40
假设参数	s	C^+、F^+	C^+、F^+	C^+、F^+
	M_i/μg	3.3	7.5	12
	u_i/(km/s)	8.8	12	18
	T_i/eV	1	1	1
	T_n/eV	1	1	1

续表

参数		数值		
推导参数	M_n/μg	7.7	17.5	28
	u_n/(km/s)	5.58	5.83	4.53
	n_{Cmax}/m^{-3}	1.04×10^{21}	2.2×10^{21}	3.67×10^{21}
	n_{C^+max}/m^{-3}	3.1×10^{20}	5.41×10^{20}	7.93×10^{20}
	n_{Fmax}/m^{-3}	2.33×10^{21}	5.33×10^{21}	9×10^{21}
	n_{F^+max}/m^{-3}	5.73×10^{20}	9.39×10^{20}	8.65×10^{20}

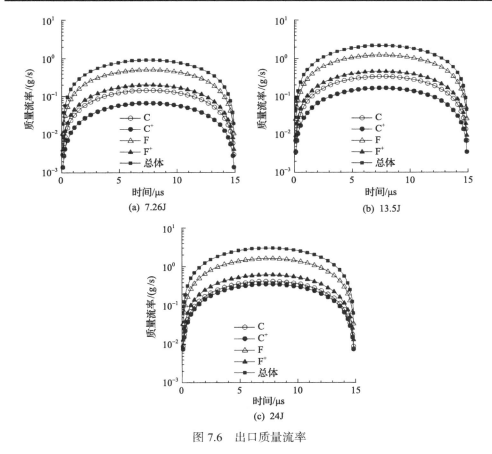

图 7.6　出口质量流率

7.2.2　流场分析

7.26J 时权因子为 4×10^{10}，计算周期模拟分子共有 7606894，其中离子有 2221083，中性粒子有 5385811，共计算碰撞数 35052749 次，其中 CEX 碰撞数为

13898312 次，占总碰撞数的 40%，单个模拟分子的平均碰撞数为 4.608 次。13.5J 时权因子为 1.1×10^{11}，计算周期模拟分子共有 6415336，其中离子有 1845943，中性粒子有 4569393，共计算碰撞数 58545918 次，CEX 碰撞数为 24222515 次，占总碰撞数的 41%，单个模拟分子的平均碰撞数为 9.126 次。13.5J 无 CEX 碰撞取与 13.5J 相同的计算参数，共计算碰撞数 33926152 次，单个模拟分子的平均碰撞数为 5.288 次。24J 时权因子为 1.5×10^{11}，计算周期模拟分子共有 6680657，其中离子有 2274748，中性粒子有 4405909，共计算碰撞数 72369304 次，CEX 碰撞数为 32228576 次，占总碰撞数的 45%，单个模拟分子的平均碰撞数为 10.833 次。

1. 羽流场分布

1）密度分布

图 7.7～图 7.12 为不同初始电容能量状态下羽流场的离子和中性粒子密度分布图。在脉冲放电周期时间内，等离子体羽流团迅速扩散，在高能状态下扩散速度更快。

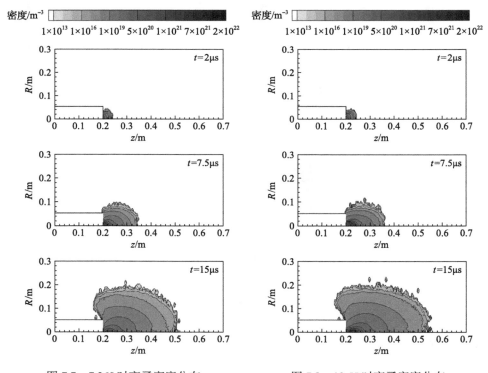

图 7.7　7.26J 时离子密度分布　　　　图 7.8　13.5J 时离子密度分布

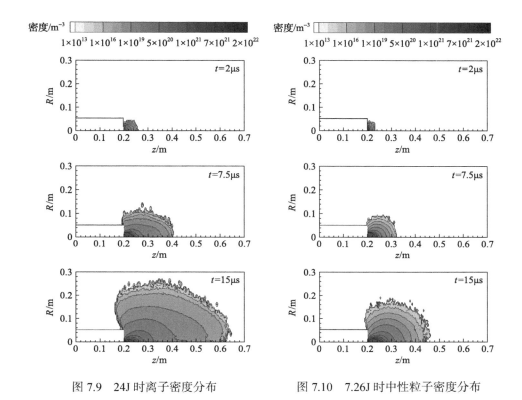

图 7.9　24J 时离子密度分布　　　　图 7.10　7.26J 时中性粒子密度分布

分析 13.5J 的情况，当 t=2μs 时，离子团前端扩散运动到距离推力器出口 0.04m 处，由于电场加速效应，这个距离比在离子初始入口速度 12km/s 下的运动距离要远。同时，中性粒子团扩散运动到距出口 0.03m 处，这个距离远大于在初始入口速度 5.83km/s 下的运动距离，这部分高速运动的中性粒子是由于电荷交换碰撞所产生的。当 t=7.5μs 时，离子团前端运动至距出口 0.16m 处，而中性粒子运动至 0.12m 处，离子团径向扩散距中轴线约 0.1m 处，中性粒子团径向扩散距离大约为 0.1m，此时离子返流已经开始产生。在周期结束时，离子团前端已扩散至 0.32m 处，运动距离为半周期的 2 倍，中性粒子团扩散至 0.26m 处，大于半周期运动距离的 2 倍，在径向上离子团和中性粒子团径向扩散至距中轴线约 0.2m 处，为半周期运动距离的 2 倍，此时离子和中性粒子均出现返流现象。电荷交换碰撞所产生的中性粒子具有较高的速度，使得中性粒子团几乎有着与离子团相同的轴向和径向扩散距离。

比较 7.26J 和 24J 的情况，7.26J 时的离子出口速度是 24J 时的 49%，当 t=2μs 时，7.26J 时的离子团前端扩散距离 0.04m 大约为 24J 时扩散距离 0.06m 的 67%；

当 $t=7.5\mu s$ 时，7.26J 时离子团前端扩散距离 0.14m 大约为 24J 时扩散距离 0.2m 的70%；当 $t=15\mu s$ 时，7.26J 时离子团前端扩散距离 0.31m 大约为 24J 时扩散距离0.42m 的 74%。比较中性粒子团的情况，当 $t=2\mu s$ 时，7.26J 时的前端扩散距离 0.035m大约为 24J 时扩散距离 0.04m 的 88%；当 $t=7.5\mu s$ 时，7.26J 时的前端扩散距离 0.12m大约为 24J 时扩散距离 0.15m 的 80%；当 $t=15\mu s$ 时，7.26J 时的前端扩散距离 0.24m大约为 24J 时扩散距离 0.33m 的 73%。比较径向扩散距离，对于离子团，当 $t=7.5\mu s$时，7.26J 时径向扩散距离 0.1m 大约为 24J 时扩散距离 0.12m 的 83%；当 $t=15\mu s$时，7.26J 时径向扩散距离 0.2m 大约为 24J 时扩散距离 0.24m 的 83%。比较中性粒子团的情况，当 $t=7.5\mu s$ 时，7.26J 时的径向扩散距离 0.09m 大约为 24J 时扩散距离 0.11m 的 82%；当 $t=15\mu s$ 时，7.26J 时的径向扩散距离 0.19m 大约为 24J 时扩散距离 0.24m 的 79%。在高能状态下的离子喷射速度要高于低能状态，离子沿轴向扩散更快。在高初始电压下，生成物中的电离成分含量更高，此时在碰撞中发生 CEX的频率更高，这意味着更大比例的低速离子和高速中性粒子形成，因此表现为

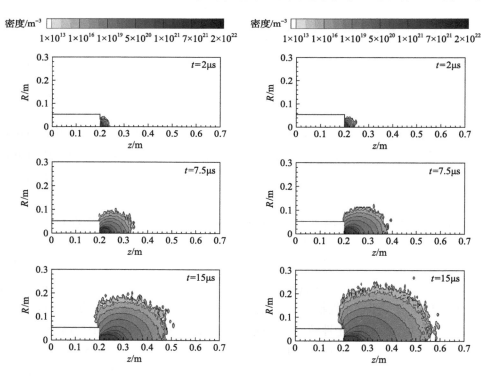

图 7.11　13.5J 时中性粒子密度分布　　　　图 7.12　24J 时中性粒子密度分布

高能状态下离子的轴向加速低于低能状态，而中性粒子的轴向加速高于低能状态。在径向上，离子的加速主要源自电场的加速，在不同的能量状态下，离子的扩散速度非常接近，而高能的中性粒子由于 CEX 碰撞获得了更大的加速，因此高能的中性粒子的径向加速要高于低能状态。在不同的能量状态下，计算时间末的离子和中性粒子团均出现了不同程度的返流现象，并且离子团返流要早于中性粒子团返流出现。高能状态下离子具有更高的轴向速度，因此高能状态下离子的返流要低于低能状态，同时高初始电压下更高的 CEX 碰撞频率使得中性粒子的返流要高于低初始电压。

　　2）电势场分布

　　图 7.13～图 7.15 为不同初始电容能量状态下的电势场分布图。电势场随着离子团的扩散迅速变化。高离子密度对应高电势，在离子团内部具有较高的电势，电势由等离子体团中性高离子密度区域的高电势(约 50V)迅速在离子团外降低到 10V 以下。在脉冲放电初期，等离子体团刚形成，位于推力器出口处，在出口处

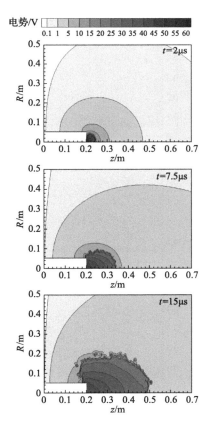

图 7.13　7.26J 时电势场分布

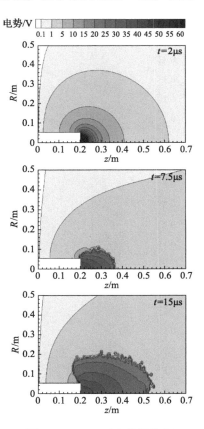

图 7.14　13.5J 时电势场分布

形成高电势区,随后高电势区随着离子团的扩散迅速扩散。在推力器的回流区域,电势逐渐降低到 0.1V。剧烈的电势变化发生在离子团内,在离子团外电势场的变化相对趋缓。由电势场分布分析电场情况,在径向具有向上的加速电场,在轴向位于推力器出口下游,为沿轴向的加速电场,位于出口上游返流区域,表现为轴向减速电场,对于返流团则为加速电场,这个区域的电场对返流粒子起加速作用,同时这个区域也具有较高的电势,是羽流回流污染的不利因素。

3) 电子温度分布

图 7.16~图 7.18 为不同初始电容能量状态下的电子温度分布图。电子温度沿出口向推力器外壳呈扩散状分布,与电势分布不同,电子温度在羽流团外缘的分布更加平滑,且其在前半周期变化更为明显。按入口条件,最大的出口电子温度出现在半周期 7.5μs,此时出口处的电子温度也是周期内流场内出现的最大电子温

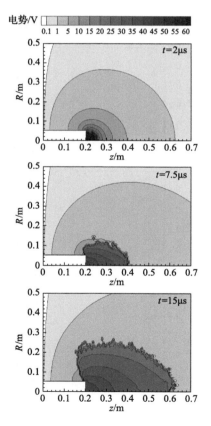

图 7.15　24J 时电势场分布

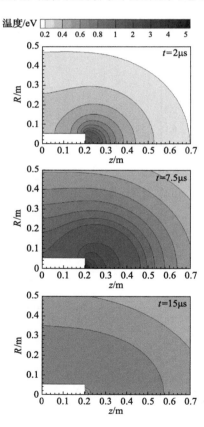

图 7.16　7.26J 时电子温度分布

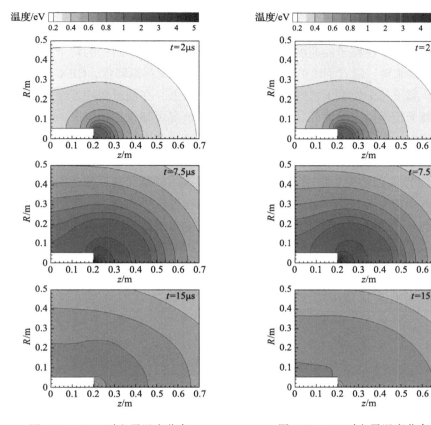

图 7.17 　13.5J 时电子温度分布　　　　图 7.18 　24J 时电子温度分布

度。在周期末期，出口处的电子温度小于外围温度。推力器出口的电子温度是影响整个电子温度场的主要因素，在不同的能量状态下具有相似的分布变化情况，随着时间变化，出口处的温度影响不断向外围扩散。在推力器出口的返流区具有较高的电子温度，同时在高能状态下羽流扩散得更快，使得电子温度的影响域向下游偏移，因此高能状态下返流区的电子温度要比低能状态低。

2. 粒子运动速度

1）速度分布

图 7.19～图 7.24 为不同初始电容能量状态下的离子与中性粒子的速度分布图。对于离子和中性粒子，最小的速度都位于推力器出口处的附近。在羽流内部相同的位置，离子和中性粒子具有大约相等的速度。分析 13.5J 在 $t=15\mu s$ 时的情况，在出口处，离子速度约为 9km/s，小于出口速度 12km/s，而中性粒子速度约为

6.5km/s，大于出口速度 5.58km/s，这是由于出口处电子温度和密度较大，发生 CEX 碰撞的频率很高，由电荷交换碰撞产生了大量高速中性粒子和低速离子，使得出口处的离子与中性粒子的速度趋于相等，这部分等离子体团中的粒子是返流团中粒子的主要来源。随着羽流的扩散，电子温度和密度逐渐降低，CEX 碰撞频率逐渐降低，离子与中性粒子之间的速度交换频率较低，在羽流尾端外缘，扩散更快的高速离子获得最大的速度。由流线分析返流情况可知，在回流区，返流等离子体密度较小，发生电荷交换碰撞的概率较小，离子与中性粒子之间不能达到速度平衡，离子返流具有更高的速度。带电粒子的影响区域在沿推力器出口平面逆时针方向 130° 的范围内，而中性粒子返流的扩散速度较低，其返流的影响区域在沿推力器出口平面逆时针方向 110° 的范围内。高速度粒子的撞击、带电粒子的沉积吸附充电都可能对航天器造成一定的损害。带电粒子返流无论是在影响区域还是在影响程度上都远高于中性粒子返流，是返流污染的主要因素。

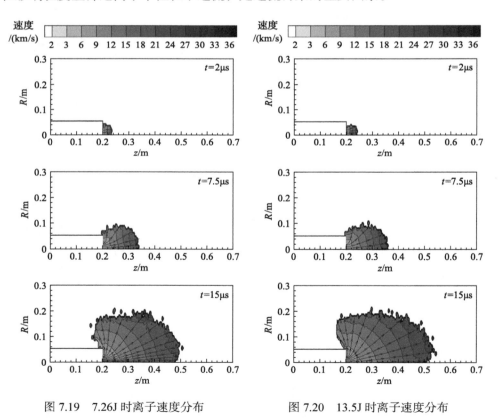

图 7.19　7.26J 时离子速度分布　　　　　图 7.20　13.5J 时离子速度分布

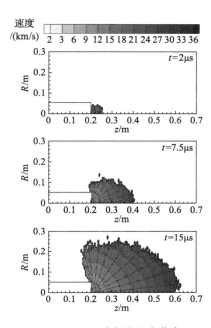

图 7.21　24J 时离子速度分布

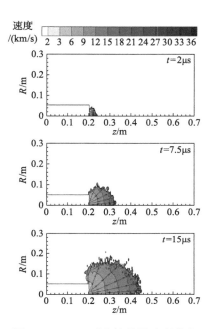

图 7.22　7.26J 时中性粒子速度分布

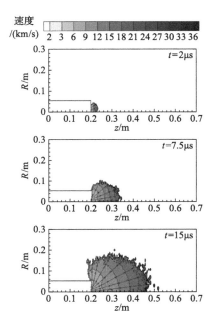

图 7.23　13.5J 时中性粒子速度分布

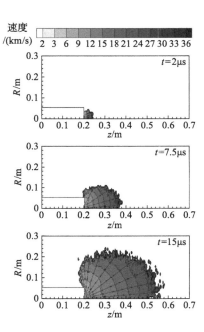

图 7.24　24J 时中性粒子速度分布

2）速度采样

图 7.25～图 7.30 为不同初始电容能量状态下离子和中性粒子的速度采样。分析轴向速度，在周期初期，有大量的低速离子和高速中性粒子产生，这是由于出口处的等离子体密度较高，温度也较高，发生了大量 CEX 碰撞。在周期末期，产生了一定数量的具有反向轴向速度的粒子，其中大量为离子，这部分离子具有较高的正向径向速度。分析径向速度，在周期初期，平均速度为 0km/s，随着时间的推移，由于电场的径向加速，离子的平均径向速度增大，由于 CEX 碰撞带来的速度平衡，中性粒子的平均径向速度也获得了增大。同时，在羽流边缘部分由于 CEX 碰撞概率的下降，离子与中性粒子之间的电荷交换碰撞减少，离子具有了较中性粒子更高的速度。比较 7.26J 和 24J、$t=15\mu s$ 时的情况，7.26J 时离子的

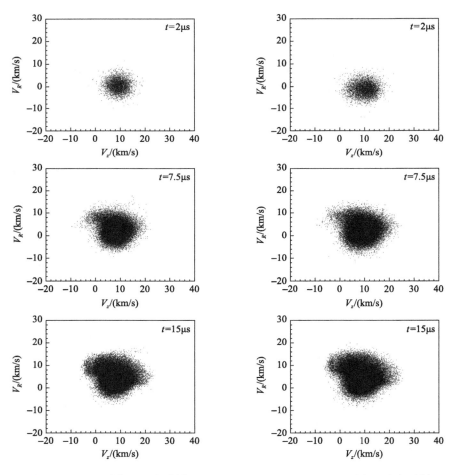

图 7.25　7.26J 时离子速度采样　　　　图 7.26　13.5J 时离子速度采样

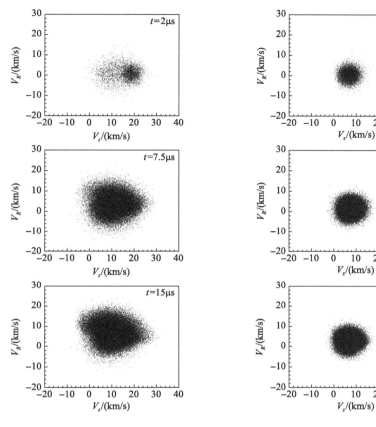

图 7.27　24J 时离子速度采样　　　　图 7.28　7.26J 时中性粒子速度采样

最大轴向速度采样为 24km/s，为 24J 时最大轴向速度采样 30km/s 的 80%，7.26J 时离子的最大径向速度采样为 16km/s，为 24J 时最大径向速度采样 20km/s 的 80%，7.26J时中性粒子的最大轴向速度采样为 20km/s，为 24J 时最大轴向速度采样 26km/s 的77%，7.26J 时中性粒子的最大径向速度采样为 12km/s，为 24J 时最大径向速度采样17km/s 的 71%。这个结果与羽流场离子与中性粒子的分布图结果相对应。

3. 质量流率

1）轴向质量流率

图 7.31～图 7.33 为不同初始电容能量下轴向质量流率图。在出口处附近，F原子具有最大的质量流率，其后依次为 F^+、C、C^+。沿轴向，CEX 碰撞数逐渐减少，离子速度不断增大，在羽流尾部，F^+ 离子变为最大的粒子流，其后依次为 C^+、F 和 C。半周期之前，出口处的轴向质量流率为最大质量流率，而在半周期之后，

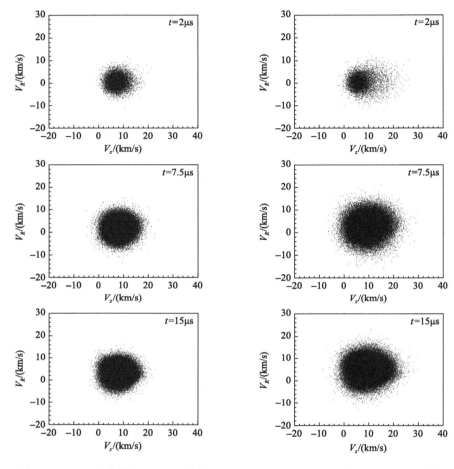

图 7.29 13.5J 时中性粒子速度采样   图 7.30 24J 时中性粒子速度采样

由于出口密度不断减小, 质量流率经历依次增大后逐渐减小。最大质量流率和最小质量流率之间相差近 6 个量级。比较 7.26J 和 24J 的情况, 在半周期, 7.26J 时离子团扩散至距出口 0.14m 处, 24J 时离子团扩散至距出口 0.2m 处, 7.26J 时原子团扩散至距出口 0.12m 处, 24J 时原子团扩散至距出口 0.15m 处; 在周期末, 7.26J 时离子团扩散至距出口 0.31m 处, 24J 时离子团扩散至距出口 0.42m 处, 7.26J 时原子团扩散至距出口 0.24m 处, 24J 时原子团扩散至距出口 0.33m 处。周期末的最小质量流率大于低能量状态。在周期末, 由于粒子的统计波动, 质量流率也出现一定范围内的振荡。质量流率的大小由密度和速度共同决定, 在高能状态下具有更高的密度和更快的速度, 质量流率也相对更高, 同时高电离度带来的高 CEX 碰撞频率使得离子和中性粒子在轴线的质量流率的大小更为接近。

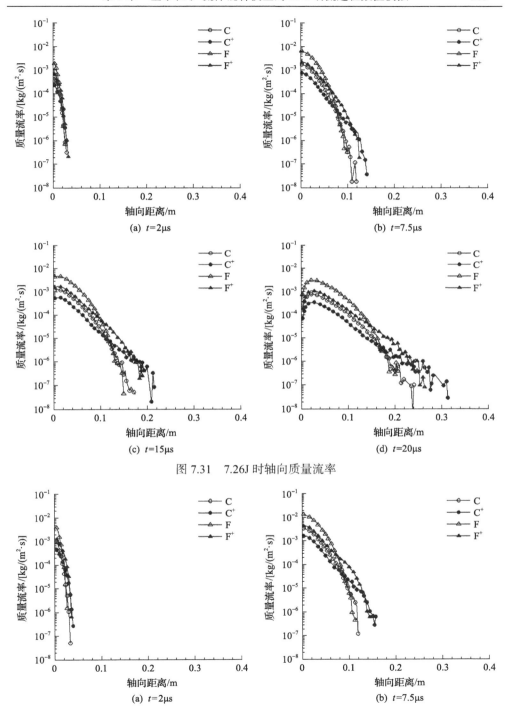

图 7.31　7.26J 时轴向质量流率

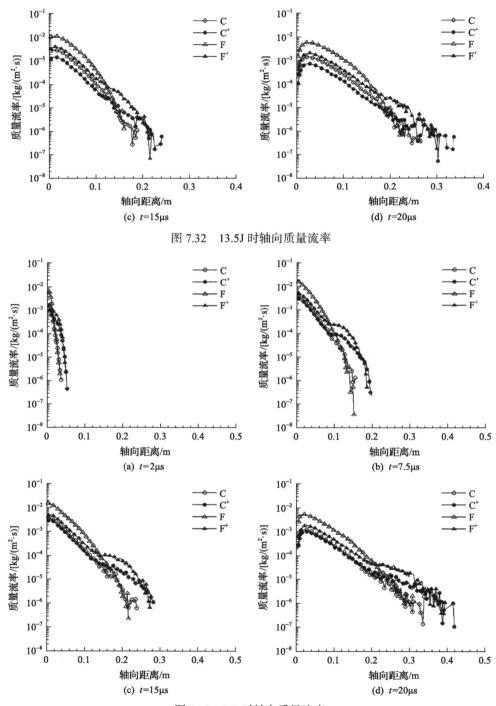

图 7.32   13.5J 时轴向质量流率

图 7.33   24J 时轴向质量流率

2)返流质量流率

图 7.34～图 7.36 为不同初始电容能量状态下位于推力器出口平面上方的返流质量流率图。在一定喷射时间后，在推力器上方出现返流，7.26J 时出现时间在 6.4μs，13.5J 时在 5.3μs，24J 时在 3.9μs，能量越大出现的时间越早。带电粒子最早出现返流，其中由于 C 原子的荷质比最大，C^+ 的返流首先出现，然后为 C、F^+ 和 F。返流随时间不断向回流区扩散，同时最大质量流率在经历逐渐增大后维持在一定水平。比较 7.26J 和 24J 的情况，当 $t=7.5$μs 时，7.26J 时出现了 C^+ 和 C 的返流，量级在 10^{-5}kg/($m^2 \cdot$s)；24J 时已经出现 C^+、F^+、C 和 F 的返流，最大返流的量级在 10^{-4}kg/($m^2 \cdot$s)。当 $t=11$μs 时，7.26J 时返流已沿径向到达距离推力器出口 6cm，质量流率量级在 10^{-4}kg/($m^2 \cdot$s)，而 24J 时返流到达距离推力器出口 11cm，质量流率量级达到 10^{-3}kg/($m^2 \cdot$s)。当 $t=15$μs 时，7.26J 时返流到达距离推力器出口 12cm，质量流率量级维持在 10^{-4}kg/($m^2 \cdot$s)，而 24J 时返流到达距离推力器出口 16cm，质量流率维持在 10^{-3}kg/($m^2 \cdot$s)。对于 7.26J，最大质量流率为 C^+ 提供，为 2×10^{-4}kg/($m^2 \cdot$s)，在离子的质量流率维持在一定水平后中性粒子的质量流率

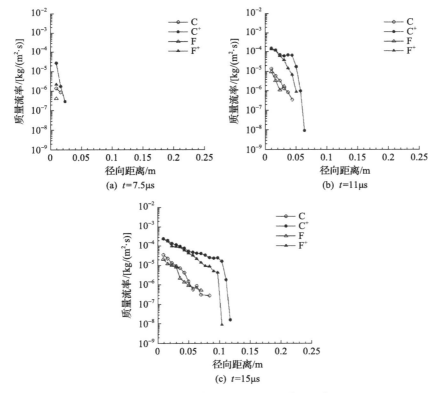

图 7.34　7.26J 时推力器出口返流质量流率

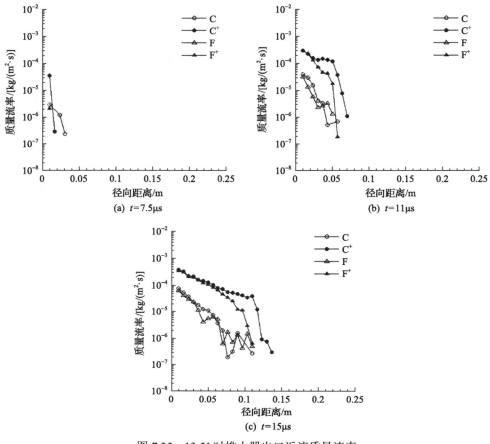

图 7.35　13.5J 时推力器出口返流质量流率

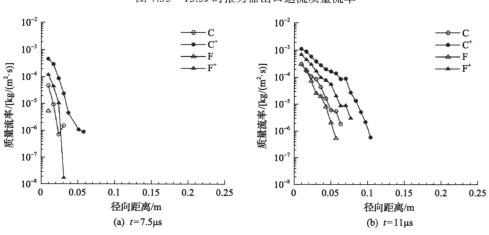

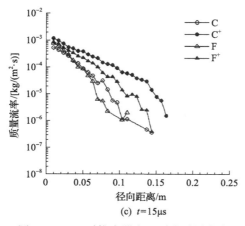

(c) $t=15\mu s$

图 7.36　24J 时推力器出口返流质量流率

仍呈现持续增长的态势，最大的中性粒子质量流率为 C 提供，为 3×10^{-5}kg/($m^2\cdot s$)。对于 24J，最大质量流率为 C^+ 提供，为 10^{-3}kg/($m^2\cdot s$)，中性粒子的变化趋势与 7.26J 时相似，最大的中性粒子质量流率为 C 提供，为 8×10^{-4}kg/($m^2\cdot s$)。可以看出，羽流中的边缘部分主要成分为高速的带电粒子，而在中心部分，离子和中性粒子由于 CEX 碰撞具有相近的速度。带电粒子是首先对回流区造成影响的因素，但是随着时间的推移，后来居上的中性粒子所带来的影响也不容忽视。比较不同的能量状态，24J 时中性粒子的入口速度取值最小，在放电初期，CEX 碰撞使得 24J 时生成速度最低的 CEX 离子，因此最早出现了离子的返流。出现返流的时间很大程度上取决于中性粒子的出口喷射速度。24J 时的高电离度提高了 CEX 的发生率，这使得在计算时间末期，中性粒子的返流相对于离子返流的增加是所有能量状态中最高的。

7.2.3　电荷交换碰撞分析

电荷交换(CEX)碰撞带来羽流中的电荷交换，直接影响羽流的组成变化情况，本节针对 CEX 碰撞问题进行专门的分析。

1. CEX 碰撞

图 7.37～图 7.42 给出了各能量状态下在计算网格中发生了 CEX 碰撞的离子和中性粒子占当地总离子和中性粒子数的比例分布。由图可以看到，对于离子，CEX 离子在靠近出口处附近所占比例较大，而 CEX 中性粒子在出口处后的羽流内部所占比例较大。比较不同能量状态的分布情况，在高能状态下，无论是离子还是中性粒子，流场中 CEX 粒子的所占比例都有所提高。由关于 CEX 碰撞次数计算统计可知，在高能量状态下电离度较高，发生 CEX 碰撞的概率更高，导致发生 CEX 碰撞的粒子比例提高。

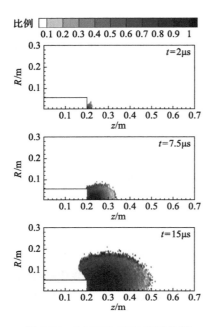

图 7.37　7.26J 时 CEX 离子比例

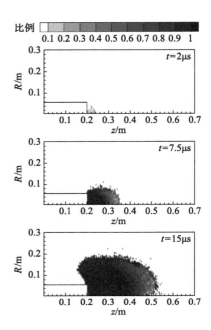

图 7.38　13.5J 时 CEX 离子比例

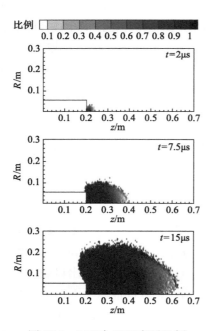

图 7.39　24J 时 CEX 离子比例

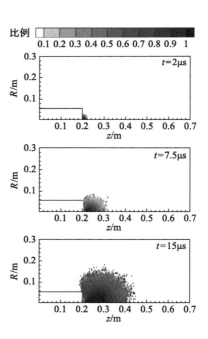

图 7.40　7.26J 时 CEX 中性粒子比例

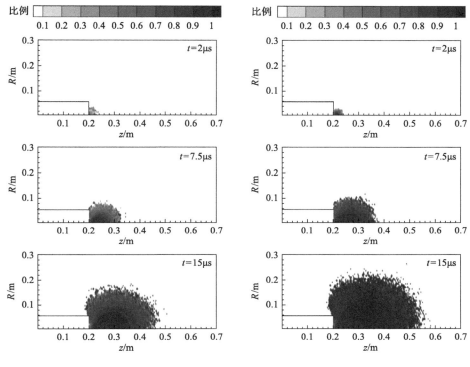

图 7.41　13.5J 时 CEX 中性粒子比例　　　　图 7.42　24J 时 CEX 中性粒子比例

图 7.43～图 7.48 为不同能量状态下 CEX 离子和 CEX 中性粒子的速度分布。离子与中性粒子速度分布与总粒子的速度分布相似，最小的速度都位于推力器出口附近。对比不同能量下的速度分布，高能量出口速度更高，因此也具有更高的速度。对比 7.2.2 节中的粒子速度分布，分析 13.5J、$t=15\mu s$ 时的情况，在出口处，CEX 离子速度约为 8km/s，小于平均离子速度 9km/s，而 CEX 中性粒子速度约为 7km/s，大于出口的平均中性粒子速度。CEX 碰撞使得离子速度降低，而中性粒子速度升高。

图 7.49 和图 7.50 分别给出了 13.5J 能量状态下轴线网格中 CEX 碰撞与非 CEX 碰撞次数在总碰撞次数中的比例。对比图 7.38 可以发现，粒子的碰撞主要发生在羽流出口附近密度比较高的区域。由式(7.37)和式(7.40)可以发现，离子与中性粒子之间的弹性碰撞动量交换截面随着二者的速度差增大而减小，而 CEX 碰撞截面随着二者的速度差增大而增大。在靠近出口附近，密度高，温度高，碰撞频率高，离子与中性粒子进行频繁的速度交换，此时离子在电场中的加速才刚开始，因此碰撞中非 CEX 碰撞的比例更高；而随着羽流的不断扩散，离子逐步获得了加

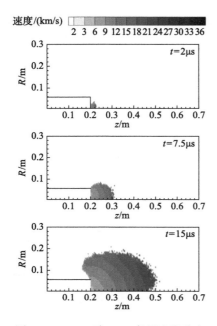

图 7.43　7.26J 时 CEX 离子速度分布

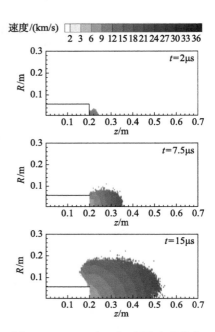

图 7.44　13.5J 时 CEX 离子速度分布

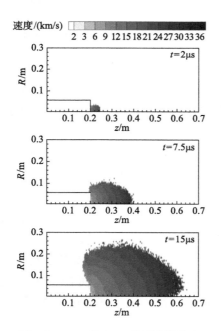

图 7.45　24J 时 CEX 离子速度分布

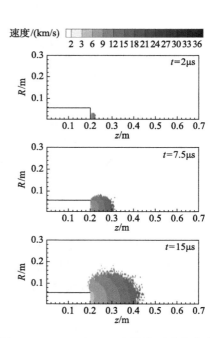

图 7.46　7.26J 时 CEX 中性粒子速度分布

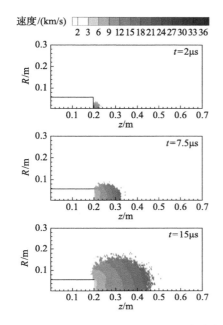

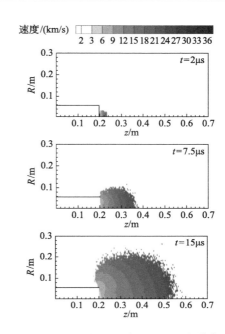

图 7.47　13.5 J 时 CEX 中性粒子速度分布　　　图 7.48　24 J 时 CEX 中性粒子速度分布

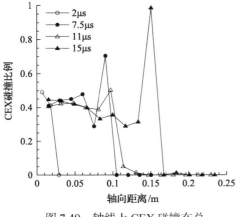

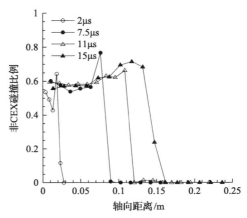

图 7.49　轴线上 CEX 碰撞在总　　　　　图 7.50　轴线上非 CEX 碰撞在总
　　　　碰撞中的比例　　　　　　　　　　　　碰撞中的比例

速，同时密度与温度的降低导致碰撞频率的降低，CEX 碰撞终于在碰撞中崭露头角。

　　CEX 主要分为两类：一类为高速离子与低速中性粒子之间的电荷交换碰撞，这里代称 CEX1；另一类为低速离子与高速中性粒子之间的电荷交换碰撞，这里代称 CEX2。图 7.51 和图 7.52 分别给出了 13.5J 能量状态下轴线上这两类碰撞在 CEX 碰撞中所占的比例。可以发现，在脉冲初期 2μs 内主要发生一类碰撞，这与脉冲初期离子浓度高于中性粒子浓度是相对应的，而在半周期之后，两种成分的密度都达到了一定程度，因此两种碰撞发生的情况基本相当。同时由图 7.48 和图 7.49 可知，在脉冲初期同时也发生着大量的非 CEX 碰撞。在各种碰撞的集中作用下，CEX 粒子的速度分布情况具有与总的粒子速度相似的分布情况，如图 7.53 和图 7.54 所示。

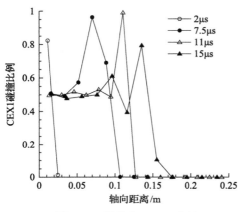

图 7.51　轴线上 CEX1 在总
CEX 中比例

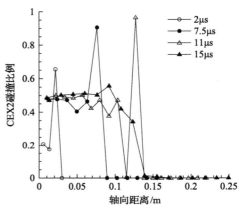

图 7.52　轴线上 CEX2 在总
CEX 中比例

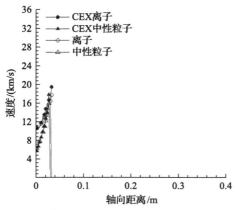

图 7.53　2μs 时轴线上
CEX 粒子速度分布

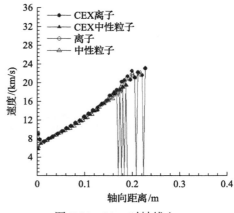

图 7.54　11μs 时轴线上
CEX 粒子速度分布

2. 无 CEX 碰撞计算

为了进一步考察 CEX 碰撞对羽流的影响情况，对 13.5J 的情况进行无 CEX 碰撞的计算。

图 7.55 为无 CEX 时轴向质量流率图。与图 7.32 相比，各组分具有近似的变化规律，羽流在轴线上具有基本相同的扩散速度，但无 CEX 时获得的各组分质量流率更大。对比两种情况下在 $t=15\mu s$ 时的离子与中性粒子的分布(图 7.56、图 7.8、图 7.11)，无 CEX 时离子具有更大的径向扩散距离，而中性粒子的距离缩短。CEX 碰撞使得中性粒子获得更大的径向速度，从而促进了羽流的径向扩散，因此在轴向上各组分的密度减小，影响轴向质量流率。

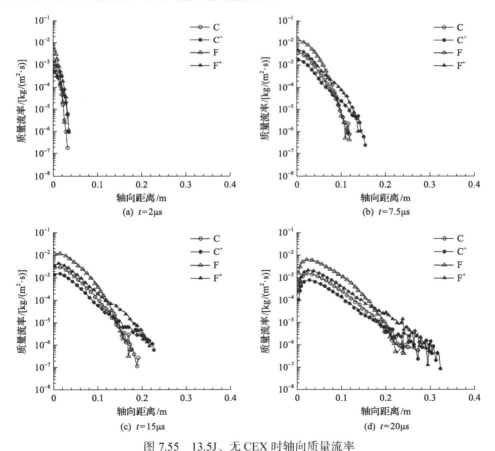

图 7.55　13.5J、无 CEX 时轴向质量流率

图 7.57 给出了无 CEX 时位于推力器出口平面上方的返流质量流率。在无 CEX 情况下返流出现的时间仍然为 5.3μs，对比图 7.35 可以发现，各组分返流粒子具

有大致相同的表现，径向扩散带来的那部分粒子使得返流粒子的密度增大，无CEX 羽流的质量流率更大，扩散更快。

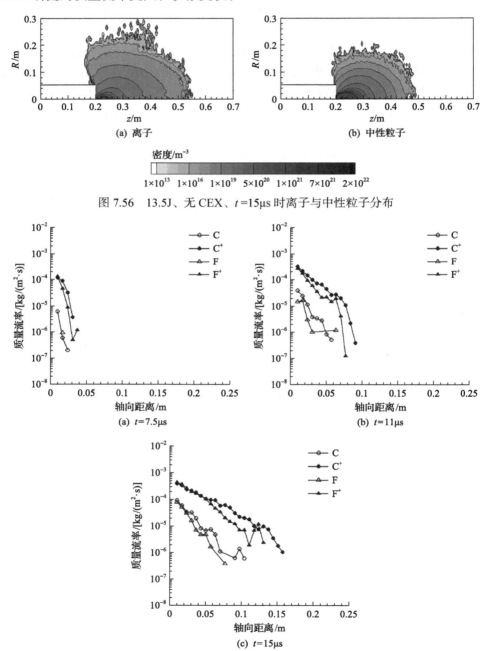

图 7.56　13.5J、无 CEX、t =15μs 时离子与中性粒子分布

图 7.57　13.5J、无 CEX 时推力器出口返流质量流率分布

参 考 文 献

[1] Bird G A. Molecular Gas Dynamics and the Direct Simulation of Gas Flows[M]. Oxford: Clarendon Press, 1994.

[2] Birdsall C K, Langdon A B. Plasma Physics via Computer Simulation[M]. New York: McGraw-Hill, 1985.

[3] 吴其芬, 陈伟芳. 高温稀薄气体热化学非平衡流动的 DSMC 方法[M]. 长沙: 国防科技大学出版社, 1999.

[4] Gatsonis N, Yin X M. Particle/fluid modeling of pulsed plasma thruster plumes[C]. 35th Joint Propulsion Conference and Exhibit, Los Angeles, 1999: 2299.

[5] Lieberman M A, Lichtenberg A J. Principles of Plasma Discharges and Material Processing[M]. Hoboken: John Wiley & Sons, 1994.

[6] Sakabe S, Izawa Y. Cross sections for resonant charge transfer between atoms and their positive ions: Collision velocity $\lesssim$ 1a.u[J]. Atomic Data and Nuclear Data Tables, 1991, 49(2): 257-314.

[7] Mitchner M, Kruger C. Partially Ionized Gases[M]. Hoboken: John Wiley & Sons, 1994.

[8] 尹乐. 脉冲等离子体推力器数值仿真研究[D]. 长沙: 国防科技大学, 2009.

第8章 脉冲等离子体推力器一体化数值模拟

非定常、强瞬时性是 PPT 脉冲放电过程的重要特征。放电过程中，工质表面的快速加热导致壁面材料的烧蚀、电离，等离子体团在加速通道内迅速形成后在洛伦兹力作用下加速喷出。脉冲时间内，推力器加速通道中等离子体团的化学组成及动能发生着剧烈变化，这种变化使得推力器羽流场同样有着瞬变特性。为了获得更加精确的计算结果，需要将放电过程与羽流运动进行一体化数值模拟[1-3]。

本章运用一维双温 MHD 放电模型、三维双温 MHD 模型分别作为入口模型，结合第 7 章建立的羽流粒子-流体混合模型，对脉冲等离子体推力器进行一体化数值模拟。利用放电过程模型计算得到的非定常出口结果为 PPT 的羽流提供入口边界条件，开展 PPT 在不同的初始电压及不同的电容等条件下的质量流率、温度场等羽流场的特性分析研究。

8.1 双温模型及一体化边界条件

8.1.1 双温模型

第 6 章介绍了 MHD 模型中等离子体热化学模型，该模型是基于等离子体局域热力学平衡假设条件得到的。然而，由于 PPT 工作过程的强瞬态特征，电子与重粒子温度变化较快，若将等离子体视为热力学平衡态，则不能得到精确的数值模拟结果，建立电子与重粒子的双温模型成为重要的解决方案。

等离子体流体的内能由粒子和电子能量组成

$$\varepsilon_{\text{int}} = \varepsilon_{\text{i}} + \varepsilon_{\text{e}} \tag{8.1}$$

对于一维双温模型，电子能量守恒方程为

$$\frac{\partial \varepsilon_{\text{e}}}{\partial t} + \frac{\partial (\varepsilon_{\text{e}} u)}{\partial x} + \frac{\partial (p_{\text{e}} u)}{\partial x} = Q_{\text{j}} - Q_{\text{rad}}(T_{\text{e}}) - Q_{\text{a}}(T_{\text{e}}) - \Delta \dot{\varepsilon}_{\text{ie}} \tag{8.2}$$

$$\varepsilon_{\text{e}} = \frac{p_{\text{e}}}{\gamma - 1}, \quad \Delta \dot{\varepsilon}_{\text{ie}} = \frac{3 \rho_{\text{e}} \nu_{\text{ei}}}{m_{\text{i}}} k_{\text{B}} (T_{\text{e}} - T_{\text{h}}) \tag{8.3}$$

式中，ε_{e} 为电子内能；p_{e} 为电子压强；$\Delta \dot{\varepsilon}_{\text{ie}}$ 为电子与离子之间的能量交换率；k_{B} 为玻尔兹曼常数；T_{h} 为重粒子的温度。

对于三维双温模型，将导热项分为电子项与粒子项的和，即

$$\lambda \nabla T = \lambda_e \nabla T_e + \lambda_i \nabla T_h \tag{8.4}$$

假设欧姆热主要影响电子能量，则电子能量方程为

$$\frac{\partial (\varepsilon_e)}{\partial t} + \nabla \cdot (\varepsilon_e U) + \nabla \cdot (p_e U) = \frac{J^2}{\sigma_e} + \nabla \cdot q_e - \Delta \dot{\varepsilon}_{ie} \tag{8.5}$$

相对粒子能量方程为

$$\frac{\partial (\varepsilon_i)}{\partial t} + \nabla \cdot (\varepsilon_i U) + \nabla \cdot (p_i U) = \nabla \cdot q_i + \Delta \dot{\varepsilon}_{ie} \tag{8.6}$$

电子与粒子之间的能量交换通过碰撞体现：

$$\Delta \dot{\varepsilon}_{ie} = \frac{3 \rho_e \nu_{ei}}{m_i} k_B (T_e - T_h) \tag{8.7}$$

将上述一维、三维双温模型代替原有热化学模型，可以得到 PPT 放电过程更加精确的模拟结果，可作为本章羽流模拟的入口条件。

8.1.2　一体化边界条件处理

在 PPT 工作过程中，推力器处于真空状态，在推力室产生的高密度等离子体团向外喷射形成等离子体羽流。羽流场中的带电成分使得在推力器外部形成一个变化的电场环境，该电场环境对比推力器剧烈的放电过程影响很小，在计算的过程中可忽略这部分的影响。

采用 PPT 初始电容能量为 7.26J、13.5J 和 24J 时计算得到的出口参数以及在不同电容 2μF、12μF 和 20μF 下计算得到的出口参数作为羽流的入口参数，采用 DSMC-PIC 流体混合算法进行羽流场计算。

图 8.1 为一维模型提供的不同初始电容能量下出口质量流率随时间的变化。图 8.2 为一维模型提供的不同电容下出口质量流率随时间的变化。推力器入口模型仍然采用 Gatsonis 所用模型：

$$n_s(r, z, t) = n_{s,exit} \left[1 - (1 - C_c) \left(\frac{r}{R_T} \right)^2 \right] \tag{8.8}$$

式中，$n_{s,exit}$ 为一维模型提供的当前时刻出口处的各组分密度；C_c 为密度系数，取值为 0.1。出口电子温度和粒子温度按各时刻计算值取得。

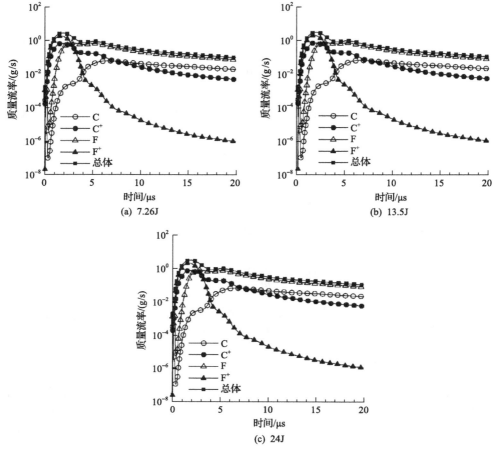

图 8.1 不同初始电容能量下出口质量流率(一维模型)

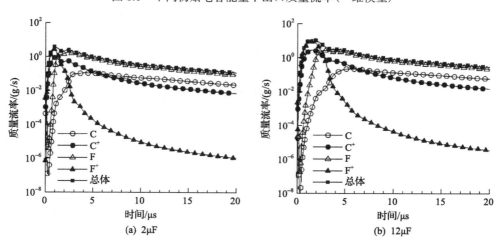

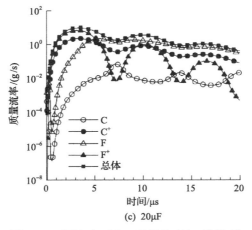

(c) 20μF

图 8.2　不同电容下出口质量流率(一维模型)

对于三维模型提供的出口参数，由于推力器出口与推力器外壳之间的构型不同，需要进行一定的几何处理：

$$r_x = R'_{h_{\mathrm{PPT}}} r_{\mathrm{exit}} / R_{\mathrm{T}} \tag{8.9}$$

式中，r_{exit} 为羽流入口半径；$R'_{h_{\mathrm{PPT}}} = (h_{\mathrm{PPT}} + w_{\mathrm{PPT}})/2$ 为等效推力器出口半径；羽流入口半径 r_{exit} 处的入口参数由 r_x 处的参数提供。r_x 处的参数由推力器出口中心在垂直和水平方向分别取平均值得到。

图 8.3 为三维模型提供的不同初始电容能量下出口质量流率随时间的变化。图 8.4 为三维模型提供的不同电容下出口质量流率随时间的变化。

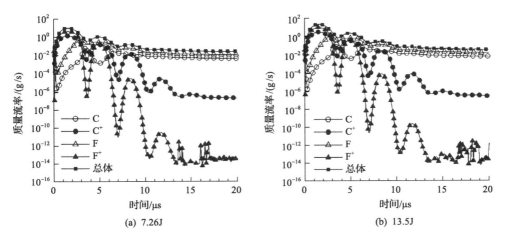

(a) 7.26J　　　　　　　　　　　　　　　　　(b) 13.5J

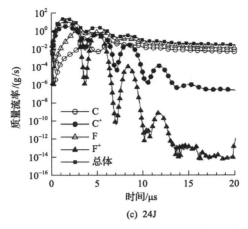

(c) 24J

图 8.3　不同初始电容能量下出口质量流率(三维模型)

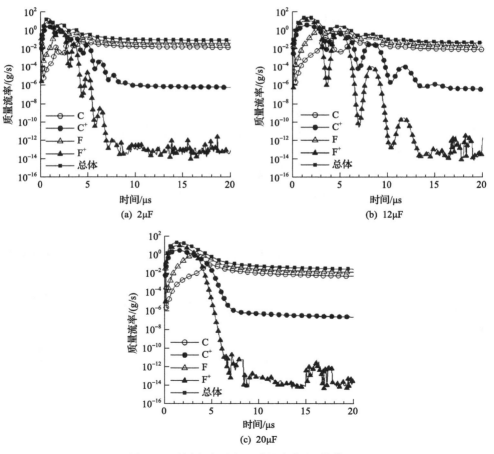

(a) 2μF

(b) 12μF

(c) 20μF

图 8.4　不同电容下出口质量流率(三维模型)

8.2 一维边界入口羽流模拟计算

8.2.1 模型验证

为了验证模型的可靠性,对格伦研究中心的实验室 PPT 样机[4]放电能量在 20J 下的情况进行计算, 网格划分采用 7.2.1 节中的方法。

图 8.5 和图 8.6 分别给出距离工质表面 6cm 和 16cm、探针夹角 10°时的电子密度, 由于实验数据在时间上有一定的延迟, 将计算结果的时间轴进行了一定后移。对比实验结果发现, 在近表面电子密度符合得更好, 模型总体具有较好的符合趋势。

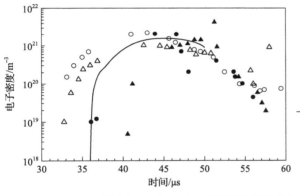

图 8.5 $r=6\text{cm}$, $\theta=10°$处的电子密度(一维模拟)

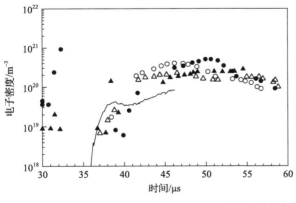

图 8.6 $r=16\text{cm}$, $\theta=10°$处的电子密度(一维模拟)

图 8.7 和图 8.8 为在探针夹角在 10°和 30°时不同距离对应的电子温度和电子密度。对比实验结果, 电子密度结果优于电子温度, 大角度近表面时的结果更贴近实验数据, 在实验结果的误差范围内, 计算结果总体符合。

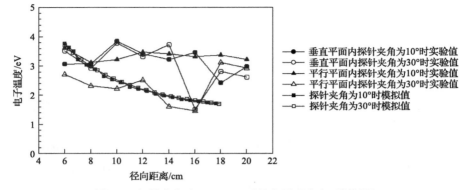

图 8.7　探针夹角为 10°、30°时的电子温度(一维模拟)

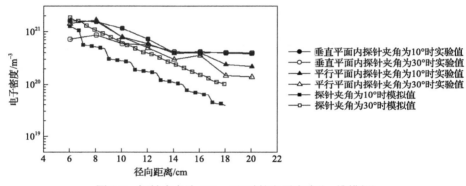

图 8.8　探针夹角为 10°、30°时的电子密度(一维模拟)

8.2.2　计算结果分析

1. 不同初始电压

针对不同的初始电压,7.26J 时权因子为 $8×10^{10}$,计算周期模拟分子共有 5293917,其中离子有 2693210,中性粒子有 2600707,共计算碰撞数 28527691 次,其中 CEX 碰撞数为 5271241 次,占总碰撞数的 18%。13.5J 时权因子为 $1.5×10^{11}$,计算周期模拟分子共有 6581338,其中离子有 3566604,中性粒子有 3014734,共计算碰撞数 69310753 次,其中 CEX 碰撞数为 10470284 次,占总碰撞数的 15%。24J 时权因子为 $2×10^{11}$,计算周期模拟分子共有 8356471,其中离子有 4877955,中性粒子有 3478516,共计算碰撞数 117828834 次,其中 CEX 碰撞数为 13122889,占总碰撞数的 11%。

图 8.9～图 8.11为不同初始电容能量下轴向质量流率图。带电成分主要出现在脉冲时间之初,在 $t=2\mu s$ 时,F^+离子具有最大的质量流率,其后依次为 C^+、F、C。随着脉冲时间的增加,带电成分不断减少,同时中性粒子不断增加,而气体喷射

速度不断减小。在出口处，F 原子成为最大质量流率的种类，其后依次为 C、F^+、
C^+。沿轴向，CEX 碰撞数逐渐减少，离子速度不断增大，羽流尾部由带电粒子流
构成。在脉冲初期，C 具有较小的原子量，在电场作用下更易加速，羽流尾部最
大粒子流为 C^+，在脉冲后期，大量 F^+ 离子的产生使其成为最大粒子流，其后依次
为 F 和 C。比较 7.26J 和 24J 的情况，当 $t=7.5\mu s$，7.26J 时离子团扩散至距出口 0.16m
处，24J 时离子团扩散至距出口 0.18m 处，7.26J 时原子团扩散至距出口 0.12m 处，
24J 时原子团扩散至距出口 0.12m 处；当 $t=20\mu s$，7.26J 时离子团扩散至距出口
0.51m 处，24J 时离子团扩散至距出口 0.58m 处，7.26J 时原子团扩散至距出口 0.32m
处，24J 时原子团扩散至距出口 0.46m 处。对比 7.2 节中 Gatsonis 模型得到的结果
可以发现，通过一维入口模型获得的羽流扩散速度比 Gatsonis 模型高。高能量状
态下，周期末的最小质量流率及最大质量流率均大于低能量状态。

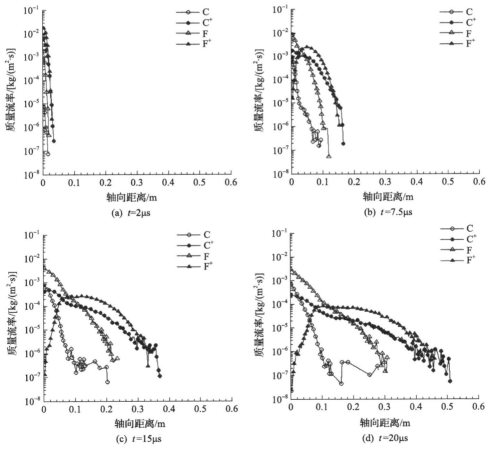

图 8.9　7.26J 时轴向质量流率(一维模拟)

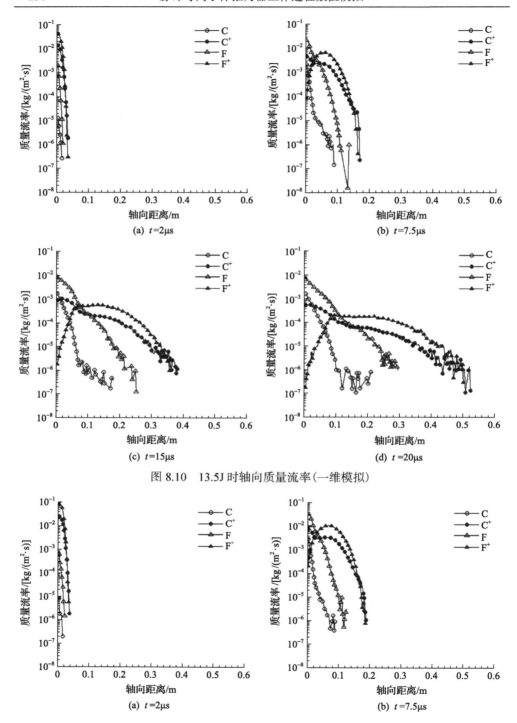

图 8.10　13.5J 时轴向质量流率(一维模拟)

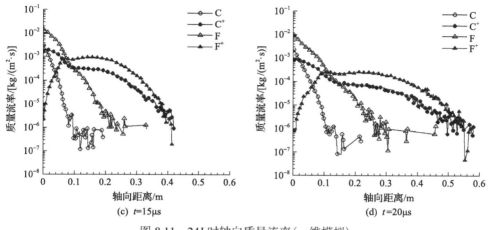

(c) $t=15\mu s$　　　　　　　　(d) $t=20\mu s$

图 8.11　24J 时轴向质量流率(一维模拟)

图 8.12～图 8.14 为不同初始电容能量状态下位于推力器出口平面上方的返流质量流率。在一定喷射时间后，在推力器上方出现返流，7.26J 时出现返流的时间为 3.1μs，13.5J 时出现返流的时间为 3.4μs，24J 时出现返流的时间为 2.8μs。最早出现返流的仍然为带电成分，其中由于 C 原子的荷质比最大，C^+ 的返流首先出现，然后为 F^+、F 和 C。返流随时间不断向回流区扩散，同时最大质量流率始终位于靠近喷射出口处且维持在一定的水平。早期返流中主要为带电成分，后期出口处附近的中性成分也成为不可忽视的组成。比较 7.26J 和 24J 的情况，当 $t=7.5\mu s$，7.26J 时出现了 C^+、F^+ 和 F 的返流，最大返流在 4×10^{-4}kg/$(m^2 \cdot s)$，24J 时也出现了 C^+、F^+ 和 F 的返流，最大返流在 10^{-3}kg/$(m^2 \cdot s)$。当 $t=11\mu s$，7.26J 时返流已沿径向到达距离推力器出口 8cm 处，最大质量流率在 10^{-3}kg/$(m^2 \cdot s)$，而 24J 时返流到达距离推力器出口 12cm 处，最大质量流率在 3×10^{-3}kg/$(m^2 \cdot s)$。当 $t=20\mu s$，7.26J 时返流到达距离推力器出口 18cm 处，最大质量流率维持在 10^{-3}kg/$(m^2 \cdot s)$，而 24J

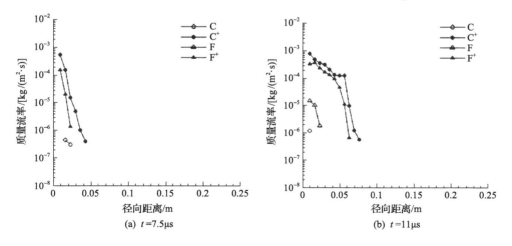

(a) $t=7.5\mu s$　　　　　　　　(b) $t=11\mu s$

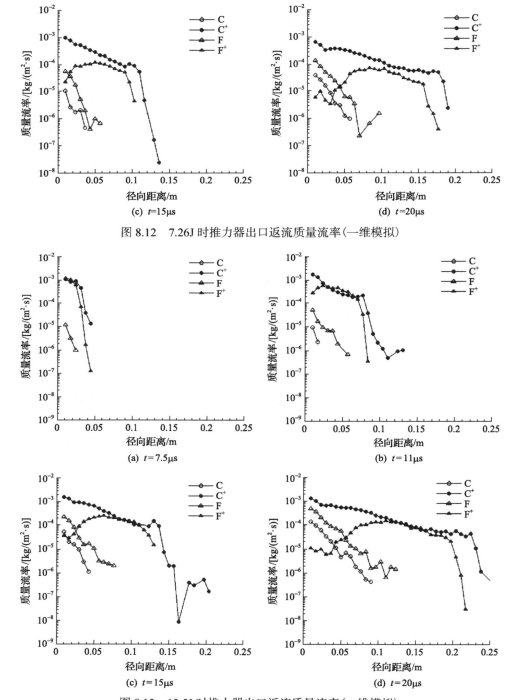

(c) $t=15\mu s$　　　　　　　　　　　(d) $t=20\mu s$

图 8.12　7.26J 时推力器出口返流质量流率(一维模拟)

(a) $t=7.5\mu s$　　　　　　　　　　(b) $t=11\mu s$

(c) $t=15\mu s$　　　　　　　　　　(d) $t=20\mu s$

图 8.13　13.5J 时推力器出口返流质量流率(一维模拟)

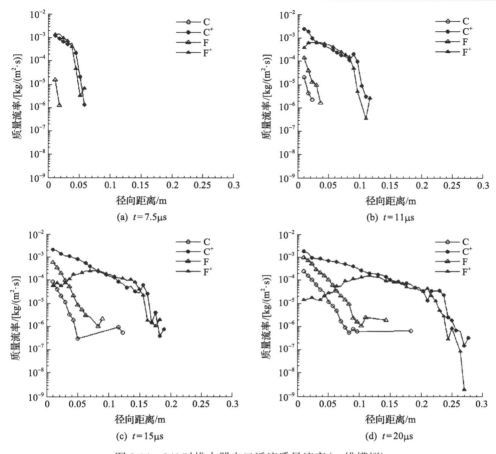

图 8.14　24J 时推力器出口返流质量流率(一维模拟)

时返流到达距离推力器出口 28cm, 质量流率维持在 2×10^{-3}kg/$(m^2\cdot s)$。对于 7.26J, 最大质量流率为 C^+ 提供, 为 10^{-3}kg/$(m^2\cdot s)$, 离子的质量流率维持在一定水平后, 中性粒子的质量流率仍呈现持续增长的态势,最大的中性粒子质量流率为 F 提供, 为 10^{-4}kg/$(m^2\cdot s)$。对于 24J, 最大质量流率为 C^+ 提供, 为 2×10^{-3}kg/$(m^2\cdot s)$, 中性粒子的变化趋势与 7.26J 时相似,最大的中性粒子质量流率为 F 提供,为 10^{-4}kg/$(m^2\cdot s)$。值得一提的是, 不同于 Gatsonis 模型, 在三种能量状态中, 虽然 24J 时的扩散速度最快,也是最早出现返流的,但是 7.26J 和 13.5J 时出现返流的时间很接近,7.26J 时的还早于 13.5J。由此说明能量越高,粒子返流的量级也就越大。

　　图 8.15 为不同初始电压下在 t=20μs 时的离子分布, 24J 时返流的影响角度达到 130°, 高电压时羽流的影响区域更广。图 8.16 为不同初始电压下在 t=20μs 时 CEX 离子分布。CEX 离子集中在羽流内部靠近出口处。高电压时, CEX 离子在出口处所占的比例更高, 且返流中含量也更高。

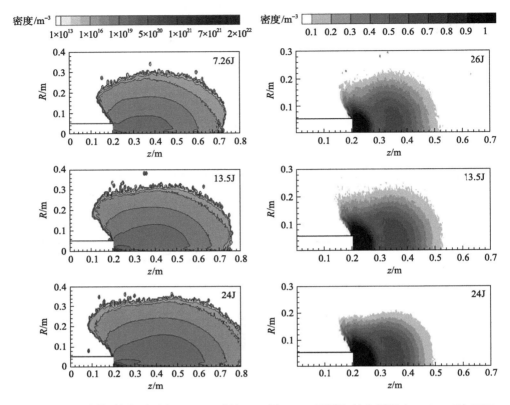

图 8.15 不同初始电压下在 $t=20\mu s$ 时的离子分布(一维模拟)

图 8.16 不同初始电压下在 $t=20\mu s$ 时 CEX 离子分布(一维模拟)

2. 不同电容

针对不同电容情况,2μF 时权因子为 8×10^{10},计算周期模拟分子共有 5233613,其中离子有 2013535,中性粒子有 3220078,共计算碰撞数 42410628 次,其中 CEX 碰撞数为 4952563 次,占总碰撞数的 12%。12μF 时权因子为 2×10^{11},计算周期模拟分子共有 5705378,其中离子有 2842097,中性粒子有 2863281,共计算碰撞数 53216161 次,其中 CEX 碰撞数为 7454207 次,占总碰撞数的 14%。20μF 时权因子为 3×10^{11},计算周期模拟分子共有 5106873,其中离子有 3462801,中性粒子有 1644072,共计算碰撞数 47657140 次,其中 CEX 碰撞数为 8165476 次,占总碰撞数的 17%。

图 8.17~图 8.19 为不同电容下轴向质量流率图。带电成分的形成规律与不同电压条件相似,最早 F⁺离子出现在脉冲时间之初,具有最大的质量流率,其后依次

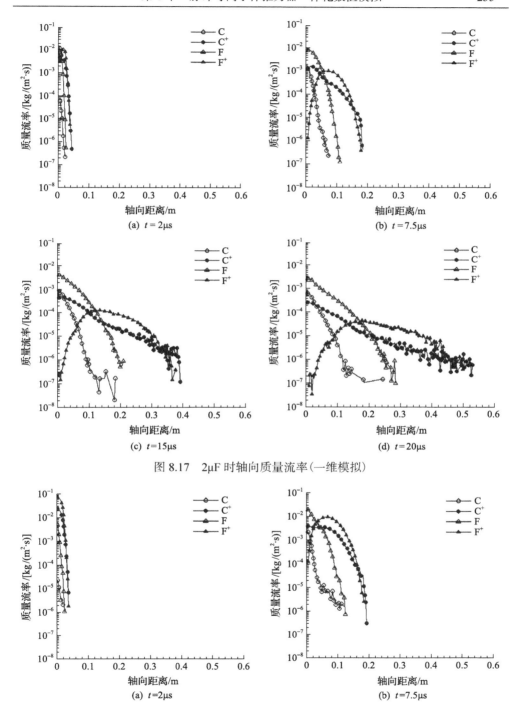

图 8.17　2μF 时轴向质量流率(一维模拟)

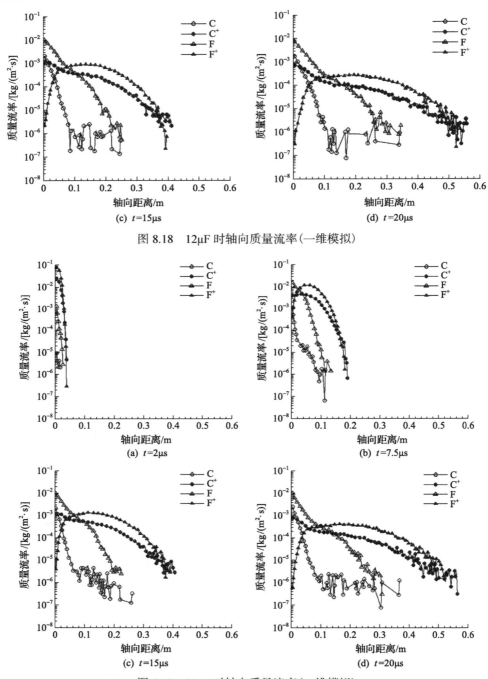

图 8.18　12μF 时轴向质量流率(一维模拟)

图 8.19　20μF 时轴向质量流率(一维模拟)

为 C^+、F、C。随着脉冲时间的增加，在出口处，F 原子成为最大质量流率的种类，其后依次为 C、F^+、C^+。沿着轴向，羽流尾部由带电粒子流构成，羽流尾部最大粒子流为 C^+，在脉冲后期，大量 F^+ 离子的产生使其成为最大粒子流，其后依次为 F 和 C。比较 2μF 和 20μF 的情况，在 $t=7.5$μs 时，2μF 离子团扩散至距出口 0.18m 处，20μF 离子团扩散至距出口 0.19m 处，2μF 原子团扩散至距出口 0.11m 处，20μF 离子团扩散至距出口 0.14m 处；在 $t=20$μs 时，2μF 离子团扩散至距出口 0.53m 处，20μF 离子团扩散至距出口 0.56m 处，2μF 原子团扩散至距出口 0.28m 处，20μF 原子团扩散至距出口 0.36m 处。计算中发现，高电容的扩散速度最快，但优势并不明显，在不同的电容下，羽流团扩散速度接近。在高电容状态下，质量流率更大。

　　图 8.20～图 8.22 为不同电容下位于推力器出口平面上方的返流质量流率图。在一定喷射时间后，在推力器上方出现返流，2μF 出现返流的时间为 2.8μs，12μF 出现返流的时间为 3.4μs，20μF 出现返流的时间为 3.4μs。最早出现返流的仍然为带电成分，C^+ 的返流首先出现，然后为 F^+、F 和 C。返流随时间不断向回流区扩散，同时最大质量流率始终位于靠近喷射出口处且维持在一定水平。早期返流中主要为带电成分，后期出口处附近的中性成分也成为不可忽视的组成。比较 2μF 和 20μF 的情况，在 $t=7.5$μs 时，2μF 出现了 C^+、F^+、F 和 C 的返流，最大返流在 10^{-3}kg/(m$^2\cdot$s)，此时 20μF 未出现 C 的返流，最大返流在 10^{-3}kg/(m$^2\cdot$s)。在 $t=11$μs 时，2μF 返流已沿径向到达距离推力器出口 9cm 处，最大质量流率保持在 10^{-3}kg/(m$^2\cdot$s)，而 20μF 返流到达距离推力器出口 10cm 处，最大质量流率在 2×10^{-3}kg/(m$^2\cdot$s)。在 $t=20$μs 时，2μF 返流到达距离推力器出口 22cm 处，最大质量流率维持在 10^{-3}kg/(m$^2\cdot$s)，而 20μF 返流到达距离推力器出口 22cm 处，质量流率维持在 2×10^{-3}kg/(m$^2\cdot$s)。对于 2μF，最大质量流率为 C^+ 提供，为 10^{-3}kg/(m$^2\cdot$s)，

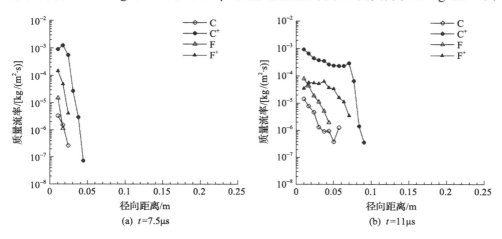

(a) $t=7.5$μs　　　　　　　　　　　　　(b) $t=11$μs

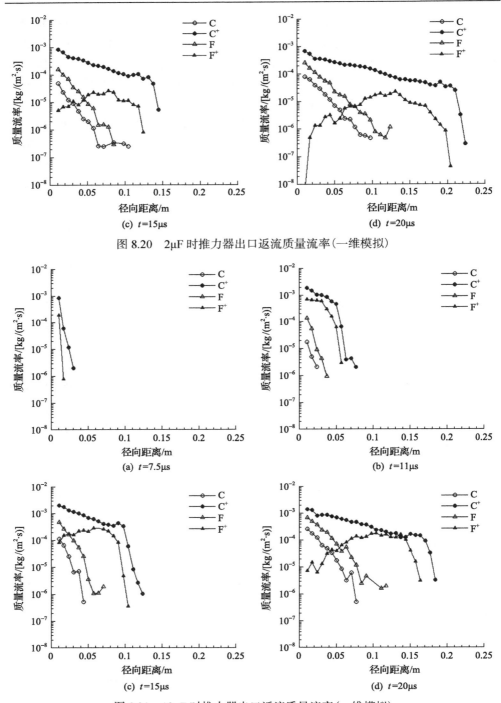

(c) $t=15\mu s$　　　　　　　　　　　　(d) $t=20\mu s$

图 8.20　2μF 时推力器出口返流质量流率(一维模拟)

(a) $t=7.5\mu s$　　　　　　　　　　　　(b) $t=11\mu s$

(c) $t=15\mu s$　　　　　　　　　　　　(d) $t=20\mu s$

图 8.21　12μF 时推力器出口返流质量流率(一维模拟)

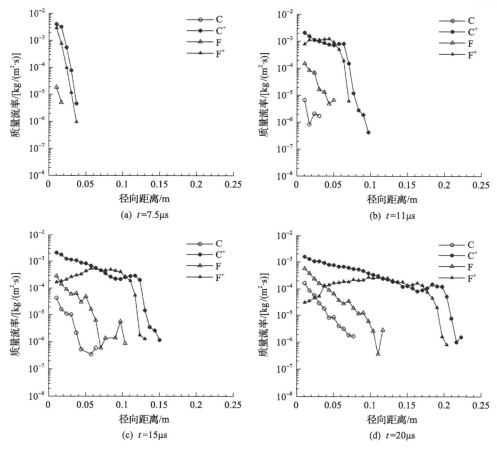

图 8.22 20μF 时推力器出口返流质量流率(一维模拟)

离子的质量流率维持在一定水平后，中性粒子的质量流率仍呈现持续增长的态势，最大的中性粒子质量流率为 F 提供，为 $3×10^{-4}kg/(m^2·s)$。对于 20μF，最大质量流率为 C^+ 提供，为 $2×10^{-3}kg/(m^2·s)$，中性粒子的变化趋势与 2μF 时相似，最大的中性粒子质量流率为 F 提供，为 $8×10^{-4}kg/(m^2·s)$。在相同的时间内，不同电容下具有近似的结果，高电容情况下具有高的质量流率，同时中性粒子的质量流率也更高，造成更强的破坏性。

图 8.23 为不同电容下在 $t=20$μs 时的离子分布。不同电容状态下，高电容的轴向影响距离更长，径向则不明显；20μF 时返流角度达到 150°，高电容下返流的影响区域更广。

由图 8.24 分析不同电容下的 CEX 离子分布，CEX 离子集中在出口处附近，低电容下出口处附近的 CEX 离子含量很高。对比图 8.23 可以发现，最早的返流中 CEX 离子的含量并不高，但其后期影响不容忽视。

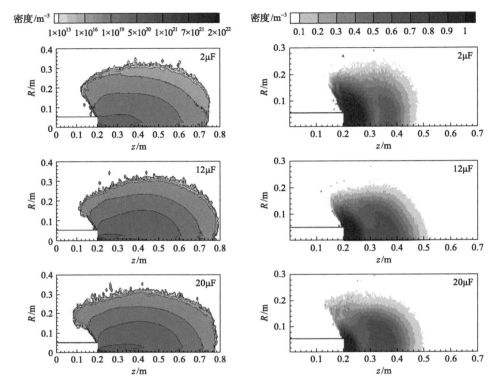

图 8.23　不同电容下在 $t=20\mu s$ 时的离子分布（一维模拟）　　图 8.24　不同电容下在 $t=20\mu s$ 时 CEX 离子分布（一维模拟）

8.3　三维边界入口羽流模拟计算

8.3.1　模型验证

　　为了验证模型的可靠性，对格伦研究中心的实验室 PPT 样机放电能量在 20J 下的情况进行计算，网格划分采用 7.2.1 节中的方法。

　　图 8.25 和图 8.26 分别给出距离工质表面 6cm 和 16cm、探针夹角 10°时的电子密度，由于实验数据在时间上有一定的延迟，将计算结果的时间轴进行了一定后移。对比实验结果发现，模型总体符合变化的趋势。与一维入口的结果相比，三维结果在远场下符合得更好，但结果中未体现出因滞后烧蚀而出现的羽流喷射结果。

　　图 8.27 和图 8.28 为在探针夹角在 10°和 30°时不同距离对应的最大电子温度和电子密度。与一维结果近似，对比实验结果，电子密度结果优于电子温度，大角度近表面时结果更贴近实验数据。在实验结果的误差范围内，计算结果总体符合。

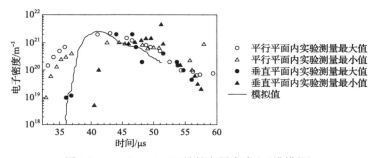

图 8.25　$r=6$cm, $\theta=10°$ 处的电子密度（三维模拟）

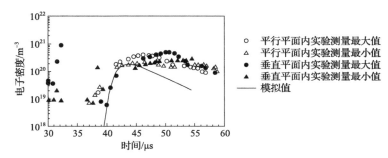

图 8.26　$r=16$cm, $\theta=10°$ 处的电子密度（三维模拟）

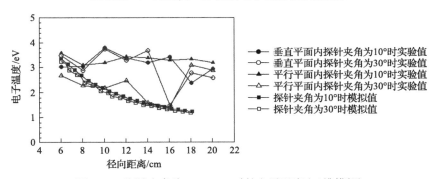

图 8.27　探针夹角为 10°、30°时的电子温度（三维模拟）

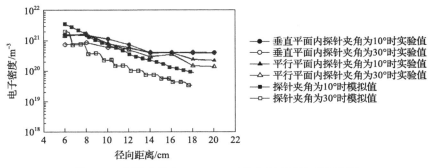

图 8.28　探针夹角为 10°、30°时的电子密度（三维模拟）

8.3.2 计算结果分析

1. 不同初始电压

针对不同的初始电压，7.26J 时权因子为 $8×10^{10}$，计算周期模拟分子共有 6131759，其中离子有 4795615，中性粒子有 1336144，共计算碰撞数 11048206 次，其中 CEX 碰撞数为 4546155 次，占总碰撞数的 41%。13.5J 时权因子为 $1.5×10^{11}$，计算周期模拟分子共有 6999327，其中离子有 5490438，中性粒子有 1508889，共计算碰撞数 22317990 次，其中 CEX 碰撞数为 7457077 次，占总碰撞数的 33%。24J 时权因子为 $2×10^{11}$，计算周期模拟分子共有 8143460，其中离子有 6743050，中性粒子有 1400410，共计算碰撞数 22205115 次，其中 CEX 碰撞数为 6068390 次，占总碰撞数的 27%。

图 8.29～图 8.31 为不同初始电容能量下轴向质量流率图。对比一维入口的结果，各组分的变化特征是相似的。在放电初期，F^+离子具有最大的质量流率，其

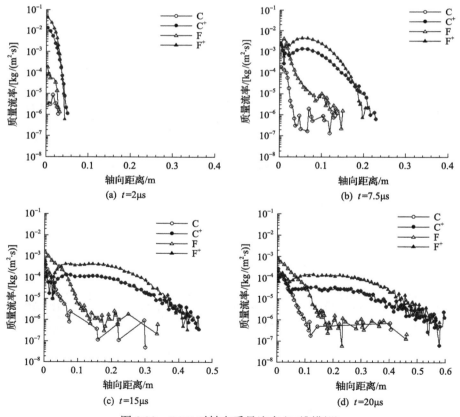

图 8.29　7.26J 时轴向质量流率(三维模拟)

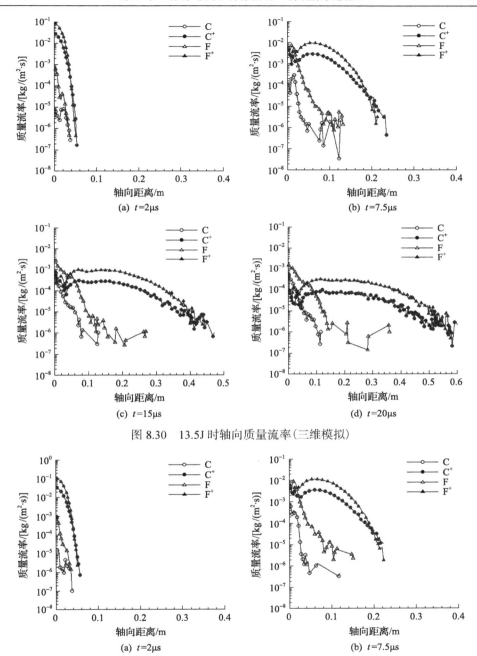

图 8.30　13.5J 时轴向质量流率(三维模拟)

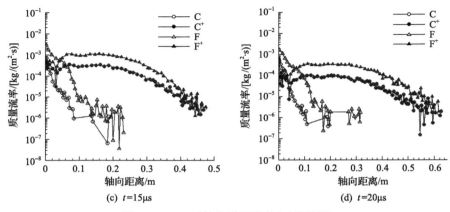

(c) $t=15\mu s$　　(d) $t=20\mu s$

图 8.31　24J 时轴向质量流率(三维模拟)

后依次为 C^+、F、C。随着脉冲时间的增加，在出口处，F 原子成为最大质量流率的种类，其后依次为 C、F^+、C^+。在脉冲初期，羽流尾部最大粒子流为 C^+，在脉冲后期，大量 F^+ 离子的产生使其成为最大粒子流，其后依次为 F 和 C。比较 7.26J 和 24J 的情况，当 $t=7.5\mu s$，7.26J 时离子团扩散至距出口 0.23m 处，24J 时离子团扩散至距出口 0.23m 处，7.26J 时原子团扩散至距出口 0.15m 处，24J 时原子团扩散至距出口 0.16m 处；当 $t=20\mu s$，7.26J 时离子团扩散至距出口 0.6m 处，24J 时离子团扩散至距出口 0.63m 处，7.26J 时原子团扩散至距出口 0.46m 处，24J 时原子团扩散至距出口 0.32m 处。高能量状态下，周期末的最小质量流率及最大质量流率均大于低能量状态。对比一维入口模型得到的结果可以发现，三维模型计算得到的出口峰值密度要高于一维模型，同时出口速度在脉冲末期很低，因此通过三维模型获得的羽流离子扩散速度比一维入口模型高，而原子扩散速度低于一维入口模型。

图 8.32～图 8.34 为不同初始电容能量状态下位于推力器出口平面上方的返流质量流率图。在三维入口模型的计算结果中，7.26J 时出现返流的时间为 4.4μs，13.5J

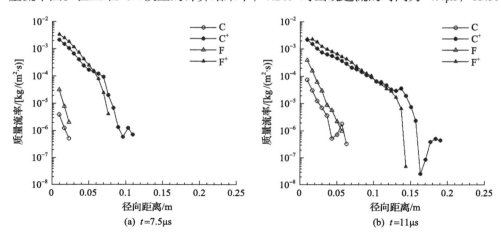

(a) $t=7.5\mu s$　　(b) $t=11\mu s$

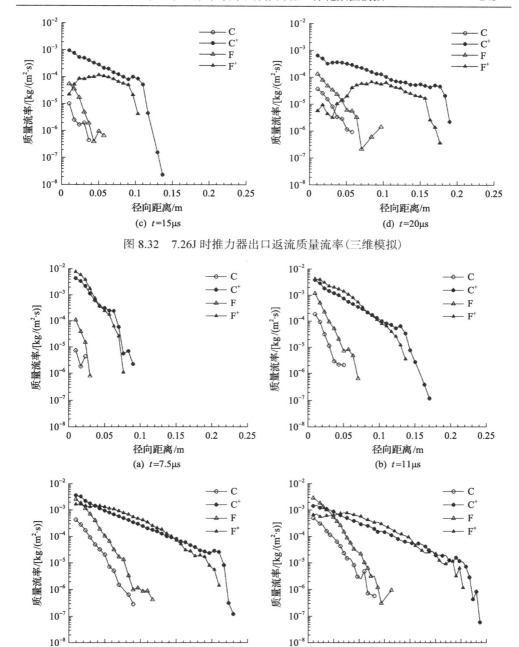

图 8.32　7.26J 时推力器出口返流质量流率(三维模拟)

图 8.33　13.5J 时推力器出口返流质量流率(三维模拟)

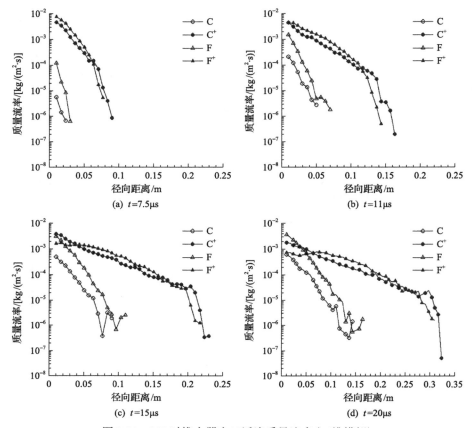

图 8.34　24J 时推力器出口返流质量流率(三维模拟)

时出现返流的时间为 4.7μs，24J 时出现返流的时间为 3.9μs。与一维结果相似，C⁺的返流首先出现，然后为 F⁺、F 和 C。早期返流中主要为带电成分，后期出口处附近的中性成分也成为不可忽视的组成。比较 7.26J 和 24J 的情况，当 t=7.5μs，7.26J 时出现了 C⁺、F⁺、F 和 C 的返流，最大返流在 $4×10^{-3}$kg/(m²·s)；24J 时也出现了 C⁺、F⁺、F 和 C 的返流，最大返流在 $9×10^{-3}$kg/(m²·s)。当 t=11μs，7.26J 时返流已沿径向到达距离推力器出口 19cm 处，最大质量流率在 $2×10^{-3}$kg/(m²·s)；而 24J 时返流到达距推力器出口 16cm 处，最大质量流率在 $4×10^{-3}$kg/(m²·s)。当 t=20μs，7.26J 时返流维持在 19cm，最大质量流率在 $2×10^{-3}$kg/(m²·s)；而 24J 时返流在 33cm，质量流率维持在 $4×10^{-3}$kg/(m²·s)。在不同的能量状态下，最大质量流率均为 C⁺ 提供，最大的中性粒子质量流率为 F 提供，高能状态下，质量流率更高。与一维模拟的结果相同，24J 时最早出现返流，能量越高，粒子返流的量级越大，不同的是在返流区扩散更快的是 13.5J。由于三维入口模型的入口速度具有一定的喷射角度，对径向的喷射速度构成了一定的影响。由计算结果可以发现，入口速度的喷射角度对返流的影响是很大的，在实际情况中这个角度是值得考虑的因素。

图 8.35 为不同初始电压下在 t=20μs 时的离子分布。对比一维结果，三维结果中 24J 时的轴向扩散距离更远，13.5J 时返流的影响角度最大达到 160°。图 8.36 为不同初始电压下在 t=20μs 时 CEX 离子分布。与一维结果相似，CEX 离子集中在羽流内部靠近出口处。高电压时，CEX 离子在出口处所占的比例更高，且返流中含量也更高。

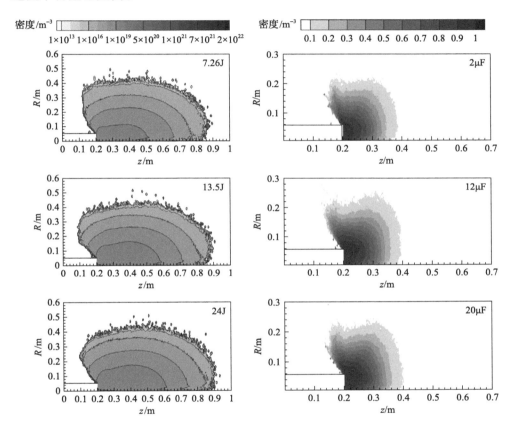

图 8.35　不同初始电压下在 t=20μs 时的离子　　图 8.36　不同初始电压下在 t=20μs 时 CEX
　　　　分布(三维模拟)　　　　　　　　　　　　　离子分布(三维模拟)

2. 不同电容

针对不同电容情况，2μF 时权因子为 $8×10^{10}$，计算周期模拟分子共有 5880639，其中离子有 4218643，中性粒子有 1661996，共计算碰撞数 18926712 次，其中 CEX 碰撞数为 7100766 次，占总碰撞数的 38%。12μF 时权因子为 $1.5×10^{11}$，计算周期模拟分子共有 6999327，其中离子有 5490438，中性粒子有 1508889，共计算碰撞数 22317990 次，其中 CEX 碰撞数为 7457077 次，占总碰撞数的 33%。20μF 时权因子为 2×10^{11}，计算周期模拟分子共有 7375617，其中离子有 5986294，中性粒子有 1389323，共计算碰撞数 28007446 次，其中 CEX 碰撞数为 8895029 次，占总碰撞数的 32%。

　　图 8.37～图 8.39 为不同电容下轴向质量流率图。对比一维入口的结果，各组分的变化特征是相似的。F^+ 离子最早出现在脉冲时间之初，其后依次为 C^+、F、C。随着脉冲时间的增加，在出口处，F 原子成为最大质量流率的种类，其后依次为 C、F^+、C^+。沿着轴向，羽流尾部由带电粒子流构成，羽流尾部最大粒子流为 C^+，在脉冲后期，大量 F^+ 离子的产生使其成为最大粒子流，其后依次为 F 和 C。比较 2μF 和 20μF 的情况，当 $t=7.5$μs，2μF 时离子团扩散至距出口 0.23m 处，20μF 时离子团扩散至距出口 0.24m 处，2μF 时原子团扩散至距出口 0.18m 处，20μF 时原子团

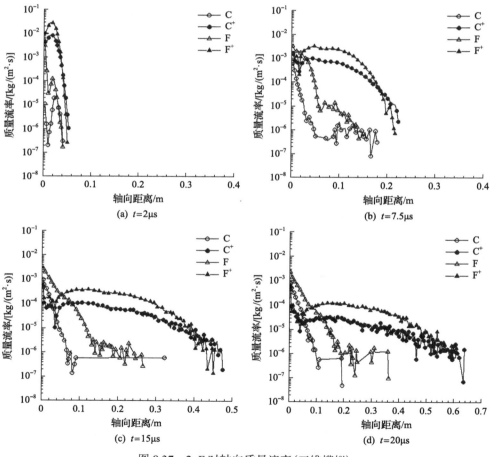

图 8.37　2μF 时轴向质量流率(三维模拟)

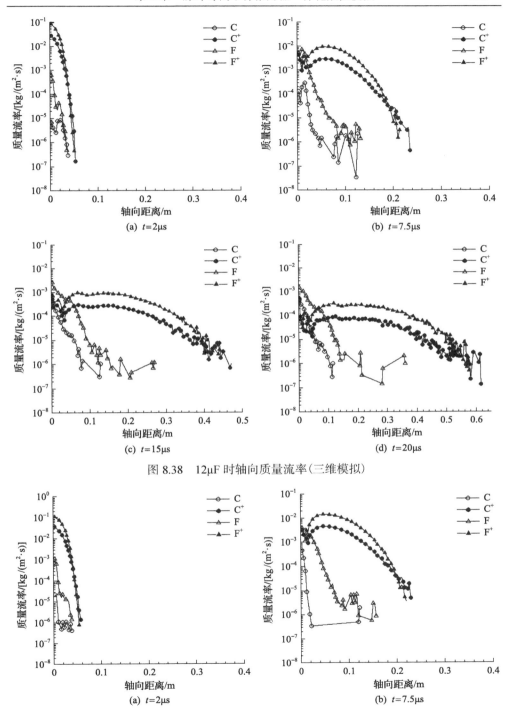

图 8.38　12μF 时轴向质量流率(三维模拟)

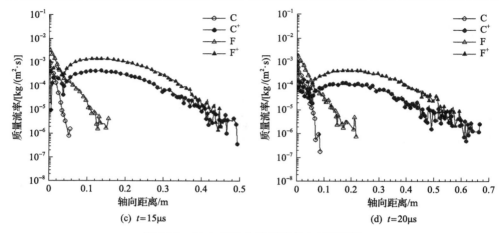

(c) $t=15\mu s$　　　　　　　(d) $t=20\mu s$

图 8.39　$20\mu F$ 时轴向质量流率(三维模拟)

扩散至距出口 0.16m 处；当 $t=20\mu s$，$2\mu F$ 时离子团扩散至距出口 0.63m 处，$20\mu F$ 时离子团扩散至距出口 0.66m 处，$2\mu F$ 时原子团扩散至距出口 0.18m 处，$20\mu F$ 时原子团扩散至距出口 0.22m 处。与一维结果相同，在高电容状态下，质量流率更大，高电容的离子扩散速度最快，但优势并不明显，不同于一维结果的是三维结果的原子扩散速度在高电容下反而更低，这是由三维计算脉冲后期的低速度造成的。

图 8.40～图 8.42 为不同电容下位于推力器出口平面上方的返流质量流率图。三维入口计算结果中，$2\mu F$ 时出现返流的时间为 2.8μs，$12\mu F$ 时出现返流的时间为 3.4μs，$20\mu F$ 时出现返流的时间为 3.4μs。与一维结果相同，C^+的返流首先出现，然后为 F^+、F 和 C。早期返流中主要为带电成分，后期出口处附近的中性成分也成为不可忽视的组成。比较 $2\mu F$ 和 $20\mu F$ 的情况，当 $t=7.5\mu s$，$2\mu F$ 时出现了 C^+、F^+、F 和 C 的返流，最大返流在 3×10^{-3}kg/$(m^2 \cdot s)$；$20\mu F$ 时也出现了四种返流，

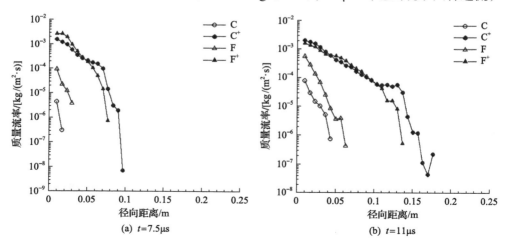

(a) $t=7.5\mu s$　　　　　　　(b) $t=11\mu s$

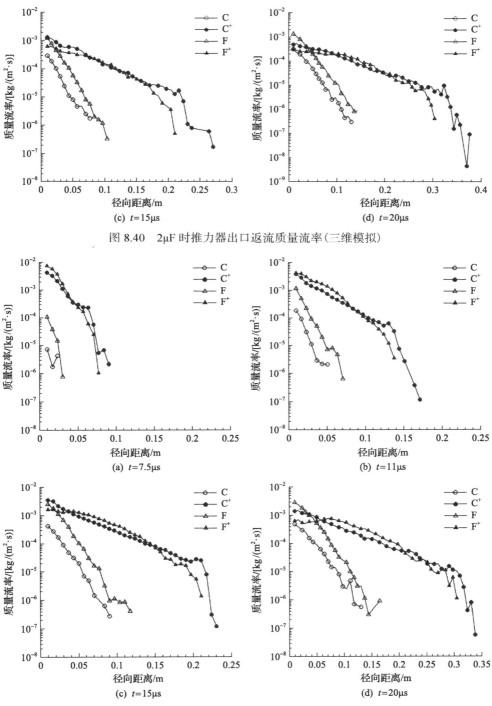

(c) $t=15\mu s$　　　　　　　　　　　(d) $t=20\mu s$

图 8.40　2μF 时推力器出口返流质量流率(三维模拟)

(a) $t=7.5\mu s$　　　　　　　　　　(b) $t=11\mu s$

(c) $t=15\mu s$　　　　　　　　　　　(d) $t=20\mu s$

图 8.41　12μF 时推力器出口返流质量流率(三维模拟)

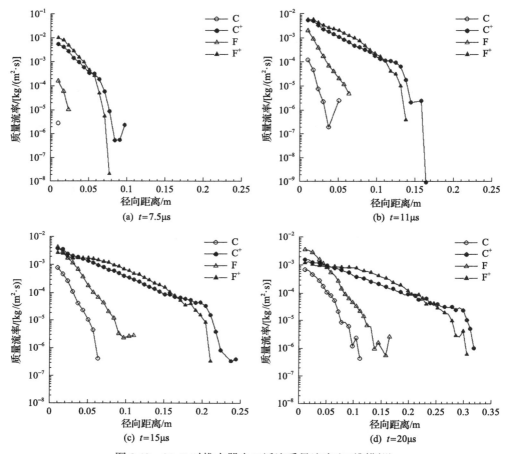

图 8.42 20μF 时推力器出口返流质量流率(三维模拟)

最大返流在 10^{-2}kg/(m^2·s)。当 t=11μs,2μF 时返流已沿径向到达距离推力器出口 18cm 处,最大质量流率保持在 2×10^{-3}kg/(m^2·s),而 20μF 时返流到达距离推力器出口 16cm 处,最大质量流率在 7×10^{-3}kg/(m^2·s)。当 t=20μs,2μF 时返流到达距离推力器出口 38cm 处,最大质量流率维持在 2×10^{-3}kg/(m^2·s),而 20μF 时返流到达距离推力器出口 32cm 处,质量流率维持在 4×10^{-3}kg/(m^2·s)。对于任何电容,最大质量流率均为 C$^+$ 提供,最大的中性粒子质量流率为 F 提供。相比于一维结果,由于径向速度的存在,三维结果中返流的扩散速度、范围及强度都明显高于一维结果,但无论采用何种入口模型,高电容下返流均具有更高的质量流率。

图 8.43 为不同电容下在 t=20μs 时的离子分布。不同电容状态下,高电容的轴向影响距离更长,12μF 时返流角度最大达到 150°。

由图 8.44 分析不同电容下的 CEX 离子分布,CEX 离子集中在出口处附近,低电容下出口处附近的 CEX 离子含量很高。在靠近出口处的区域 CEX 离子的含量非常高，由 CEX 的结果可反映出在低电容条件下系统的电离度高于高电容条件。

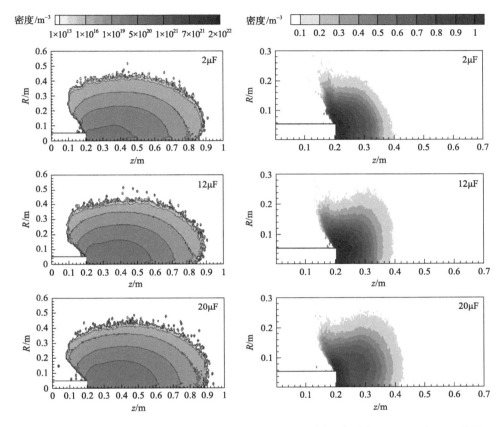

图 8.43　不同电容下在 $t=20\mu s$ 时的离子分布（三维模拟）
　　图 8.44　不同电容下在 $t=20\mu s$ 时 CEX 离子分布（三维模拟）

参 考 文 献

[1] Keidar M, Boyd I D. Ablation study in the capillary discharge of an electrothermal gun[J]. Journal of Applied Physics, 2006, 99(5): 1-8.

[2] Keidar M, Boyd I. Device and plume model of an electrothermal pulsed plasma thruster[C]. 36th AIAA/ASME/SAE/ASEE Joint Propulsion Conference and Exhibit, Huntsville, 2000: 3430.

[3] Keidar M, Boyd I D, Beilis I I. Model of particulate interaction with plasma in a Teflon pulsed plasma thruster[J]. Journal of Propulsion and Power, 2001, 17(1): 125-131.

[4] Eckman R, Byrne L, Gatsonis N A, et al. Triple Langmuir probe measurements in the plume of a pulsed plasma thruster[J]. Journal of Propulsion and Power, 2001, 17(4): 762-771.